暴露

スノーデンが私に託したファイル

グレン・グリーンウォルド
田口俊樹・濱野大道・武藤陽生｜訳

新潮社版

NO PLACE TO HIDE

EDWARD SNOWDEN, THE NSA, AND THE U.S. SURVEILLANCE STATE

GLENN GREENWALD
Translated by Toshiki Taguchi, Hiromichi Hamano, Yosei Muto / SHINCHOSHA

〝バウンドレス・インフォーマント〞にあなたは含まれていないか？

合衆国国家安全保障局（NSA）の提携企業及びその協力分野

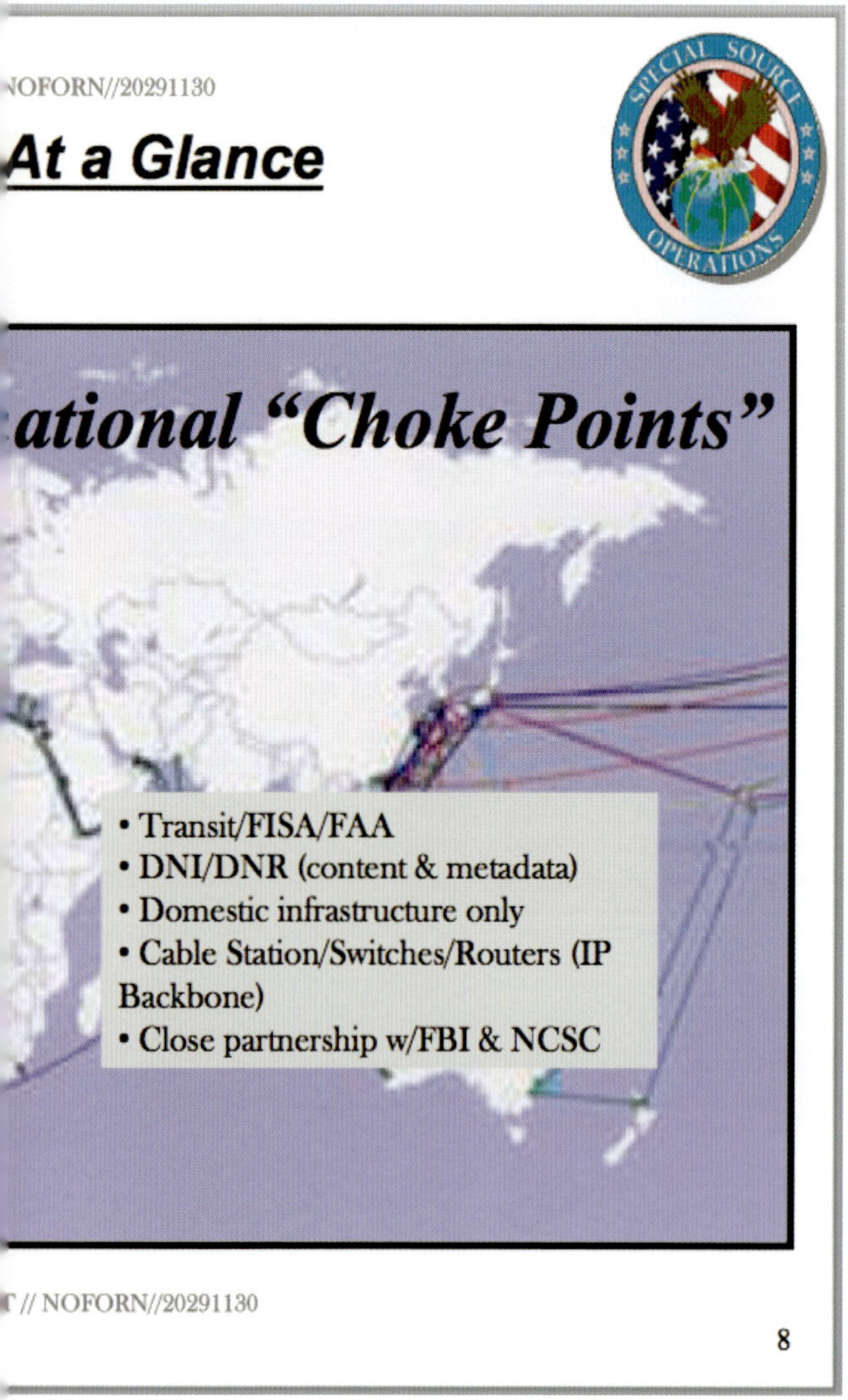

NOFORN//20291130
At a Glance
ational "Choke Points"
• Transit/FISA/FAA
• DNI/DNR (content & metadata)
• Domestic infrastructure only
• Cable Station/Switches/Routers (IP Backbone)
• Close partnership w/FBI & NCSC
T // NOFORN//20291130
8

インターネットや電話の情報は〝チョークポイント〟を経由して日本からも合衆国へ

STORMBRE

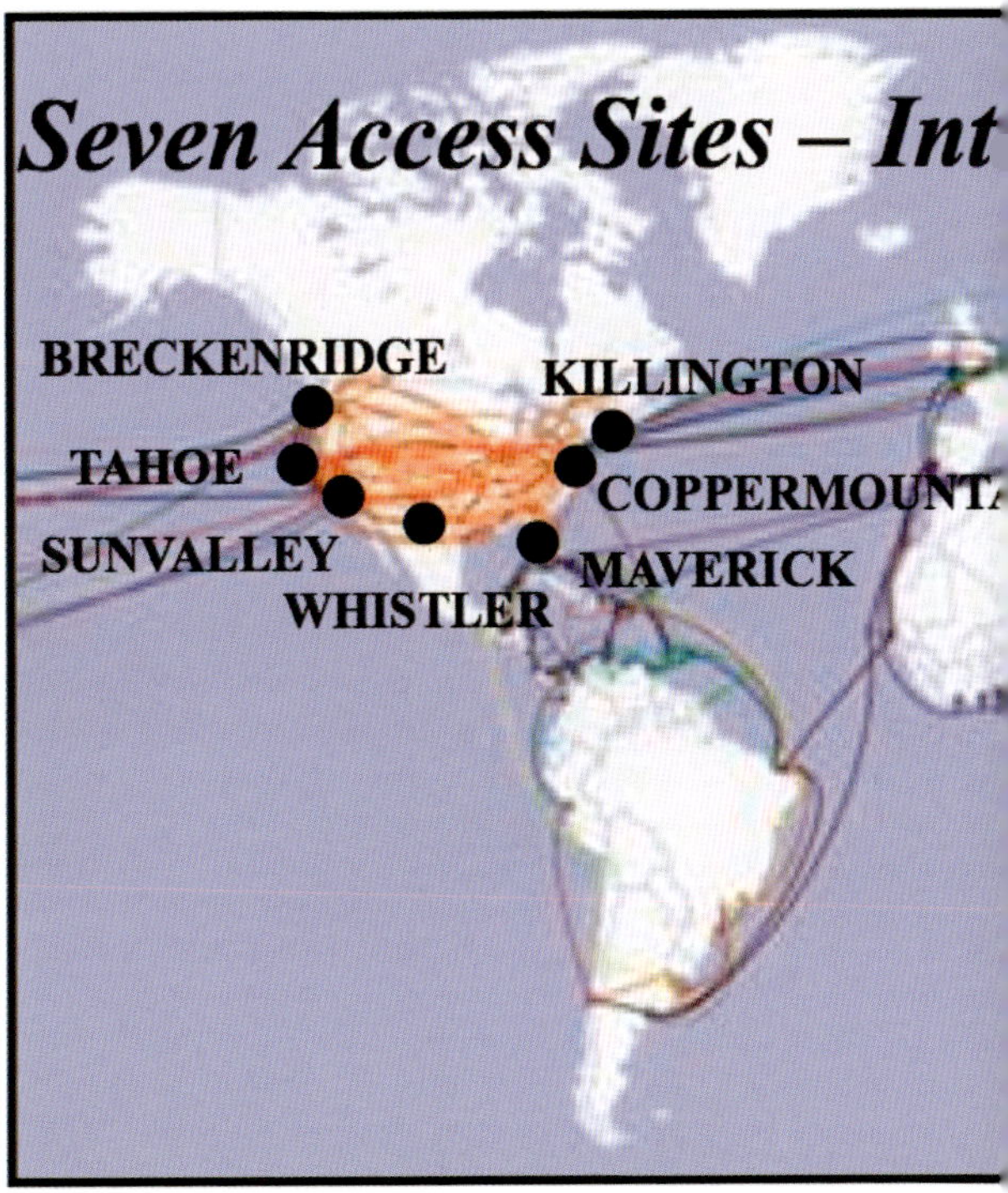
Seven Access Sites – Int
BRECKENRIDGE
KILLINGTON
TAHOE
COPPERMOUNT
SUNVALLEY
MAVERICK
WHISTLER

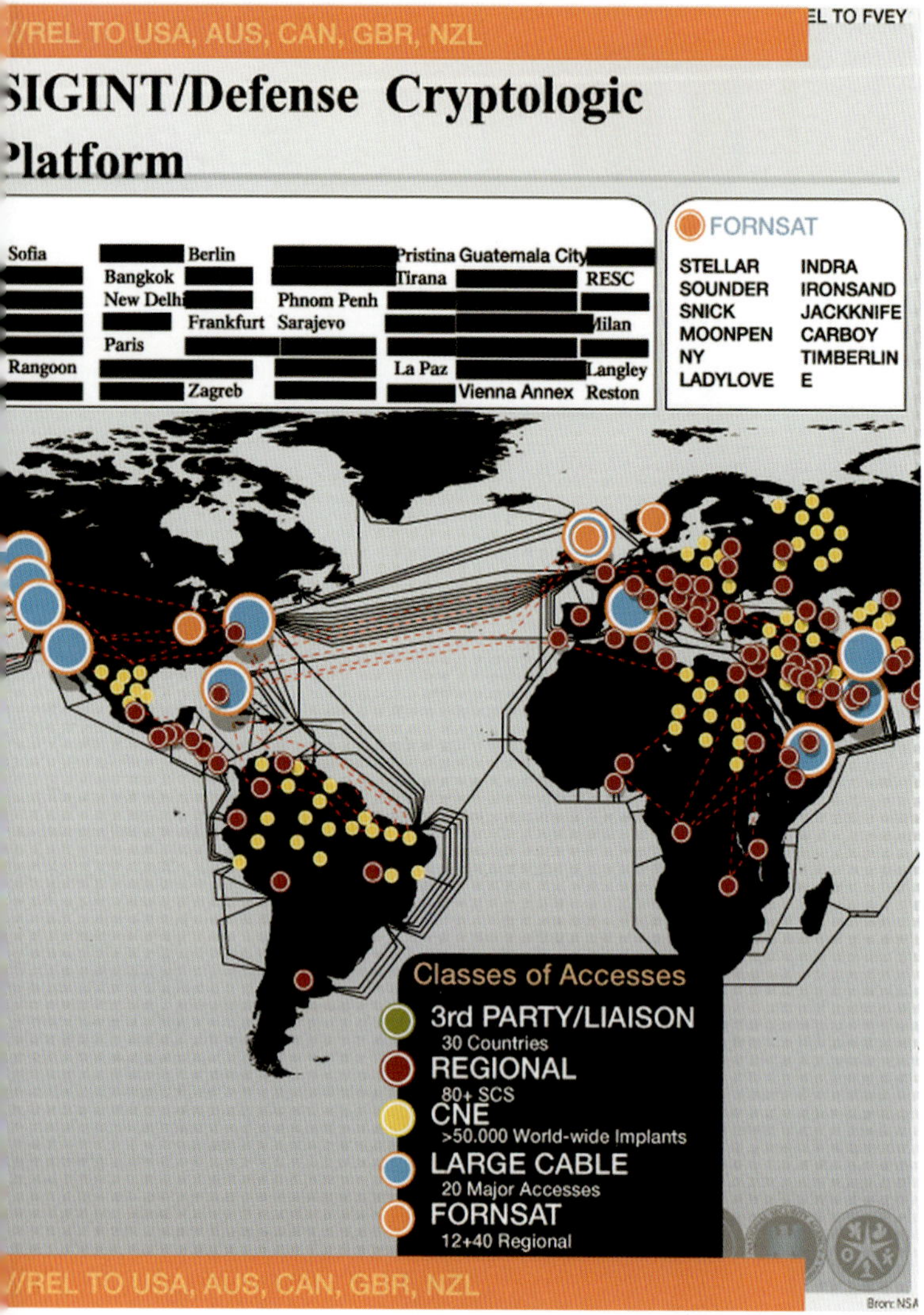
//REL TO USA, AUS, CAN, GBR, NZL
EL TO FVEY
SIGINT/Defense Cryptologic Platform
Sofia [redacted] Berlin [redacted] Pristina Guatemala City [redacted]
[redacted] Bangkok [redacted] [redacted] Tirana [redacted] RESC
[redacted] New Delhi [redacted] Phnom Penh [redacted] [redacted]
[redacted] [redacted] Frankfurt Sarajevo [redacted] Milan
[redacted] Paris [redacted] [redacted] [redacted]
Rangoon [redacted] [redacted] La Paz [redacted] Langley
[redacted] [redacted] Zagreb [redacted] [redacted] Vienna Annex Reston
FORNSAT
STELLAR
SOUNDER
SNICK
MOONPEN
NY
LADYLOVE
INDRA
IRONSAND
JACKKNIFE
CARBOY
TIMBERLINE
Classes of Accesses
3rd PARTY/LIAISON
30 Countries
REGIONAL
80+ SCS
CNE
>50.000 World-wide Implants
LARGE CABLE
20 Major Accesses
FORNSAT
12+40 Regional
//REL TO USA, AUS, CAN, GBR, NZL

Bron: NSA

世界じゅうのパソコンがＮＳＡの手でマルウェアに感染させられた

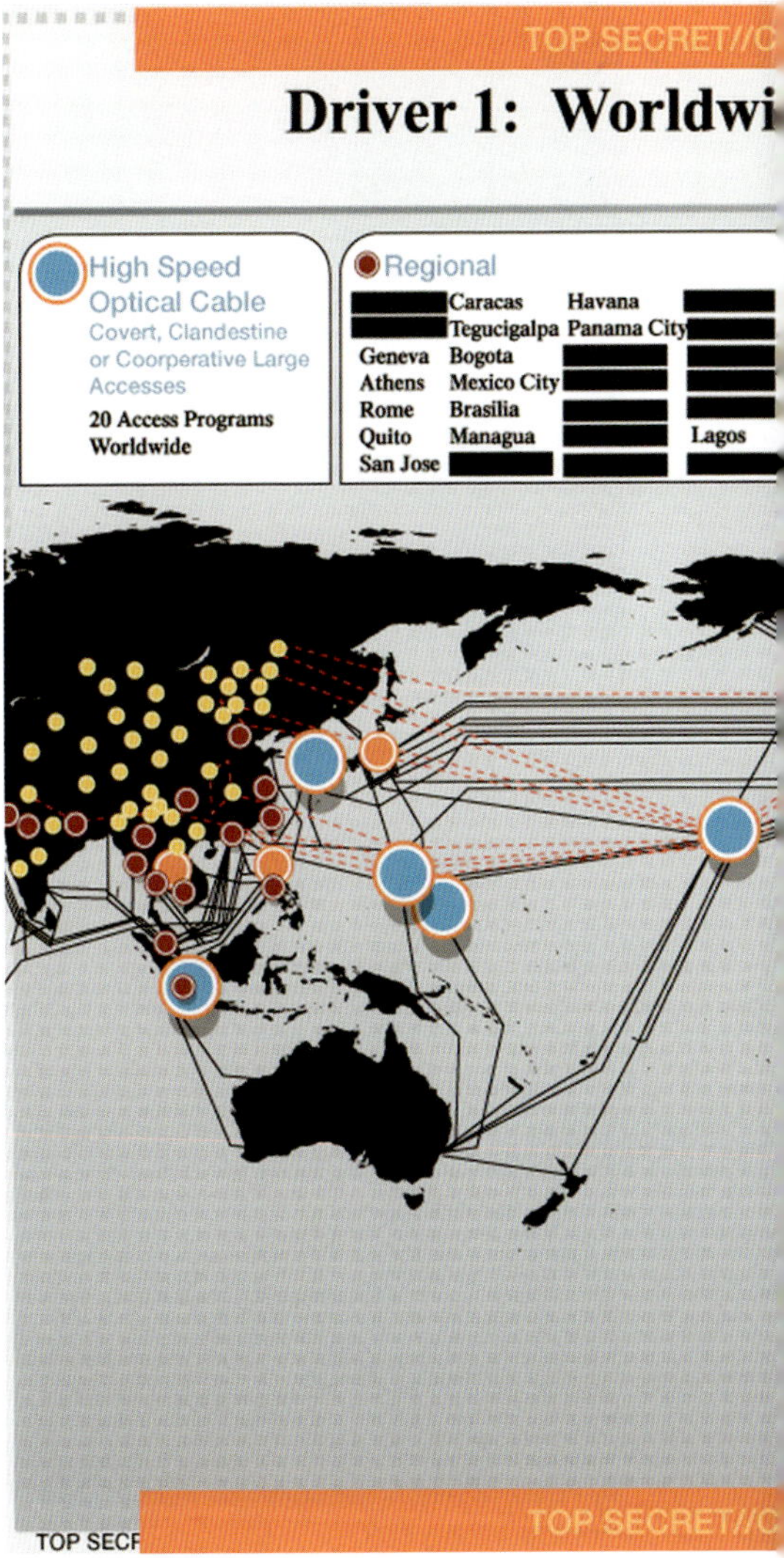
TOP SECRET//C
Driver 1: Worldwi
High Speed Optical Cable
Covert, Clandestine or Coorperative Large Accesses
20 Access Programs Worldwide
Regional
[redacted] Caracas Havana [redacted]
[redacted] Tegucigalpa Panama City [redacted]
Geneva Bogota [redacted] [redacted]
Athens Mexico City [redacted] [redacted]
Rome Brasilia [redacted] [redacted]
Quito Managua [redacted] Lagos
San Jose [redacted] [redacted] [redacted]
TOP SECRET//C
TOP SECR

彼らはいったい何をしているのか？

この装置の用途は何か？

合衆国政府による秘密の大量監視システムに光を当てようと努めたすべての人々――
特に、そうすることで自らの自由を危険にさらした情報提供者たちに本書を捧ぐ

合衆国政府はある技術的な能力を完成した。発信されたあらゆるメッセージの監視を可能にする能力を……。そうした力はいつでもアメリカ国民に向けられるおそれがある。そうなれば、あらゆる国民のプライヴァシーは消えてなくなる。すべてを監視するというのはそういう能力なのだ。電話での会話、電報、なんだって関係ない。隠れる場所はどこにもない。

——フランク・チャーチ合衆国上院情報活動調査特別委員会委員長（一九七五年）

本書に収録された機密文書はすべて、エドワード・スノーデンが著者に託した現物である。ただし、著者側の判断で吹き出し・マル囲み・氏名などの削除が施されたものも含まれている。カラー図版は口絵を除いてモノクロで収録し、文章だけのものは訳出するにとどめた。文書の番号とキャプションは、訳者ないし編集部が適宜、付したものである。【編集部】

目次

装幀　新潮社装幀室

暴露

スノーデンが私に託したファイル

序文

二〇〇五年の秋、私はある政治ブログを立ちあげることにした。当時は大して期待していたわけではなく、そのブログがのちに自分の人生を大きく変えることになろうとは思ってもいなかった。ブログをつくった主な理由は、9・11以降にアメリカ政府が採り入れたラディカルで極端な権力論に対して、私自身、少なからず警戒心を募らせるようになっていたからだ。そうした問題に対処するには、当時の生業《なりわい》だった憲法と市民権専門の弁護士として活動するより、関連記事を執筆するほうがより広範囲に影響を与えられそうな気がしたのだ。

〈ニューヨーク・タイムズ〉紙が爆弾スクープを報じたのは、それからわずか七週間後のことだった。二〇〇二年、ブッシュ政権は関連刑法で必要とされる令状を取ることなく国民の電子通信を傍受するよう、国家安全保障局《NSA》に命じていたというのだ。同紙がスクープした時点で、この令状なしの傍受はすでに四年もおこなわれており、少なくとも数千人の国民がターゲットになっていた。

これこそ私の情熱と専門知識のすべてを傾けるにふさわしい事件だった。政府は行政権に関する極論を持ち出すことで、このＮＳＡの秘密計画を正当化しようとした。テロリストの脅威から〝国の安全を守る〟ためであれば、大統領にほぼ無限の権力が与えられ、当局が法律を破ることさえ許されるというのだ。その極論が記事を書くための私の原動力になった。その後、憲法と法令の解釈をめぐっては複雑な議論が噴出したが、法律家としての経験があったおかげで無理なく問題を追及することができた。

私はそれから二年を費やし、このＮＳＡの盗聴スキャンダルに関するあらゆる側面を取り上げた。ブログ上においても、広く読まれた二〇〇六年の拙著においても。私の立場は明確だった。ブッシュ大統領が指揮した違法な傍受は犯罪行為であり、傍受された人々に対して大統領には説明責任がある。そういうことだ。アメリカでは強硬な愛国主義と抑圧的な政治が台頭しつつあり、私のこうした姿勢は賛否両論を招いた。

それでもその数年後、エドワード・スノーデンが私を選んでくれたのは、そういう背景があったからだ。彼はＮＳＡが空前の規模で不正行為に手を染めていることを最初に打ち明ける相手として、私を選んだ。彼はそのときこう言った。あなたならこの大規模な監視と国の極端な秘密主義に危機感を抱いてくれるだろう、と。さらに、政府からの圧力にも、メディア及びそれ以外の場所にいる政府支持者からの圧力にも、屈することはないだろう、と。

スノーデンが私に託した膨大な機密文書は、スノーデンを取り囲むドラマティックな状況とあいまって、全世界から前代未聞の注目を浴びた。大量電子監視の脅威とデジタル時代のプライヴァシーの重要性に関して、多くの人々が関心を持った。しかし、実のところ、この問題はもう何年もまえからわれわれの眼に見えない暗がりにひそみ、すでに腐りかけてさえいる問題だったのだ。

NSAをめぐる論争には独自の特徴が数多くある。それはまちがいない。現代のテクノロジーは、かつては想像力豊かなSF作家の領分でしかなかった〝いつでもどこでもなんでも誰でも対象となる〟ユビキタス監視を可能にした。あまつさえ、9・11以降のアメリカの安全保障至上主義が権力の濫用につながる風潮を生み出した。そんな中、スノーデンが勇気を振りしぼったことと、デジタル情報のコピーが比較的簡単だったおかげで、監視システムというものが実際にはどのように機能しているのか、われわれははじかに見られることになったのだ。これは前代未聞のことだ。

その一方で、NSAに関するスクープが生んだ問題は、多くの点において数世紀前の状況と共鳴している。政府によるプライヴァシー侵害への抵抗は、実のところ、合衆国建国の大きな要因だった。アメリカに入植した者たちは、イギリス当局がどこでも好き勝手に家宅捜索ができる法律に抗議した。確かに、犯罪がおこなわれていると考えられる証拠がある場合、国が個人だけを対象にした令状を発行するのは合法的な行為だ。それは入植者たちも認めた。しかし、国民すべてを対象にした無差別な捜索を認める令状など、本質的に違法なものだ。

合衆国憲法修正第四条にはアメリカの法におけるこの考えが明記されており、この条項の文言は明確かつ簡潔だ。「国民が、不合理な捜索および押収または抑留から身体、家屋、書類および所持品の安全を保障される権利は、これを侵してはならない。いかなる令状も、宣誓または宣誓に代る確約にもとづいて、相当な理由が示され、かつ、捜索する場所および抑留する人または押収する物品が個別に明示されていない限り、これを発給してはならない」。アメリカでは政府が全国民をひとくくりにした疑念なき監視権を持つことを永遠に禁ずる――この条項が何より言わんとしているのは、そういうことだろう。

　十八世紀、こうした議論の対象になったのは主に家宅捜索だった。が、テクノロジーの進化にともない、監視手段もまた進化する。十九世紀半ば、鉄道の普及とともに安価で迅速な郵便配達がおこなわれるようになると、イギリスで政府がひそかに郵便物を開封していることが大きなスキャンダルになる。アメリカでは、二十世紀初頭になっても捜査局《ＢＯＩ》（ＦＢＩの前身）が電話盗聴、郵便監視、情報提供者といった手段を使って政策に反対する人々を取り締まっていた。

　使われるテクノロジーがなんであれ、こうした大量監視には共通する要素がいくつか見られる。まずひとつ、それは大量監視の矛先が向けられるのは常に反体制派や社会のはみ出し者に対してだけだという考えだ。その考えに基づき、政府支持者や無関心層は自分たちは監視の対象外だと盲信してきた。もうひとつ、これも歴史を見ればわかることだが、どのように運用されるにしろ、大量監視組織が存在するという事実それだけでも、反対派を封じ込めるには充分だということだ。常時監視されていると悟った国民はすぐに恐れ、従順になる。

　一九七〇年代半ば、スパイ行為についてＦＢＩ内部にも捜査の手が及んだことがあった。このときの捜査から、ＦＢＩがなんと五十万ものアメリカ国民を〝潜在的な反乱分子〟と見なして、政治的信条だけを理由にスパイ行為を働いていたことが判明する（このときのターゲットにはマーティン・ルーサー・キング・ジュニアやジョン・レノン、女性解放活動家、反共産主義の〈ジョン・バーチ・ソサエティ〉などが含まれていた）。しかし、こうした〝監視の悪用〟という名の疫病が登場するのは、なにもアメリカ史にかぎったことではない。大量監視は常に世界じゅうの恥知らずな権力者を誘惑しつづけてきた。そんな彼らの動機はいつも同じで、反対派を抑圧し、従順を強制するということだ。

監視はこうして本来多様なはずの政治的信条を強引にひとつにまとめてきた。たとえばイギリスとフランスは、二十世紀への変わり目に特別監視部門をつくり、反植民地主義運動の脅威に対処しようとした。第二次世界大戦後、東ドイツの国家保安省は〝シュタージ〟の名でよく知られ、その名は〝政府による個人の生活への侵略〟と同義語にさえなった。もっと最近のこととしては、指導者を権力の座から引きずりおろそうとした〝アラブの春〟の抗議運動が高まる中、シリア、エジプト、リビア各国が国内の反乱分子のインターネット活動をこぞってスパイした。

そうしたアラブの春の抗議運動に圧倒されつつあったシリア、エジプト、リビアの独裁者たちは、西洋のテクノロジー企業の監視ツールを買い求めた。そのことが〈ブルームバーグ・ニュース〉と〈ウォール・ストリート・ジャーナル〉の調査で明らかになる。シリアのアサド政権はイタリアの監視会社〈アレア〉社から複数の従業員を呼び寄せ、彼らに「早急に（国民を）監視する必要がある」と語ったという。エジプトでは、ムバラク大統領の指揮する秘密警察が、〈スカイプ〉の暗号を突破して活動家たちの通話を盗聴できるツールを購入した。また、〈ウォール・ストリート・ジャーナル〉が報じたところによれば、二〇一一年にリビア政府の監視センターに足を踏み入れたジャーナリストとデモ隊の面々は、フランスの監視会社〈アメシス〉社製の〝冷蔵庫ほどの大きさの黒い装置〟が壁一面に並んでいるのを見たという。この装置はリビアの大手インターネット・プロバイダーの「インターネット・トラフィックを監視」して、「Eメール開封、パスワード予測、オンラインチャットの傍受をおこない、複数の容疑者のつながりを明らかにする」ためのものだった。

市民の通信を傍受する能力は傍受する側に計り知れない力を与える。厳正な監督と説明責任という歯止めがなければ、そうした力が悪用されるのは眼に見えている。完全な秘密のヴェールの下にあっても、合衆国政府だけはそうした誘惑の餌食にならずに大量監視装置を運用するなどと期待するのは、人類の歴史の例から見ても、われわれが知っている人間の本質から考えても、愚かきわまりない。

実際、こうした監視にともなう問題に関して、アメリカだけを例外のように扱おうとする考えはあまりにナイーヴだ。そんなことはスノーデンが暴露する以前からすでに明らかになっている。二〇〇六年におこなわれた「中国のインターネット：自由のためのツールか、はたまた抑圧のためのツールか？」と題された議会の聴聞会では、一堂に会した演説者が中国政府によるインターネット上での反乱分子抑圧に力を貸しているとして、アメリカのテクノロジー企業を糾弾した。聴聞会の議長のひとり、ニュージャージー州選出の共和党下院議員クリストファー・スミスは、〈ヤフー〉が中国の秘密警察に手を貸すという行為は、アンネ・フランクをナチスに引き渡すに等しいと断罪した。声高な熱弁ではあった。が、それはアメリカと足並みをそろえようとしない他国の政治体制に対して、アメリカの政府高官が示す典型的なパフォーマンスとなんら変わらなかった。

それよりむしろこの聴聞会の出席者はみな、たまたまその二ヵ月前に起きた事件を否応なく思い起こしていたことだろう。さきに書いたとおり、ブッシュ政権が国内で令状なしの大量監視を実施していたことを〈ニューヨーク・タイムズ〉がすっぱ抜いたのは、この聴聞会のつい二ヵ月前のことだった。そうしたすっぱ抜きがあったあとに、他国の国内監視を非難しても誰の胸にも響かない。そんな中、スミス下院議員に続いて演説したカリフォルニア州選出の民主党下院議員ブラッド・シェルマンは、中国政府に抵抗したとされるテクノロジー企業は自国の政府に対しても警戒すべきだと指摘し、さらに予言めいた警告を発している。「確かに中国の人々は最も悪質な形でプライヴァシーを侵害されているかもしれないが、もしテクノロジー企業が屈すれば、アメリカにおいても将来の大統領が憲法を拡大解釈して、国民のEメールを傍受するような事態にもなりかねない。裁判所命令もなしにそんなことができるなど、あってはならないことだ」

過去数十年以上にわたって、テロへの恐怖は一貫して実際の脅威より誇張して語られ、アメリカの指導者はこれを利用して、極端すぎる政策を正当化してきた。そんな政策が武力侵略を生み、世界じゅうで罪のない外国人やアメリカ国民が拷問、監禁、場合によっては暗殺さえされてきた。にもかかわらず、疑念もなしに人を監視するこのユビキタス極秘監視システムが、いつまでも受け継がれる遺産となってしまうおそれは少なくない。なぜなら、同じような例が歴史的にいくらもあることに加えて、今日《こんにち》のNSAの監視スキャンダルにはまったく新しい側面――日々使われるインターネットそのものが今や監視の役割を果たしているという側面――があるからだ。

特に若い世代の人々にとって、インターネットは生活のごく一部の機能が実行される独立した空間ではない。インターネットはただの郵便局でも電話でもなく、われわれの世界の中心であり、実質的にすべてがおこなわれる場所だ。われわれはそこで友人をつくり、本や映画を選び、政治活動を組織し、最も個人的なデータを作成し、保管する。そして、インターネット上で個人としての人格や自意識を形成し、表現する。

そんなネットワークが大量監視システムに変貌してしまえば、国家によるこれまでのどんな監視プログラムとも性質の異なるものになる。従来のスパイ・システムはすべて、より限定された必要に応じたもので、回避することも可能だった。しかし、監視をインターネットに根づかせてしまうことは、人間のほとんどすべてのやりとり、計画、場合によっては思考そのものさえ国家の眼にさらすことを意味する。

インターネットは、普及しはじめた当初からきわめて大きな潜在能力を秘めていると考えられてきた。政治を民主化し、強者と弱者のハンディキャップをなくし、数億の人間に自由を与える能力がある、と。実際、インターネットの自由――組織による制約、社会や国家の支配、蔓延する恐怖といったものにとらわれることなく、このネットワークを利用できる自由――はインターネットの潜在能力を具現化するための核となるものだ。そんなインターネットが監視システムと化せば、その潜在能力は根こそぎ奪われてしまう。そればかりか、インターネットそのものが抑圧の道具となり、国家による監視手段としてどこまでも危険で抑圧的な人類史上最悪の兵器となるおそれすらある。

だからこそ、スノーデンの暴露はきわめて大きな衝撃をもたらしたのだ。彼は自らの危険をも顧《かえり》みず、NSAの驚くべき監視能力と仰天するような彼らの野望を白日のもとにさらし、われわれが歴史の分岐点に立っていることをはっきりと示した。このデジタル時代は、インターネットにしかもたらせないは個人の自由と政治の自由を約束しているのか。それとも、インターネットは史上最悪の暴君の野望をも超える、逃れられない監視と支配をもたらす道具と化してしまうのか。今この時点ではどちらもありうる。どちらの道を進むかは、ひとえにわれわれの行動にかかっている。

第一章　接触

エドワード・スノーデンから最初の連絡があったのは、二〇一二年十二月一日のことだった。もっとも、そのときの私には、それが彼からの連絡だとは知るよしもなかったのだが。

　連絡はＥメールによるもので、差出人はキンキナトゥスと名乗っていた。ルキウス・クィンクティウス・キンキナトゥスといえば、紀元前五世紀の頃の農民で、執政官に任命されてローマを外敵の襲撃から守った人物だが、ほんとうの意味で彼を有名にしたのは、そのあとの行動だった。キンキナトゥスはローマの敵を滅ぼすと、ただちに進んで政治権力を返上し、ふたたび農民に戻ったのだ。〝功徳を持つ市民の鑑《かがみ》〟と賞賛されたキンキナトゥスは、政治権力を社会的利益のために行使することの意義と、より大きな善のためであれば、個人の力を制限したり、場合によっては手放したりもすることの重要性を今日《こんにち》に伝えている。

　そんな〝キンキナトゥス〟のメールの出だしは次のようなものだった。「人々の通信の安全が守られることは、私にとって非常に重要なことです」メールの中で、〝キンキナトゥス〟は私に対してＰＧＰを使用するよう促していた。ＰＧＰを使えば、必ず私が興味を持つ情報を伝えられるというのだ。一九九一年に開発されたＰＧＰは〝きわめてすぐれた秘匿性《プリティ・グッド・プライヴァシー》〟の略で、これまで何度も改良が重ねられ、Ｅメールやオンライン経由のあらゆる通信を監視やハッキングから守るツールとして進化してきたものだ。

　これは基本的にあらゆるＥメールにコードをかけて保護するプログラムで、用いられるコードは数百、いや、ことによると数千ものランダムな数字と、大文字と小文字を区別して認識される文字から成る。合衆国国家安全保障局《ＮＳＡ》はもちろん、世界最高クラスの先進的な諜報機関は毎秒十億通りものパターンを試行するコード解読ソフトウェアを持っているが、ＰＧＰの暗号のように長く、ランダム性の高いコードを突破するには、どんなにすぐれたソフトを使っても数年はかかる。通信への監視に誰より敏感な諜報員、スパイ、人権活動家、ハッカーたちの多くが、メッセージの秘匿性を保つためにこの暗号形式に頼っている。

　〝キンキナトゥス〟は、私のＰＧＰの〝公開鍵〟を見つけようとしてあちこち探したのだが、どこにもなかったと書いていた。公開鍵は暗号化されたメールを受信する際に必要な固有の暗号情報だ。彼は私がＰＧＰを使っていないと最後に結論づける――「この状態のままであれば、あなたに連絡を取ろうとする者はみな危険にさらされることになります。すべての通信を暗号化すべきだとまでは言いませんが、少なくともそうした手段を利用できるようにはしておくべきでしょう」

　〝キンキナトゥス〟はそこであるスキャンダルを引き合いに出していた。ジャーナリストのポーラ・ブロードウェルとの不倫が発覚したことで、キャリアに終止符を打たれてしまった陸軍大将デイヴィッド・ペトレイアス（訳注　後にＣＩＡ長官となるもこの件で辞任）の一件だ。このスキャンダルは、捜査官が両者のあいだでやりとりされた〈グーグル〉のメールを見つけたことを契機に発覚したのだった。もしペトレイアスがＧメールを送信したり〝下書き〟フォルダーに保存したりするまえにメッセージを暗号化していたら捜査官もメールを盗み見ることはできなかったでしょう、とキンキナトゥスは書いていた。「暗号化ソフトウェアが重要なのは、こうした女たらしやスパイにとってだけではありません。あなたとコンタクトを取りたいと願う誰にとっても、メールの暗号化は必要不可欠なセキュリティ対策です」さらに、私がちゃんとこの助言に従うよう、こうつけ加えてもいた。「あなたならきっと聞きたくなるような情報を持っている人々は大勢います。しかし、彼らはメッセージが傍受されないという確信が持てないかぎり、あなたと接触を図りたくても図れないのです」

彼はPGPをインストールする手助けまで申し出ていた。「この件について助言が必要なら、いつでも訊いてください。ツイッター上で尋ねるのもいいでしょう。あなたのフォロワーはパソコンに詳しい人が多いようですから。彼らはいつでも喜んで手を貸してくれるはずです」メールの最後は「それでは。Cより」と結ばれていた。

暗号化ソフトウェアについては私もずっとまえから導入を考えていた。ここ数年は〈ウィキリークス〉や内部告発者、ハッカー集団の〈アノニマス〉やそれらに関連する話題について書くことが多かったからだ。合衆国の安全保障に関わる組織の人間とやりとりをすることもあった。そうした人々は、通信が安全かどうかを非常に気にかけ、望ましくない監視を防ごうとするのが常だった。だから私も以前から導入を考えていたわけだが、この暗号化ソフトウェアは、プログラミングにもコンピューターにも詳しくない人間にとっては少々複雑なものだ。私のような人間にはことさら。それでこれまで避けてきたのだ。

〝C〟のメールを読んでも、私は何も行動を起こさなかった。すでに私は、他のメディアが往々にして無視しがちなネタを追う男として知られていた。ありとあらゆる種類の人間が私に〝途方もなく大きな話〟を持ちかけてくる。が、よくよく聞いてみると、それらはだいたいが取るに足りない話だ。それに、常に処理しきれないほどの仕事を抱え込んでしまうのが私という人間だ。現状の案件を放り出して別の新しい手がかりに飛びつくには、もっと具体的な情報が要る。メールには「あなたならきっと聞きたくなるような情報を持っている人々は大勢います」と書かれていたが、Cの文面からさほどの魅力は感じられなかった。だから、メールを読むことは読んだものの、返信は出さなかった。

三日後、またCから連絡があった。最初のメールを受け取ったかどうかの確認だった。今度は早々に返信した。「受け取っています。手を打ってみるつもりです。PGPは使っていませんし、使い方もわかりませんが、知恵を貸してくれる人間を探してみます」

その日遅く、Cから返信があった。PGPの使い方を一から順を追ってわかりやすく解説したガイドがついていた。要するに、〝原始人向けの暗号ガイド〟だ。この複雑で難解な説明書には——そう思った原因の大半は私の無知だと思うが——最後にこう書かれていた。「以上は基本中の基本です。もしソフトウェアのインストール、鍵の生成、使用に際して、力になってくれる人物を見つけられない場合はお知らせください。世界じゅうのほとんどどこであれ、暗号に詳しい人間を紹介します」

このメールの締めくくりのことばは、以前より気の利いたものだった。

「親愛なる暗号を込めて。キンキナトゥス」

しかし、暗号化に取り組もうという気持ちは私にもあったものの、それだけの時間はつくれなかった。七週間が過ぎ、それがいささか心に引っかかるようになった。この人物はほんとうに重要な情報を持っているのに、たかがコンピューターのプログラムひとつインストールできないがために、それをみすみす逃すようなことになったら？　それになにより、もしキンキナトゥスの話が興味を惹《ひ》くようなものでなかったとしても、暗号化ソフトを導入しておくことは将来的に有益なはずだ。

二〇一三年一月二十八日、私はCにメールを出して、暗号化について知人に手伝ってもらおうと思っていることと、その作業は翌日か数日のうちに完了させたいと考えている旨を伝えた。

翌日、返信があった。「それはとてもいいことです！　もしそれ以上の助けが必要になったり、あるいは後日不明な点が出てきたら、いつでも遠慮なく連絡してください。通信のプライヴァシー保護に協力してくださり、心から感謝します！　キンキナトゥス」

それでも私はいかなる行動も起こさなかった。当時の私は他のニュース項目をこなすことに忙殺されていたし、取り上げる価値のあるネタをCが持ち合わせているという確信が持てなかったからだ。何もしない、と意識的に決断したわけではない。常に長ったらしすぎる〝片づけるべきことのリスト〟を前にしては、それらの案件をすべて中断し、この見知らぬ人物が要請する暗号化ソフトのインストールに集中することが急務だとはとても思えなかっただけのことだ。

つまりこのとき、私たちは同じジレンマを抱えていたことになる。彼は私が暗号化ソフトウェアをインストールしないかぎり、自分がどんな情報を持っているのか、あるいは、自分が何者でどんな仕事をしているのかといったことさえ教えたがらなかった。一方、餌の中身がわからない私としては、彼の要求を優先させる気になれず、ついついプログラムのインストールを先延ばしにしていたというわけだ。

私が重い腰をあげないと見るや、Cは〝本気モード〟にはいった。「ジャーナリストのためのPGP」と題した十分間のビデオを作成したのだ。機械音声生成ソフトでつくられた声が、順を追って暗号化ソフトウェアの簡単なインストール方法を教えてくれた。ご丁寧に図表までついていた。

それでもやはり私は何もしなかった。のちにCが語ったところによると、彼はこの時点から私に対して苛立ちを覚えはじめたらしい。「自分はこうして自分の自由を、いや、おそらく生命さえも危険にさらして、この国で最も大きな秘密を抱えた機関の、数万にも及ぶ最高機密文書を渡そうとしている。数百とは言わないまでも、数十の大きなスクープを生むであろう情報をリークしようとしている。それなのに、この男はたかが暗号化プログラムひとつをインストールする手間すら惜しむのか？」そう思ったそうだ。

要するに、私は国家の安全保障に関わる合衆国史上最大かつ最重要の機密漏洩に関与する機会を棒に振るところだったということだ。

それから十週間は音沙汰がなかった。が、四月十八日、リオデジャネイロの自宅からニューヨークに向かったときのことだ。私は〝テロとの戦い〟という美名のもとでの政府の秘密主義がもたらす危険性と市民の自由への侵害について講演をすることになっていた。

ジョン・F・ケネディ空港に降り立つと、ドキュメンタリー映画作家のローラ・ポイトラスからメールが届いていた。「来週、アメリカに来る用事はない？　ちょっと話したいことがあるの。できたら直接、顔を合わせて」

ローラ・ポイトラスからのメールはどんなものも大切に考えることにしている。彼女は私が知る者の中でも抜きん出た集中力を持ち、独り立ちしている恐れ知らずの女性だ。これまで次々とすばらしい映画をつくってきた。危険きわまりない状況をものともせず、クルーも従えず、報道機関の援助も受けずに。彼女にあるものは、ささやかな予算とカメラ一台、そして決意だけだ。イラク戦争の戦禍が最もひどくなったときに、彼女はスンニ派が多数を占める地域に飛び込み、『わが故郷、わが故郷』を撮った。ひたむきな眼を通して、アメリカ占領下における庶民の生活を描いた映画で、オスカーにもノミネートされた。

次の作品『誓い』ではイエメンに飛び、ふたりのイエメン人男性――オサマ・ビン・ラディンのボディガードと運転手――を密着取材して数ヵ月を過ごした。その後はＮＳＡの監視に関するドキュメンタリーを手がけた。出入国のたびに政府当局から妨害を受けるようになったのは、これら〝テロとの戦い〟における合衆国の所業を描く三部作として構想された映画のためだ。

そんなローラから私は得がたい教訓を学んでいた。初めて会ったのは二〇一〇年のことだが、その頃には彼女はアメリカに入国する際の空港で、国土安全保障省《DHS》に四十回近くも拘束され、尋問され、脅され、手帳やカメラ、ノートパソコンなどを押収されるようになっていたのだが、それでもそうした容赦のない嫌がらせを公表することは避けていた。その反動で今後の仕事ができなくなることを恐れたからだ。しかし、そんな考えもニューアーク・リバティ空港での常軌を逸した不当な尋問を境に大きく変わる。さすがの彼女も堪忍袋の緒が切れたのだ。「口をつぐんでいても、事態はよくなるどころか、悪くなる一方だった」。彼女は喜んでその事実を私に書かせてくれた。

そんな彼女の意を受け、私は彼女がたえず受けていた尋問に関する記事をオンライン雑誌〈サロン〉に発表した。かなりの反響があった。ある者は彼女への支援を表明し、ある者は政府のそうした嫌がらせ行為を非難した。記事を掲載したあとは、アメリカから出国しようとしても尋問も私物の押収もなくなった。それから数ヵ月、嫌がらせはぱたりとやんだ。こうしてローラは数年ぶりに自由に旅することができるようになったのだった。

この件から私が得た教訓は明白だった。国家の安全保障に関わる人間は光を好まないということだ。彼らは自らの安全が確保されている暗闇の中でしか、その悪逆非道ぶりを発揮できない。秘匿性こそ権力濫用の礎《いしずえ》であり、濫用を可能にする力なのだ。その毒を消すことができるのはただひとつ、透明性しかない。

ジョン・F・ケネディ空港で彼女からのメールを読むと、私はすぐさま返事を送った。「実はちょうど今朝、アメリカに着いたところだ。きみはどこにいる？」。翌日、彼女と会うことになった。場所は私が滞在するヨンカーズのホテル〈マリオット〉。当日、ホテル内のレストランで席を見つけたものの、ローラがかたくなに主張したので、私たちは会話を始めるまえに二度もテーブルを変えた。そうして誰にも盗み聞きされていないことが確信できると、ローラは本題にはいって言った——今、自分は〝きわめて重要で繊細な問題〟を抱えており、セキュリティが肝要なのだ、と。

さらに、私が携帯電話を持ってきていることを知ると、バッテリーを抜くか、ホテルの部屋に置いてくるように言った。「気にしすぎと思うかもしれないけれど」と彼女は前置きをして続けた。政府は携帯電話やノートパソコンを遠隔地から起動させ、盗聴器として使うことができるからだ、と。電源を切るだけでは効果がなく、バッテリーを抜くしかない。そのことは以前、ハッカーや透明性を訴える活動家から聞いたことがあったが、そこまで警戒する必要はないと思い、ほとんど聞き流していた。しかし、今回ばかりは私も真剣に受け取った。ほかならぬローラがそう言うのだ。が、私の携帯電話はバッテリーを取りはずせない仕組みになっていることがわかり、私はいったん部屋に戻って携帯電話を置いてからまたレストランに戻った。

ローラは話しはじめた。なんでも匿名の人物、それも率直で〝本気〟と思える男から、数通のメールを受け取ったということだった。自分は合衆国政府が国民や世界の人々に対しておこなっているスパイ活動に関する、極秘かつ犯罪的な文書にアクセスできるというのが、その人物からのメールの内容だった。彼はそれらの文書をリークすることを申し出ており、文書を公表、および記事にするに際しては、私の協力を仰ぐようにと明確に要求していた。しかし、このときには何ヵ月も前にキンキナトゥスから送られたままずっと忘れていたメールとは結びつけようもなかった。それらは私の頭の裏側、眼には見えない場所にでもあったのだろう。

ローラはバックパックから書類をいくつか取り出した。その匿名の情報提供者から送られてきたメールのうちの二通だった。私はテーブルについたまま、そのメールを最初から最後まで読んだ。

衝撃的な内容だった。

一通目から数週間後に送られてきた二通目は、「まだここにいますよ」という一節から始まっていた。私の心を占めていた質問——「文書はいつ渡してもらえるのか?」——には、「〝もうすぐ〟としか言えません」と応じていた。

情報提供者は、微妙な話題を口にする際は常に携帯電話からバッテリーを抜くか、最悪でも冷凍庫にしまい込むこと、それで傍受は妨げられる、とローラに力説したうえで、私と一緒にこれらの文書に取り組むよう要請していた。そのあとで本人が使命と考えていることの核心に触れていた。

(最初の暴露を受けた)当初の衝撃のおかげで、もっと平等なインターネットを構築するのに必要な支持は受けられるでしょう。でも、それも科学が法律のさきを行かないかぎり、平均的な人間の有利に働くことにはつながりません。

私たちのプライヴァシーが侵害されるメカニズムを理解することで、私たちは勝利を収めることができます。一般的な法律を通じて、不条理な調査に対する平等な保護を万人に保障することはできます。しかし、それは技術を共有する者たちが自ら進んでその脅威に立ち向かい、いかなる事態にも対処できる解決策を約束してこそ可能なのです。つまるところ、われわれは原則を強化すべきなのです。権力を持つ者がプライヴァシーを享受できるのは、一般人も同じように享受できる場合にかぎられるという原則を。人間の方策としてというより、自然の摂理として働く原則を。

「こいつは本物だ」メールを読みおえると、私は言った。「理由は説明できない。まあ、職業的な勘だな。これはほんとうの話で、この人物の正体も本人が言ってるとおりなんだと思う」

「わたしもよ」とローラも言った。「それについてはほとんど疑ってない」

言うまでもないが、ローラも私も頭のどこかでは、われわれがこの情報提供者に寄せる信頼が的はずれのものである可能性も考えていた。このメールを書いた人物の正体について思いあたる節はなかったし、この男は何者でもありえたからだ。すべてこの男の狂言という可能性もあった。あまつさえ、これが政府の罠で、われわれを巻き込んで犯罪的な情報漏洩の片棒を担がせようとしているのかもしれなかった。また、偽の文書を公開させることで、何者かがわれわれの信用を傷つけようとしているということも考えられた。

私たちはそんなあらゆる可能性を検討した。ふたりとも二〇〇八年に書かれた合衆国陸軍の機密文書が〈ウィキリークス〉を国家の敵と断定し、〈ウィキリークス〉に〝損害を与えて根絶やしにする〟方法を提案していることを知っていたからだ。その文書自体はリークされ、皮肉にも当の〈ウィキリークス〉の手に渡ったのだが、その中には〝詐欺的な文書を漏洩させる〟という方法も記されていた。〈ウィキリークス〉がそうした文書を真に受けて公開してしまえば、彼らの信頼性に大きな傷がつくことになる。

だから、ローラも私も眼のまえにひそむあらゆる陥穽《かんせい》には当然気づいていた。それでも、その一切を無視して、自分たちの勘に頼ることにしたのは、この二通のメールが持つ、眼には見えない力が、このメールを書いた人物は〝本物〟だと思わせてくれたからだ。この人物は政府の秘密主義がもたらす危険と、監視の蔓延がもたらす危険について、自らの断固たる信念を述べていた。

私はほとんど直感的に彼の政治的な情熱を感じた。この相手に自分と同じにおいを感じ、この人物が世界を見つめる眼に共感し、この人物が明らかに襲われている危機感に共感したのだ。

ここ七年というもの、私も同じ信念を持ち、合衆国政府の秘密主義的な傾向が持つ危険性、行政権行使に関する過激な傾向、不法な勾留や監視活動、軍国主義、市民の自由への侵害といったことについて、ほとんど日課のように記事を書いてきた。こうした傾向に対して等しく警戒心を抱いているジャーナリスト、活動家、読者にはひとつ特徴的な論調と態度があって、それは次のようなものだと私は思っている――こうした警戒が必要だと心から信じても感じてもいない人間には、真実味を持たせて正確にそのことを説明するなど望むべくもない。そういうことだ。

ローラに送られたメールの一通はこう締めくくられていた――「今、私はあなた方にその文書を提供するための最後の仕上げの段階にはいっています。それにはあと四週間から六週間はかかるので、次の連絡を待ってください。必ず連絡します」情報提供者はそう請け合っていた。

三日後、もう一度ローラと会った。今度はマンハッタンで。そこで例の匿名の情報提供者からの別のメールを読んだ。その中で、この人物はなぜ自分の自由を犠牲にしてまで、きわめて長い懲役刑を受ける危険を冒してまで、そうした文書をリークしようとしているのか説明していた。私はますます確信を強めた。この情報提供者は本物だ。しかし、ブラジルに帰る機内で、私は私生活のパートナーのデイヴィッド・ミランダにこう告げた。今回の件は頭から追い払うことにする、と。「こういう話はお流れになるかもしれないからね。この人物が気を変えるかもしれないし、逮捕されることだってありえる」。デイヴィッドは勘の鋭い男だが、そのとき妙に自信たっぷりに言った。「まちがいないよ。こいつは本物だよ。お流れになったりはしないよ」そのあと、こうつけ加えた。「これはきっとでかいヤマになる」

リオに戻ってから三週間はなんの音沙汰もなかった。私としては待つしかなく、情報提供者に思いをはせることもほとんどなかった。それがいきなり五月十一日、ローラと私が過去に一緒に仕事をしたことのある技術者からメールが届いた。謎めいた内容だったが、言わんとするところは明らかだった。「やあ、グレン。PGPの使い方はおれがみっちり教えてあげるよ。来週から始められるように荷物を送ろうと思うんだけど、どこに送ればいい？」

その〝荷物〟とは情報提供者の文書に取りかかるのに必要なものにちがいない。それはすなわち、ローラが匿名の情報提供者からの連絡を受け、待ちかねていたものを受け取ったということだ。

その技術者が送った〝荷物〟が〈フェデックス〉で私の手元に届くのは二日後の予定だったが、何が送られてくるのかは見当もつかなかった。何かのプログラムなのか、それとも文書そのものなのか。それから四十八時間、ほかのことはまったく手につかなかった。ところが、当日の配達予定時刻の五時半になっても荷物は届かなかった。〈フェデックス〉に電話したところ、その荷物は「不明な理由」によって税関で止められているとのことだった。二日が過ぎ、五日が過ぎ、それがまる一週間になった。〈フェデックス〉は毎日同じ回答を繰り返した。荷物は税関で止められている、その理由は不明だ、と。

合衆国ないしブラジルその他の政府当局が何かを嗅ぎつけたために遅延が生じている可能性も頭をかすめはしたが、お決まりの不愉快なお役所仕事という貧乏くじを引いてしまっただけの可能性のほうがはるかに高かった。私は無理にでもそう思うことにした。

この時点では、すでにローラはこの件について電話やオンライン上で会話することをできるかぎり避けるようになっていたので、荷物の中身を知る術《すべ》が私にはなかった。

発送からほぼ十日後、やっと〈フェデックス〉の荷物を落手できた。包みを開けると、USBメモリがふたつ出てきた。それにタイプされた覚え書き。この覚え書きには、最大限の安全性を確保するために構築されたさまざまなコンピューター・プログラムの使用に関する詳しい説明のほか、おびただしい数のパスフレーズが書かれていた。これらのパスフレーズは、メールのアカウントや、私が聞いたこともないその他のプログラムの暗号化に使うもののようだった。

こうした一切は何を意味しているのか。私にはまったくわからなかった。これらの特定のプログラムについてはそれまで耳にしたこともなかった。ただ、パスフレーズについては知っていた。要するに、句読点などを含み、大文字と小文字を区別して認識される文章から構成される、通常のパスワードよりも長大なパスワードのことだ。これを使うことでパスワードの解析が困難になる。それはともかく、ローラはそのときもまだ電話やオンライン上での会話を徹底して避けており、私の苛立ちは募る一方だった。待ちわびていたものをようやく手に入れたというのに、それが私をどこに導いてくれるのか、まったくわからなかったからだ。

が、私は望みうる最良の人物からその答えを得ることになる。

荷物が届いてから数日後、至急話がしたいとローラから連絡があった。が、そのためにはオンライン上で安全に会話できる暗号化プログラム、OTRを使うことが必須ということだった。OTRなら以前に使っていたので、私はそのチャット用プログラムをインストールし、アカウントを登録して、ローラのユーザー名を「友達リスト」に加えた。すぐに彼女の名前が画面上に現われた。

何はともあれ、機密文書を入手できたかどうか尋ねてみた。私に文書を渡すのは彼女の役目ではなく、情報提供者自身の役目ということだった。そしてローラは驚くべき情報を伝えてきた。われわれは情報提供者に会いに、すぐにでも香港に発たなければならないかもしれないというのだ。

当然、私としては疑問に思わざるをえなかった。合衆国政府の最高機密文書にアクセスできるような人物が、いったい香港にどんな用があるのか。この件が香港と何か関係があるのだろうか。私はてっきり彼はメリーランド州（訳注ＮＳＡの所在地）かヴァージニア州北部（訳注ＣＩＡの所在地）あたりにいるものと思い込んでいた。どうしてよりにもよって香港なのか。もちろん、どこにでも足を運ぶつもりだったが、なぜ香港に行かなければならないのか、もっと情報が欲しかった。しかし、ローラとは自由に話すことができず、このことは先延ばしにされた。そして、ローラは数日のうちに香港まで出かける気があるかどうか尋ねてきた。私はそれが意味のあることかどうか知りたかった――つまり、この情報提供者が本物であるという確証が得られたのかどうかを。彼女は曖昧ながらもこう応じてきた。「それはそうよ。そうでなきゃ、香港くんだりまでついてきてほしいなんて頼まないでしょ」。情報提供者から重大な文書をいくつか入手したのだな――私はそう思った。

そのあと、ひとつ問題があると彼女は言った。情報提供者は事態の進展、とりわけ新たな展開――〈ワシントン・ポスト〉が関与する可能性――に苛立ちを感じているので、私が直接話をして、彼を落ち着かせる必要があるということだった。

一時間もしないうちに、情報提供者自身からメールが届いた。

送信者のアドレスはVerax@[redacted]だった。Veraxはラテン語で「真実の語り部」の意味だ。件名には「話す必要があります」と書かれており、本文は次のように始まっていた。「私は今、われわれの共通の友人と大きなプロジェクトに取り組んでいます」ローラと連絡を取り合っていると明示することで、自分こそが情報提供者であることを私に知らせていた。「最近、香港まで短い旅行をして私と会うことを拒まざるをえなかったようですね。でも、あなたにはぜひともこの話に加わってもらわなければなりません。今すぐ話がしたいのですが、何か手段はありませんか？　安全な通信環境をお持ちでないことは承知していますが、今の環境で可能な方法を考えてみます」彼はＯＴＲの使用を提案したうえで、自分のユーザーネームを明かした。

〝短い旅行の拒絶〟という言い回しが何を意味しているかは判然としなかった。彼が香港にいることへの当惑を伝えたことは確かだが、決して行くことを拒んだわけではない。私は伝わりにくかった意図を明らかにしたくて、即座に返信した。「この話に加われるのなら、なんでもするつもりです」そして、この場でＯＴＲを使って会話するのはどうかと持ちかけ、彼のユーザー名をＯＴＲの友達リストに加えて待った。

十五分と経たないうちに、コンピューターからベルのような音が鳴った。彼がサインインしたのだ。いささか緊張しながら、彼の名前をクリックし、「こんにちは」と打ち込んでみた。即座に返答があった。こうして、私は合衆国の監視プログラムに関する機密文書を持つと思われる人物と直接対話することとなったのだ。この時点ではどれほどの量の文書を抱えているのかまではわからなかったが、この男は少なくともそのうちのいくつかをリークしたいと考えていた。

私は今回の一件に全力で取り組むつもりがあることをすぐに伝えた。「これを記事にするためなら、必要なことはなんでもするつもりです」。名前も勤務先も年齢も、ほかのいかなる素性もわからないこの情報提供者は、香港まで会いに来ることはできるかと訊いてきた。私は、なぜ香港にいるのかは尋ねなかった。詮索していると思われたくなかったからだ。

実際、主導権は相手に渡そうと最初から決めていた。どうして香港にいるのかを知らせたければ、自分から言うはずだ。どんな文書を持っていて、どれを提供するつもりなのかを知らせたければ、これまた自分から言うはずだ。とはいえ、相手に主導権を与えるという消極的なやり方は、私としてはなにより不得手だった。元法律家で、今はジャーナリストとして、答えが欲しいときには積極的に質問するやり方でずっとやってきたからだ。おまけに訊きたいことは山ほどあるのだ。

しかし、彼が微妙な状況に置かれているであろうことは察しがついた。真実がなんであれ、この男は合衆国政府が非常に重大な犯罪と見なす行為に手を染めるつもりでいるのだ。安全確実なコミュニケーションにおいて慎重さというものはその生命線だ。彼がそのことを気づかっているのは明らかだった。一方、私としても、自分が話している人物が何者で、何を考えていて、どういう動機を持っていて、何を恐れているのかがわからない以上、用心と自制心を忘れないに越したことはない。同時に、彼を警戒させるようなことは一切したくなかったので、こちらからあえて情報を訊こうとはせず、情報のほうから私のもとにやってくるに任せた。

「もちろん香港には行きます」と私は答えた。どうしてよりによって香港なのか、どうしてそこに来てほしいのか――そういうことは一切わからないまま。

その日はオンライン上で二時間話した。彼の最大の懸念は、ローラが〈ワシントン・ポスト〉の記者バートン・ゲルマンにNSAの文書のうちの一部について話した件はどうなっているかということだった。それらの文書は、PRISM《プリズム》と呼ばれる計画に関するもので、この計画は、世界最大手のインターネット関連業者である〈フェイスブック〉や〈グーグル〉〈ヤフー〉〈スカイプ〉から私的な通信の記録を収集するというものだった。

〈ワシントン・ポスト〉はこの一件を迅速かつ積極的に報道するという道は選ばず、多くの法律家から成るチームを組織することにした。その法律家たちは、ありとあらゆる種類の要求と警告を突きつけてきていた。彼はこの動きを見てこう思ったそうだ。史上空前の報道素材と信じて手渡したものが、〈ワシントン・ポスト〉の恐怖心を引き出してしまったのではないか、と。社会の木鐸《ぼくたく》としての信念や決意ではなく。さらに彼は、〈ポスト〉が大勢の人々を巻き込んだことにも怒っていた。そうした人々の議論が自分の安全を脅かしかねないというのだ。

「今の成り行きはどうも気に入りません」と彼は言った。「このPRISMの情報は他の誰かに伝えてほしかったんですよ。そうすれば、あなたにはもっと幅広く、とりわけ国内の大規模なスパイ活動に関する文書に専念してもらえますから。でもこうなったら、このネタもあなたに報道してほしくなりました。ずっとあなたの読者でしたから。それにあなたなら、この件に対して積極的に、勇敢に向き合ってくれるものと思っているからです」

「その準備はできているし、やる気も充分です」と私は言った。「私がやらなければならないことを今のうちに決めておきましょう」

「香港に来てもらうことが先決です」と彼は言った。彼はいつも同じ振り出しに戻るのだ。すぐに香港に来い、と。

この最初のオンライン対話で私たちが話し合ったもうひとつの大切な話題は、この情報提供者の目的についてだった。ローラが見せてくれたメールから、合衆国政府が秘密裏に張りめぐらしている大規模な監視網の存在を世界に知らせなければならない、と彼が感じていることはわかっていた。しかし、そうすることで彼は何を達成したいのだろう?

「プライヴァシーやインターネットの自由、国家による監視の持つ危険性について、世界じゅうで議論するようになってほしいのです」と彼は言った。「自分がどうなろうとかまいません。この計画を実行することで、自分の人生が終わるかもしれないという事実は受け容れています。それでも満足です。これがなすべき正しいことだとわかっているからです」

そのあと彼は驚くべきことを口にした。「この情報を漏洩したのが私だということも明らかにしたいのです。どうしてこんなことをするのか、何を達成したいと考えているのか説明する義務があると信じるからです」。彼は自身の名前を公表してからインターネット上に投稿しようと考えている声明文まで書き上げたと言った。プライヴァシーの保護と監視への反対を訴えるこの声明文に、世界の人々にインターネット署名をしてもらうことで、プライヴァシー保護を支援する動きが広く存在することを示したいのだという。

名前を公表すれば、きわめて長い懲役刑か、場合によってはそれよりひどい刑罰も免れない。それがほぼ自明であるにもかかわらず、彼はどんな結果になろうと「それで満足です」と繰り返した。「しかし、ひとつだけ恐れていることがあります。それは、これらの文書を眼にした人々がただ肩をすくめ、そんなことだろうと思っていたよ、興味ないね、とやり過ごしてしまうことです。そうなって、私が自らを犠牲にしてまでやったことが水泡に帰してしまうことだけが心配なんです」

「そんなことには絶対になりませんよ」私はそう言って彼を安心させた。とはいえ、私自身、完全にそう信じているわけでもなかった。NSAの権力濫用について長年書いてきた私には、国家による秘密裏の監視行為に真剣な関心を呼び起こすことのむずかしさがよくわかっていた。プライヴァシーの侵害や権力の濫用というものは基本的に抽象的な概念と見られかねず、人々が直感的に関心を抱く対象にはしがたい。さらに言えば、監視という問題はいつの時代においても複雑な話題にならざるをえず、広く大衆を引っぱり込むことがよけいにむずかしくなる。

それでも、今回の件は事情がちがうような気がした。最高機密文書がリークされれば、メディアは必ず注目する。そして、その警告を発したのが、アメリカ自由人権協会《ACLU》の弁護士や市民の自由の唱道者ではなく、国家の保安組織内部の人間であれば、そこにさらに重みが増すのはまちがいない。

その夜、香港行きの件をパートナーのデイヴィッドに相談した。実のところ、ことここに至ってさえ、やりかけの仕事をすべて放り出して、素性の知れない人間に会いに地球の裏側まで行くことには乗り気ではなかったのだ。まして、彼が自称するとおりの人物だという確たる証拠もない。まったくの時間の浪費になることも考えられた。それに、これが囮捜査か奇妙な陰謀だったら？

「まず彼に頼んで、文書をあらかじめいくつか見せてもらったほうがいいね。それを見れば、彼が本物で、彼の情報がきみにとって価値のある話かどうかわかるはずだ」とデイヴィッドは提案した。

いつものことながら、私は彼の助言に従うことにした。翌朝、OTRにサインインすると、数日以内に香港に向けて発つつもりがあることを伝えたうえで、そのまえに彼がどんなたぐいの漏洩をしようとしているのか理解しておきたいので、文書をいくつか見せてほしいと要請した。

すると、そのためにはパソコンにさまざまなプログラムをインストールする必要があるとまたも言われた。私はそれから数日かけて、各プログラムのインストールの仕方、使用法をオンライン上で一からすべて教わった。当然のことながら、その中にはPGPも含まれていた。私が素人だと知っていた彼は特筆すべき我慢強さを発揮した。この講義はまさに「青いボタンをクリックして、それからOKを押してください。そうしたら次の画面に進んで」というレヴェルのものだった。

こうした知識が欠けていることについて、加えて何日もかけて、安全な通信というものの基本中の基本を教わっていることについて、私は平謝りに謝った。「どうかご心配なく」と彼は言った。「今やったことの大半に大した意味はありません。それに、今のところ私には自由な時間があり余るほどあるんです」

プログラムをすべてインストールすると、およそ二十五の文書を含むファイルが送られてきた。「それらはほんの一口、お味見ということで。大きな氷山のほんの一角です」彼はじらすように説明した。

ファイルを解凍して、文書のリストを眺め、でたらめにひとつを選んでクリックしてみた。開かれたページの上部には赤い文字でこう書かれていた。

「TOPSECRET//COMINT/NOFORN/」

つまり、この文書は公式に最高機密に指定された文書ということだ。〝COMINT〟は、この文書に通信諜報《コミュニケーション・インテリジェンス》関連の情報が含まれることを意味しており、〝NOFORN〟は国際的な組織や同盟国を含む外国《フォーリン・ネイションズ》にこの文書を配布してはならないことを意味している。その下には議論の余地もないほど明白に、世界で最も大きな力を持つ政府の超極秘機関であるNSAの極秘のやりとりが記されていた。六十年以上にわたるNSAの歴史において、これほど重大な文書が漏洩したことはない。そんな文書が私の手元に数十もあるのだ。それだけではない。この二日間、チャットをともにして長い時間を過ごした彼は、もっともっと多くの文書を渡すと言っているのだ。

最初の文書は、NSAの職員が分析官に新しい監視手段を教えるための訓練マニュアルだった。それには、分析官がデータ処理の要求ができる情報のおおまかな種類（Eメールアドレス、IPアドレスの位置情報、電話番号）と、それに対して受け取る情報の種類（メールの内容、電話のメタデータ〔訳注　データに関するデータのこと。この場合は通話時間や電話番号など〕、チャットのログ）が記載されていた。つまるところ、私はNSAの職員が分析官に盗聴の仕方を講義する光景を盗み見てしまったということだ。

心臓が早鐘を打っていた。いったん読むのを中断し、家の中を何度も歩きまわった。今眼にしたものについての考えをまとめ、ファイルを集中して読むために、心を落ち着かせる必要があった。ノートパソコンがある場所に戻ると、また無作為に選んだ文書をクリックした。今度はパワーポイントで作成された最高機密文書で、タイトルは「PRISM/US-984XN の概要」となっていた。どのページにもインターネット関連最大手九社のロゴが描かれていた。〈グーグル〉〈フェイスブック〉〈スカイプ〉〈ヤフー〉など。

最初のスライドに、あるプログラムのことが説明されていた。NSAはそのプログラムのもと、彼らの弁を借りれば、「マイクロソフト、ヤフー、グーグル、フェイスブック、パルトーク（訳注 同名のチャットソフトを開発している業者）、AOL、スカイプ、ユーチューブ、アップルといったアメリカのサーヴィス・プロバイダーのサーバーから、直接データを収集していた」というのだ。あるグラフには、これらの業者がこのプログラムに参加した日付も記されていた。

興奮のあまり、また読むのを中断しなければならなかった。

情報提供者はさらに、しかるべき時が来るまでは誰にも明かせない大きなファイルを送る、と言ってきた。私としては、この重大ながらも謎めいた申し送りはとりあえず棚上げしておくことにした。情報を得る際には相手に主導権を与えるという手法を守るのもさることながら、眼前に提示されたものだけでも興奮しきっていたのだ。

わずかな文書にざっと眼を通しただけで、ふたつのことがわかった。ひとつは、すぐに香港に行かなければならないということ。もうひとつは、これを報じるには大がかりで組織的なサポートが必要だということだ。〈ガーディアン〉紙を巻き込まなければならない。〈ガーディアン〉は通常の新聞のほか、オンラインのニュースサイトも運営しており、私は九ヵ月前に日々のコラム担当として、そこに加わったばかりだった。彼らをこの話に引き込もう。この大きな爆弾スクープに引き込むのだ。

〈スカイプ〉を使って、ジャニーン・ギブソンに連絡した。ジャニーンは〈ガーディアン〉のアメリカ版の編集長を務めるイギリス人だ。私は〈ガーディアン〉とは、記事の編集権限において私が完全な独立性を維持するという形で契約していた。つまり、私の書いたものを誰も掲載前に編集したり、審査したりできないということだ。私は記事を書き、自分の手で直接インターネットにアップする。ただし、この取り決めにはわずかに例外があった。記事が〈ガーディアン〉に対して法的な悪影響を招いたり、ジャーナリズムの観点から異常な苦境を生じせしめる可能性がある場合にかぎり、あらかじめそのことを警告しておくというものだ。が、この九ヵ月でそうする必要があったのはせいぜい一度か二度だ。そのため〈ガーディアン〉の編集者とはほとんどやりとりがなかった。

もし警告が必要な記事があるとしたら、これをおいてほかにない。それに社の人員とサポートも必要になる。

「ジャニーン、でかい話があるんだ」と私は切り出した。「NSAの最高機密文書と思われる文書にアクセスできる情報提供者がいる。それも大量の文書だ。すでにいくつか見せてもらったが、驚くべき内容だった。文書はそれ以外にもまだいくらもあるらしい。渡されたものを見るかぎり、すごく衝撃的な――」

ジャニーンが口をはさんで言った。「この通信は何を使ってる？」

「〈スカイプ〉だけど」

「電話で話すべき用件ではなさそうね。それも〈スカイプ〉ときちゃ」と賢明な彼女は言い、飛行機でニューヨークに来てはどうかと提案してきた。そうすれば、すぐにでもこの件について膝づめで話し合える。

私はローラに連絡を取った。これからニューヨークに飛び、〈ガーディアン〉の人間に文書を見せ、彼らも巻き込んで情報提供者に会うために私を香港へ派遣してもらおうと思っていると伝えると、ローラもニューヨークで合流し、一緒に香港に発つということで話がまとまった。

翌日、私は深夜便でリオからジョン・F・ケネディ空港に飛び、そのまた翌日の五月三十一日の金曜日、朝九時にはマンハッタンのホテルにチェックインし、ローラと会った。私たちが最初にしたのは、〝エアギャップ〟として使えるノートパソコンを買うことだった。エアギャップというのは、一度もインターネットに接続されることのないコンピューターのことだ。インターネットに接続されないコンピューターの監視はきわめて困難で、NSAのような諜報機関がエアギャップを監視するには、そのコンピューターに物理的に接触し、ハードディスク・ドライヴに監視用の装置を埋め込むなど、はるかに厄介な作業が必要とされる。コンピューターを常に身近に置いておけば、その種の侵入はある程度防ぐことができる。監視されたくない素材——NSAの機密文書のような素材——について書くときには、新品のこのノートパソコンを使えば、情報漏れの心配はまずない。

買ったばかりのコンピューターをバックパックに押し込み、ローラと一緒にマンハッタンを五ブロック歩いて、ソーホーにある〈ガーディアン〉の社屋に向かった。

着いたときには、ジャニーンが私たちを待ちかまえていた。私はそのままジャニーンと一緒に彼女のオフィスにはいった。オフィスには副編集長のスチュアート・ミラーもいた。ローラには外で待っていてもらった。ジャニーンはローラを知らなかったし、私自身、自由に話したかったからだ。〈ガーディアン〉の編集者たちはこの話にどんな反応を示すだろうか。恐怖か興奮か。

そのどちらになるかはまるで予想がつかなかった。彼らと一緒に仕事をしたことはなかった。少なくとも、これほどの危険性と重大性を帯びて遠くからやってきた仕事は。

私は自分のノートパソコンを使い、情報提供者から送られてきたファイルを見せた。ジャニーンとミラーはテーブルについてそれを読んだ。ときおり「ワオ！」とか「たまげた！」とか、その種の感嘆の声を漏らしながら。私はソファに坐り、そんな彼らを眺めた。私が見せたものの重みが彼らの中に沁み込み、その顔に驚愕の表情が刻まれるのを。彼らがひとつの文書を読みおえると、すぐに次のものを画面に出した。彼らの驚愕はいや増すばかりだった。

二十数点のＮＳＡの文書に加え、情報提供者はインターネットに投稿する予定の声明文も送ってきていた。プライヴァシー保護、公的監視反対という大義に賛同してくれる人々の署名を求める声明文だ。その内容はドラマティックで極端なものだった。しかし、彼が採ったドラマティックで極端な選択を思えば、それもうなずけた。この選択は彼の人生を永遠に一変させてしまうだろう。眼に見えない国家の監視システムがいつでもどこでも、そのシステムを監督する者もチェックする者もいない状態で、秘密裏に人々を見張っているのだ。その事実を眼のあたりにした人間が自分の知りえたことやそのシステムがもたらす危険性について、大いに危機感を募らせるのは、当然のことだ。そして彼は勇敢かつ遠大な行動に出ようという尋常ならざる決断を下したのだ。私には、そんな切羽詰まった心情が理解できたが、ジャニーンとミラーはこの声明文を読んでどう反応するだろう？　私は気を揉んだ。この情報提供者を精神に異常をきたしている人間とは考えてほしくなかった。ましてや、彼と何時間もチャットを交わした今となっては、当人がしごく理性的に熟慮したことはわかっている。

実際、恐れたとおりのことが起きた。「正気の沙汰じゃないと受け取る人もいるわね」とジャニーンがまず言った。

「確かに、NSA寄りのメディアの連中なんかはセオドア・カジンスキー（訳注 〝ユナボマー〟と呼ばれた爆弾魔）を連想させるとか書くだろうな」と私も認めて言った。「しかし、重要なのはこうした機密文書そのものであって、彼の人格や、文書を漏洩させる動機じゃない。それに、こんな極端なことをする人間が極端な考えを持っていたとしても、それは当然と言えば当然だよ」

声明文とともに、情報提供者は文書ファイルを渡したジャーナリスト宛に手紙を書いていた。自身の目的と目標を説明しようと努める一方で、彼は自分が悪者に仕立て上げられるさまを予見してもいた。

> 私の唯一の動機は、自分たちの名のもとに何がおこなわれているか、自分たちに対して何がおこなわれているかを人々に知らせたいということです。合衆国政府は属国、なかでもともに〝ファイヴ・アイズ〟を構成するイギリス・カナダ・オーストラリア・ニュージーランドと結託し、世界じゅうに秘密の監視システムを張りめぐらしています。これから逃れる術は何ひとつありません。自分たちの国内のシステムに関しては制限や嘘で一般市民の監視から守る一方、ひとたび機密漏洩が起こると、国民の知る権利を認めるために限定的な機密保護策を選んでいることをことさら強調して、人々の怒りの矛先が自分たちに向かうのを逸らします……
>
> ここに添えた文書はすべてオリジナルの現物であり、無防備な世界に対する監視システムがそれ自体の保護を強化するためにいかに機能しているか、そのことを理解していただくために

提供するものです。これを書いている今も、このシステムが取り込んで分類できる新しいすべてのコミュニケーション記録が、このさき何年も保存されようとしているのです。さらに、新しい〝大規模《マッシヴ》データ貯蔵庫〟（遠まわしに〝特命《ミッション》〟データ貯蔵庫とも呼ばれる）が世界じゅうに建設、展開されつつあり、その最大のものがユタ州の新データ・センターです。私としては一般市民がこうしたことを知り、議論を深めて改革につなげてくれることを祈るばかりですが、時とともに人間の政策が変わることも頭に入れておいてください。権力者の欲求しだいでは憲法すら覆されてしまうのですから。先人の言葉を引いておきます。「もはや人間への信頼を語るのはやめよう。悪さなどしないよう、暗号という鎖で縛るのだ」

最後の一節が、私がたびたび引用する発言をもじったものであることはすぐにわかった。一七九八年のトーマス・ジェファーソンだ。「権力に関わる事柄で、もはや人間への信頼を語るのはやめよう。悪さなどしないよう、権力者を憲法という鎖で縛るのだ」

すべての文書とスノーデンの手紙をあらためて吟味して、ジャニーンもミラーも納得したようだった。「それじゃ」とジャニーンは結論を出した。私がこの朝、社に着いてから二時間と経っていなかった。「あなたにはすぐにでも香港に行ってもらう。明日はどう？」

〈ガーディアン〉は話に乗った。こうしてニューヨークでの任務は完了した。ジャニーンはこの一件に熱心に取り組んでくれるだろう。少なくとも当面は。その日の午後、私とローラは可能なかぎり早く香港に行ける便を手配してくれるよう、〈ガーディアン〉の出張担当者に掛け合った。一番いい選択肢は、次の日にジョン・F・ケネディ空港を発つ所要時間十六時間のキャセイパシフィック航空の便だった。が、ようやく情報提供者に会えると喜んだのもつかのま、私たちは複雑な問題に直面することになる。

その日の終わりにジャニーンがこんなことを言ってきたのだ。〈ガーディアン〉の記者ユーウェン・マカスキルも加わらせたい、と。マカスキルは勤続二十年のベテラン記者ということだった。「一流のジャーナリストよ」とジャニーンは言った。この仕事の重大さを思えば、〈ガーディアン〉の記者たちの助けはぜひとも必要だったし、原則としてはそのこと自体に異議はなかった。「ユーウェンにも一緒に香港に行ってもらう」と彼女は言った。

しかし、マカスキルには会ったこともない。私だけでなく、マカスキルのことを知らないのは情報提供者も同じだった。情報提供者は香港へ行くのは私とローラだけだと思っている。ローラも当然そう思っているはずだ。石橋を叩いて渡る性格の彼女のことだ、この突然の変更にはきっと激怒するだろう。

その予想は正しかった。「ありえない。絶対に駄目よ」とローラは言った。「土壇場で新しい人間を加えるわけにはいかない。それも全然知らない人間を加えるなんて。誰が身元を調べたっていうのよ」

私はジャニーンの考えと思しいところを説明した。こんなに大きなネタにぶち当たってみて初めてわかることだが、こっちもまだ〈ガーディアン〉のことはよく知らず、完全に信用しているわけではないのと同様に、彼らも私に対して同じように思っているのだろう。そう説明した。〈ガーディアン〉はこの一件に大きなものを賭けている。だから情報提供者とわれわれのあいだで何が起きているか、さらにはこのネタが取り上げるに価すると納得できるものかどうか、人柄を知りつくした長年の同僚に報告させたいのだろう。それに、ジャニーンにはロンドンにいる〈ガーディアン〉編集幹部の完全なサポートと承認も必要なはずだ。本社の人間は彼女以上に私を知らない。ジャニーンはおそらく彼らを安心させられる人物を参加させたいと考え、ユーウェンこそおあつらえ向きだったのだ。

「そんなの知ったことじゃない」とローラは言った。「第三者を、それも初対面の人間を連れてたら、監視機関の眼を惹いてしまうかもしれない。それに情報提供者を怖がらせてしまうかもしれない」。妥協案として彼女は次のように提案した——われわれがまず香港で情報提供者と会い、信頼関係を確立してから、その数日後にユーウェンを派遣してもらうというのはどうか。「この交渉はあなたの仕事よ。わたしたちの準備ができるまでユーウェンをよこさないように伝えて」

私は賢明な妥協案と思えるその提案を持って、ジャニーンのところに戻った。が、彼女の決意は固かった。「ユーウェンには一緒に行ってもらう。ただ、あなたとローラ双方の準備ができるまでは、彼は情報提供者と会わないことにする」

ユーウェンと一緒に香港に行くことはどうやら〈ガーディアン〉の絶対条件のようだった。ジャニーンとしても、現地で起きていることをちゃんと把握しておく必要があるのだろう。加えて、ロンドンにいるボスたちが抱くであろう不安を和らげられる材料を確保しておく必要も。それでもローラはわれわれだけで行くことに固執した。「もし情報提供者が空港でわたしたちを見張っていたらどうするの？　自分の知らない第三者が同行してるのを目撃したら、きっと怖じ気づいて、すべての連絡を断ってしまう。そんなのは絶対に駄目よ」。私はまるで和平交渉をまとめようと空《むな》しい望みを抱いて中東の敵対国のあいだを行き来する国務省の外交官さながら、ジャニーンのもとに戻った。彼女は曖昧な返答ながら、ユーウェンはわれわれの数日後に香港に向かわせることにする、とほのめかしてくれた。そう言ったと私のほうが思い込みたかっただけかもしれないが。

いずれにしろ、その日の夜遅く、社の出張担当者からユーウェンの航空券はもう手配済みだと知らされた。彼のも翌日の便――われわれのと同じ便だった。何がなんでも彼をその便に乗せるつもりだったのだ。

翌日、空港に向かう道中でローラと私は喧嘩をした。最初で唯一の喧嘩だ。車がホテルを出てすぐ、結局、ユーウェンもわれわれと同行することになったと伝えると、彼女の怒りが爆発した。あなたは何もかも台無しにしようとしてる、と彼女は私を非難した。こんな土壇場で第三者を加えるのは非常識だ、と。彼女は自分がよく知らない人物をこんな微妙な仕事に参加させることは断じてできないとそれまでの主張を曲げず、〈ガーディアン〉が今回の計画を危険にさらすことになったのはすべてあなたのせいだと私を責めた。

確かに、彼女の懸念は杞憂《きゆう》とは言えなかった。それでも、私はなんとか彼女を説得しようとした。〈ガーディアン〉の態度は強硬で、ほかに選択肢はなかったのだ。それに、どのみちユーウェンが情報提供者に会うのは私たちの準備ができたあとではないかと言って。

ローラが怒りを鎮めようとしないので、私は香港行きを取りやめようとまで言ったのだが、即座にはねつけられた。十分ほど空港に向かう車の渋滞につかまった中、われわれはそれぞれの惨めな思いと怒りを内に秘めたまま、ひとことも口を利かなかった。

ローラが正しいことは私にもわかっていた。私自身、これがいいこととは思っていなかったのだから。そのことを口に出して、私は沈黙を破った。ユーウェンのことは無視して、のけ者にしてしまうというのはどうか。彼がその場にいないかのように振る舞うのだ。「ぼくたちは味方同士だ」と私は言った。「喧嘩はやめよう。この話の規模の大きさを思えば、ぼくたちの手に負えないことが起きるのは、これが最後ってわけじゃないのは眼に見えてるしね」そう言って、力を合わせて一緒に障害を乗り越えようと説得を試みた。それが奏功したのかどうかはわからないが、ほどなくローラも落ち着きを取り戻してくれた。

空港に近づくと、ローラはバックパックからUSBメモリを取り出し、極度に張りつめた面持ちで言った。「これ、なんだかわかる?」

「なんだい?」

「文書よ」と彼女は言った。「これに全部はいってる」

われわれが空港に着いたときには、ユーウェンはもうゲートのまえで待っていた。ローラも私も礼儀正しく、しかし冷たく振る舞った。彼に自分は部外者であり、われわれが役割を与えるまで出番はないと思い知らせるために。自分たちが怒りを向ける唯一の対象として、彼をよけいなお荷物のように扱った。フェアなおこないとは言えなかったが、ローラのUSBメモリに収められている珠玉の情報と、自分たちがやろうとしていることの意義に気を取られ、私としてもユーウェンについてそれ以上考える余裕は持てなかった。

空港に向かう車中、ローラは安全なコンピューター・システムについて五分間のレクチャーをしてくれていた。機内ではひと眠りするつもりだと言った。レクチャーのあと、私にメモリを渡すと、彼女はその彼女の分の文書をさきに読んでおくように言った。私の分は、香港に到着したらすべて情報提供者本人が、入手できることを保証してくれるということだった。

離陸後、新品の〝エアギャップ〟を取り出し、ローラのUSBメモリを挿入した。そして、彼女の指示に従って、ファイルを読み込ませた。

それから十六時間、私は疲れきっていたが、読むこと以外は何もしなかった。次から次へと文書を貪るように読み、無我夢中でメモを取った。リオで読んだPRISMのパワーポイント文書同様、強烈で、ショッキングなファイルばかりだった。さらにひどい内容のものも少なくなかった。

まっさきに眼を通したものの中に、外国諜報活動監視法《FISA》に関する審理をおこなう秘密裁判所からの命令書があった。この外国諜報活動監視裁判所は、情報活動調査特別委員会（チャーチ委員会）が、数十年にわたる政府の無節操な盗聴活動を発見したあと、連邦議会により一九七八年に創設された。この裁判所が設立されたことにより、政府は電子機器を使用した監視を継続することはできるものの、同様の権限の濫用を防ぐため、監視をおこなうまえにこの裁判所の許可を得なければならなくなったのだが、外国諜報活動監視裁判所の命令書などには、これまで一度もお眼にかかったことがなかった。いや、ほとんど誰も見たことがないのではないか。この裁判所は政府機関の中でもきわめつきの極秘機関なのだ。ここでのすべての判決は自動的に最高機密に分類され、裁判記録はひと握りの人間しか閲覧できない。

香港行きの機内で読んだのはそんな判決文だったわけだが、いくつかの理由で実に驚くべきものだった。裁判所は〈ベライゾンビジネス〉社（訳注 アメリカの大手通信業者）に、（一）アメリカと海外とのあいだでの通信、および（二）市内通話を含む、アメリカ全土の〝詳細な通話記録〟のすべてをNSAに提出するように命じていた。つまり、NSAは秘密裏に、そして無差別に、少なくとも数千万のアメリカ人の通話記録を収集していたということだ。オバマ政権がそんなことをしているとは、誰も夢にも思っていないはずだ。判決文を読んだ私は、その事実を知っただけでなく、証拠である極秘の裁判所命令書まで手に入れたわけだ。

それだけではなかった。その裁判所命令書には、こうしたアメリカ人の通話記録の大規模な収集活動は愛国者法第二一五条により認められていると明記されていたのだ。判決それ自体が実に驚くべきものだったが、愛国者法に対するこうした過激な解釈にはそれ以上に衝撃を受けた。

9・11同時多発テロを受けて制定された愛国者法が議論を呼ぶようになったのは、同法の第二一五条によって、政府が企業の業務記録を入手する際に必要とされる基準が、〝相当な理由がある場合〟から〝関連性のある場合〟へと格下げされてからだ。これはつまり、FBIがきわめて繊細で人権侵害の可能性がある文書——たとえば個人の病歴や銀行の取引履歴、通話記録など——を入手するには、そうした文書が目下の捜査と〝関係がある〟と示すだけで事足りるということを意味している。

しかし、愛国者法ができたときには、この法律が合衆国政府に、ありとあらゆる人間の記録をこれほど大量に、無差別に収集する力を与えることになろうとは、誰ひとり考えていなかっただろう。おそらくは二〇〇一年にこの法律を起草したタカ派の共和党下院議員たちでさえ。あるいは、この法律を市民の権利を脅かすものと見ていた人権擁護の唱導者たちも。しかし、それこそまさに香港に向かう私のノートパソコンの画面に映し出されているものだった。この外国諜報活動監視裁判所は、〈ベライゾンビジネス〉に対し、アメリカ人の顧客全員のあらゆる通話記録をＮＳＡに提出するよう命じていた。

オレゴン州選出の民主党上院議員ロン・ワイデンとコロラド州選出の民主党上院議員マーク・ウダルは二年間、全国をまわってアメリカ国民に警告を発してきた。オバマ政権が強力で底知れないスパイ能力を自らに付与するために使った「法律の秘密解釈」のことを知れば、国民は必ず「ショックを受けるだろう」。そのことを憂慮した上での行動だった。ところが、こうしたスパイ活動や「秘密の解釈」といったもの自体が機密に分類されていたため、上院情報特別委員会のメンバーでもあるこのふたりの民主党議員は、彼らが脅威を感じたことについて公表するのをぱたりとやめてしまう。連邦議会議員は憲法により、望みさえすればこうした開示が認められるという合法的な免責の楯を獲得していたにもかかわらず。

この外国諜報活動監視裁判所の命令書を見て、私はすぐにぴんときた。これはワイデンとウダルが国民に警告しようとしていた権力の濫用と過激な監視プログラムの少なくとも一部だと。

この命令書の重要性はあまりに明らかで、私は今すぐにも公表したい気持ちになった。これを暴露すれば世界に激震をもたらし、透明性と説明責任を求める声がそのあとに続くはずだ。しかも、これは私が香港へ向かう機内で読んだ数百の機密文書のうちのほんのひとつにすぎないのだ。

この情報提供者の行為の意義について、私はまたもや考えを改めた。同じことはすでに三回起きていた。一度目はローラに送られたメールを読んだとき、二度目は彼とチャットで直接話をするようになったとき、そして三度目はメールで送られてきた二十数点の文書を読んだときだ。このときになってようやく、私は今回の情報漏洩によってもたらされる衝撃の真の大きさを肌で実感したのだった。

折にふれて、ローラが機の隔壁と正対している私の席にやってきた。私は彼女の姿を認めるたびに弾かれたように席を離れると、隔壁と席とのあいだの誰もいない空間に彼女とふたり、ただ佇んだ。ふたりとも押し黙ったまま。自分たちが手に入れたものに圧倒されていたのだ。

ローラはNSAによる監視について、もう何年も取材していた。そして彼女自身、幾度も彼らの権力濫用の対象となってきた。私も最初の著書を出版した二〇〇六年以来、制限のない国内の監視活動がもたらす脅威について書き、NSAの違法行為と急進主義に対して警告しつづけてきた。そんな仕事を通じて、ふたりとも政府のスパイ活動を隠す大いなる秘密の壁と戦いつづけてきたのだ。公的な秘密というおびただしい層に覆い隠された機関の行為をどうすれば報じられるのか？　その壁が今、突き崩されたのだ。機上にあって、私たちは政府が死に物狂いで隠そうとしてきた数万の文書を手のうちに収めていた。政府がアメリカ国民だけでなく、世界じゅうの人々のプライヴァシーを破壊するために手を染めてきた、数々の行為の明白な証拠となるものを。

そうした記録を読み進めるにつれ、私はふたつの事柄に気づかされた。ひとつは、それらの文書がこの情報提供者によってきわめてよく整理されているということだ。彼は無数のフォルダーをつくり、その中にいくつものフォルダーをつくり、さらにその中にもいくつものフォルダーをつくっていた。そして、どの文書もしかるべき場所に置かれていた。まちがった場所に置かれたファイルはひとつもなかった。

私はブラッドリー・マニング（今では女性として生きていくことを宣言し、チェルシー・マニングという名前になっているが）のしたことを英雄的な行為と考え、ここ数年間、彼を擁護しつづけてきた。マニングは陸軍上等兵で、合衆国政府のおこない——戦争犯罪及びその他の組織的策略——に恐怖を覚え、自身の自由と引き換えに、〈ウィキリークス〉を通じて世界に機密文書を漏洩させた内部告発者だ。しかし、彼はダニエル・エルズバーグ（訳注　一九七一年に、自身も執筆した国防総省の機密報告書「ペンタゴン文書」を漏洩させた人物）などとはちがい、そもそも自分がきちんと見てすらいない文書をリークしたと見られていた。そうした批判はなんの証拠にも基づいておらず（エルズバーグももっとも熱心にマニングを擁護したひとりだったし、マニングも文書は少なくともきちんと読んだようだ）、不当なものだと私は思っているが、マニングを英雄扱いする声を封殺する目的で、しばしば引き合いに出される。

しかし、同じ批判は今回のＮＳＡの情報提供者には当てはまらない。それは明らかだった。彼はわれわれに渡したすべての文書の隅々にまで眼を通し、それらの意味を理解したうえで、各ファイルを洗練された几帳面な形で配置していた。

もうひとつ気づかされたのは、これらの文書が明かす政府の〝嘘〟の大きさだ。その証拠として、彼は目立つところに置いたフォルダーに、「際限なき情報提供者《バウンドレス・インフォーマント》（ＮＳＡは連邦議会に嘘をついた）」というタイトルをつけていた。このフォルダーには数十の文書が含まれており、ＮＳＡが傍受した通話やメールの件数が詳細な統計として記されていた。また、その中には、ＮＳＡが日常的に数千万人のアメリカ国民の電話とメールのデータを収集してきたという証拠も含まれていた。「バウンドレス・インフォーマント」というのはＮＳＡのプログラムの名称で、そのプログラムはＮＳＡによる日常の監視活動を正確に定量化するためのものだ。ファイルの中のある図には、二〇一三年二月に終わる一ヵ月間で、NSAの一部局が合衆国内の通信システムからだけでも三十億件の通信データを集めていたことが示されている。

要するに、彼はNSAが連邦議会に対してあからさまに幾度も自らの活動に関して嘘をつきつづけてきたという明白な証拠をわれわれに示したということだ。何年にもわたり、何人もの上院議員が、何人のアメリカ人の電話やメールが傍受されているのか、おおよその数字を開示するようNSAに求めてきたにもかかわらず、NSAはその要求に対して、そうしたデータは保持しておらず、また保持することもできないため、回答不能だと主張しつづけてきたのだから。この「バウンドレス・インフォーマント文書」には、ファイルのあちこちにまさしくそのデータが収められていた。

なによりこれらのファイルは、〈ベライゾン〉文書とともに、オバマ政権の国家安全保障担当の高官である国家情報長官、ジェームズ・クラッパーが連邦議会に嘘をついたことのまぎれもない証拠だった。二〇一三年三月十二日、彼は上院議員のロン・ワイデンから「NSAはアメリカ国民の数百万人、あるいは数億人に対して、どんな種類であれ、データ収集活動をおこなっていますか?」と問われた。

そのときのクラッパーの返答はいかにも簡潔で不正直なものだった。「いいえ」

ほとんど邪魔のはいらない状況で十六時間ぶっ通しで読んだにもかかわらず、すべての文書のごく一部にしか眼を通せなかった。それでも、飛行機が香港に着陸したときには、私はふたつのことを確信するようになっていた。まず、この情報提供者は高度な教養を身につけ、政治的な洞察力に優れている人物だということ。それらの文書の重要性を理解できるということがその何よりの証拠だ。彼はまたきわめて理知的な男でもあった。私の手元にある数万の文書の選別、分析、説明の方法から見ても、それはまちがいなかった。ふたつ目の確信は、彼がほんとうの意味での内部告発者であることはもはや否定しがたいということだ。彼は国家の安全保障に携わる最高レヴェルの高官が、国内の諜報活動について連邦議会に平然と嘘をついたという事実を明らかにしていた。そんな人物が内部告発者でないなら、いったい誰を内部告発者と呼べる？

一方、政府およびその支持者がこの情報提供者を悪者扱いすることがむずかしくなればなるほど、彼の暴露が及ぼす効果はますます強大になる。内部告発者を貶《おとし》めるのによく使われるふたつのことばがある。「彼は〝不安定〟で、〝うぶ〟だった」というのがそれだ。しかし、このことばは彼には当てはまらない。

着陸の直前、最後にひとつのファイルを読んだ。ファイル名は「最初に読むこと」となっていたのだが、フライトが終わるまぎわになってようやく、そんなファイルがあることに気づいたのだ。そこでは、情報提供者が今回の行動を起こそうと考えた理由と、その結果として起きてほしいことがあらためて説明されていた。その論調と内容は〈ガーディアン〉の編集者たちに見せた声明文と大同小異だった。

ただ、このファイルにはほかの文書に含まれていないものが含まれていた。情報提供者の名前だ。私はここで初めて、その名を知った――そして、素性を明かせば自分がどうなるか、彼が明確に予測していることも。二〇〇六年にＮＳＡが引き起こしたスキャンダルに言及しながら、そのファイルは以下のように締めくくられている。

国家相対主義を旨とすること、すなわち（私が暮らす）社会の問題から、私たちがいかなる権威も責任も持たぬ遠い海外の悪へと視線を転じることもできないのか、と私を中傷する向きも多いことでしょう。でも、市民権というものは、他国を正さんとするまえに、まず自分たちの政府を監視する責務を帯びているものです。私たちは今ここで、そうした監視を限られた範囲でしか認めようとしないばかりか、罪を犯しても説明責任を果たそうとしない政府を放任しています。社会から爪弾きにされた若者が軽微な違反を犯し、世界最大の監獄制度の中で耐えがたい結果に苛まれようと、私たちは社会全体として見て見ぬふりを決め込んでいます。その一方で、巨万の富を有するわが国で最も強大な電気通信プロバイダー企業が故意に数千万件の重罪を犯そうと、議会はわが国の第一法を通してしまうのです。民事であれ、刑事であれ、どこまでもさかのぼれる免責特権を企業エリートたる友人たちに与える法律を。そうした犯罪は史上最長の刑に値するはずなのに。

こうした企業は、わが国でトップクラスの弁護士たちをスタッフとして抱えています。そして今なお自らが招いた結果に対する責任のかけらさえ問われていない。では、権力構造の最上層に位置する高官、具体的に例えれば副大統領が、こうした犯罪企業に自ら指示を出している疑いで捜査線上に浮かんだらどうなるでしょうか。捜査は中止すべきだということになれば、その捜査結果はＳＴＬＷ（ステラーウィンド）と呼ばれる〝例外的制限情報〟の区画に機密中の機密として分類されます。そして、権力を濫用するこうした人物の責任を問うのは国益に反する、われわれは〝振り返ることなく、まえを向いて進まねばならない〟という原則のもと、それ以上の捜査はいっさい不可能となるのです。不法なプログラムは閉鎖されるかわりにさらに権限を得て拡充されるのです。アメリカの権力の殿堂へようこそ。なぜなら、そこはまさにそんなふうになってしまったところなのですから。私はこれからそのことを証明する文書を公開します。

　私は自分の行動によって、自分が苦しみを味わわざるをえないことを理解しています。これらの情報を公開することが、私の人生の終焉を意味していることも。しかし、愛するこの世界を支配している国家の秘密法、不適切な看過、抗えないほど強力な行政権といったものが、たった一瞬であれ白日の下にさらされるのであれば、それで満足です。あなたが賛同してくれるなら、オープンソースのコミュニティに参加し、マスメディアの自由闊達な精神の保持とインターネットの自由のために戦ってください。私は政府の最も暗い一角で働いてきました。彼らが恐れるのは光です。

エドワード・ジョセフ・スノーデン、社会保障番号：[redacted]
CIAにおけるコードネーム“[redacted]”、ID番号：[redacted]
アメリカ合衆国国家安全保障局《NSA》、元シニア・アドヴァイザー、会社員に偽装
アメリカ合衆国中央情報局《CIA》、元現場要員、外交官に偽装
アメリカ合衆国国防情報局《DIA》、元講師、会社員に偽装

第二章　香港での十日間

六月二日、日曜日の夜、私たちは香港に到着し、ただちにスノーデンと会うことになっていた。九龍《カオルーン》の高級街にあるホテル〈W〉の部屋にはいると、すぐにコンピューターの電源を入れ、暗号化されたチャット・プログラムで彼を探した。ほとんどいつもそうであったように彼はそこにいた。私を待っていた。

私たちはフライトについて雑談を交わしたあと、顔合わせについて話し合った。

「私のホテルまで来てください」と彼は言った。

彼がホテルに滞在していると知り、とても驚いた。香港にいる理由はまだわからなかったが、そのときまで私は身を隠すために香港に逃亡したものと思い込んでいた。安アパートの小さくみすぼらしい一室にこもり、毎月の給料を受け取ることもなく潜伏しているものと。それが堂々とホテルでくつろぎ、毎日のホテル代を支払っているとは。

結局、その夜に会う予定は取りやめて、翌朝まで待つのが最善ということになった。それを決めたのはスノーデンだったが、そのため私はそれから数日間、張りつめた緊張感とスパイ映画の登場人物になったような気分を味わうことになる。

「あなたたちが夜間に動きまわれば、よけいな人目を惹いてしまいます。夜中にチェックインしたアメリカ人ふたりがすぐに外出するというのは、奇妙な行動です。朝になるのを待ってからこっちに来てください。そのほうがずっと自然です」

スノーデンはアメリカの機関だけでなく、香港と中国政府の地元当局からの監視も警戒するようになっており、われわれが地元の諜報員に尾行されることを非常に恐れていた。アメリカのスパイ機関にいて、そうした世界に詳しい彼の言うことだ。その夜のうちに会えないのは残念だったが、私は彼の判断を尊重した。

香港時間はニューヨークよりきっかり十二時間早く、昼夜が完全に逆転しており、その夜はよく眠れなかった。いや、香港で過ごした日々はどの夜もそうだった。時差ぼけもあったが、なにより極度に興奮していたせいだ。九十分ほどうたた寝するだけ——最大でもせいぜい二時間——というのが、その滞在中の基本的な睡眠パターンだった。

翌朝、ローラとロビーで落ち合い、客待ちをしているタクシーを拾ってスノーデンのホテルに向かった。スノーデンとの顔合わせについて、すべてのお膳立てをしたのはローラだった。彼女はタクシーの中で会話することすら警戒しているようだった。もしかしたら運転手がスパイかもしれないというわけだ。私もそのときにはもう、そうした懸念を単なる被害妄想と片づけることはできなくなっていた。それでも、彼女の少ないことばからでも今回の顔合わせの段取りはよく理解できた。

私たちはまずスノーデンが宿泊しているホテルの三階に行く。そこに会議室がいくつかあって、彼は完璧と思えるひとつを自ら選んでいた。人気《ひとけ》が少なくて、〝人間の交通量〟がかぎられる場所だ。といっても、あまりに少ないのは逆効果だ。そんな場所で待っていたら逆に目立ってしまう。

　ローラは言った。ホテルの三階に着いたら、目当ての部屋の近くで、最初に出くわした従業員に合いことばとなる質問をする――「営業中のレストランはありますか?」。スノーデンはおそらくその部屋の近くに身を隠して、われわれを観察しているのだろう。この質問が私たちは尾行されていないという合図になる。目的の部屋にはいったら、〝巨大なワニ〟の近くの長椅子に坐って待つ。ローラによると、これは本物のワニではなく、飾りものらしい。

　約束の時刻は午前十時ちょうどと午前十時二十分。もしスノーデンが最初の待ち合わせ時刻を二分すぎても現われなかったら、私たちは部屋を離れ、次の約束の時刻に戻ってくる。彼はそこで私たちを見つける。

「こっちはどうやって情報提供者かどうかを確認するんだ?」と私はローラに尋ねた。ふたりともスノーデンについては事実上、何も知らなかった。年齢も、人種も、見た目も、何も。

「ルービックキューブを持っているはずよ」と彼女は言った。

　これを聞いて、私は実際に吹き出してしまった。自分の置かれている状況があまりに奇想天外で、現実離れしているように思えたのだ。まさにシュールで国際的なスリラー映画。その舞台が香港。

　タクシーで〈ザ・ミラ香港〉の玄関にたどり着くには十五分とかからなかった。このホテルも九龍地区にあったが、きわめて商業的な地区で、高層ビルや女性向けの店舗が並び、これ以上はないほど目立つ場所だった。ロビーにはいるなり、私はさらにショックを受けた。スノーデンが滞在しているのはただのホテルではなかった。とてつもなく大きくて豪華なホテルだった。一晩の宿泊料金が数百ドルはするようなホテルだ。ＮＳＡの機密を暴露しようと考え、人目を忍ぶためにに香港に潜伏しているはずの人物が、どうして街で一番目立つ地区の五つ星ホテルに泊まっているのか。そんな疑問について考える時間もなければ、考える意味もなかった。あと数分もすれば直接会える。答えはそのとき訊けばいい。

香港のほかの建物と同じく、〈ザ・ミラ香港〉は小さな村ほどの大きさがあり、ローラと私は十五分以上かけてその大きな洞窟のようなホテルの中を歩きまわって、待ち合わせの場所を探した。エレヴェーターをいくつも乗り継ぎ、ホテル内の橋を渡り、何度も人に尋ねなければならなかった。

ようやく待ち合わせの部屋に近づいたことがわかったところで、ホテルの従業員を見かけた。私はいくぶんばつの悪い思いで、合いことばとなる質問をした。従業員はいくつかのレストランが営業中であることを教えてくれた。

角を曲がると、開いたドアと巨大なワニが見えた。緑色のプラスティック製で、フロアを横切って寝そべっている大きなワニだ。われわれは指示されたとおり、部屋の中央にある長椅子に坐って待った。黙りこくり、落ち着かない気持ちで。部屋は小さく、特定の目的のためにつくられたわけではなさそうだった。あるのはただ長椅子とワニの置物だけだった。誰であれ、この部屋にはいってくる理由はなさそうだ。無言で五分坐っていた。たかが五分がひどく長く感じられた。が、誰も来なかった。われわれはいったん部屋を出て、近くの別の部屋で十五分待った。

午前十時二十分、またさきほどの部屋に戻って、ワニの近くに陣取った。私は部屋の奥の壁のほうを向いて坐っており、その壁には巨大な鏡がついていた。今度は二分と経たず、誰かが部屋にはいってくる音が聞こえた。

誰がはいってきたのか確かめるのに、すばやくドアのほうを振り返ったりはしなかった。ただ鏡を凝視しつづけた。ひとりの男の姿が映っていた。われわれのほうに近づいてきた。わずか一メートルを切ったところで、私はうしろを振り返った。

最初に眼に飛び込んできたのは、色のそろっていないルービックキューブだった。男はそれを左手でぐるぐるまわしていた。エドワード・スノーデン。彼はこんにちはと言ったが、手を差し出そうとはしなかった。この出会いを偶然のように見せる必要があったからだ。打ち合わせどおり、ローラはスノーデンにホテルの食事はどうかと尋ね、彼は最悪だと応じた。この瞬間こそ、今回の一連の事件の中で最も衝撃を受けた瞬間だった。

スノーデンはこのとき二十九歳だったが、実際の年齢より少なくとも数歳は若く見えた。色褪せた文字が描かれた白いTシャツに、ジーンズ、なよなよしたオタクっぽい眼鏡。ヤギのような頼りないひげ。ひげ剃り自体覚えたてのように見えた。軍事請負い企業の人間特有の身のこなし。しかし、体はがりがりに痩せ、顔は青白かった。私たちふたりだけでなく、彼も警戒心を抱いているようだった。二十代前半から半ばの、どこにでもいるオタク青年のようにも見えた。たとえば、大学のコンピューター研究室にいるような。

私にはすぐには理解できなかった。無意識のうちにもっと歳上の男を想像していたのだ。おそらく五十代か六十代だろうと。それにはいくつか理由があった。第一に、彼がおびただしい数の国家機密に関わる文書にアクセスする権限を持っていることから、国家安全保障機関の上級職に就いているにちがいない、と私は思っていた。第二に、彼の洞察力と戦略は非常に洗練されており、確かな知識に裏打ちされていたことから、政治情勢に詳しい男だとも思っていたからだ。第三に、私は彼が人生をなげうつ覚悟でいることを知っていた。彼が世界に知らせなければならないと考えている情報を公開すれば、おそらく残りの人生を刑務所で過ごすことになる。だから情報提供者は、引退を間近に控えた人物のはずだと考えていたのだ。そうした幻滅の境地に至るには、おそらく数十年は必要だろうと。

ＮＳＡの驚くべき機密事項の宝庫のような人物が、こんな幼い外見の青年として突如眼のまえに現われるとは。これまでのさまざまな経験の中でもこれほど当惑したことはない。あらゆる可能性を考えようと、私は頭をフル回転させた。これはペテンか何かか？　こんなところまでのこのこ来てしまったが、無駄足だったのだろうか？　こんな若者にわれわれが眼にしたような情報にアクセスできるはずがない。こんな若者が諜報とスパイの世界に精通し、豊富な経験を積んでいるなどということがありうるのだろうか？　いや、もしかしたら彼は情報提供者の息子か助手か恋人か何かで、ほんとうの情報提供者のもとにわれわれを導こうとしているのだろうか。あらゆる憶測が私の頭の中で渦巻いたが、これだと確信できるようなものはひとつもなかった。

「では、一緒に来てください」と彼は緊張した面持ちで言った。ローラと私はあとに続いた。歩きながら、ことば少なに社交辞令を交わした。私はあまりに意外な気がして、頭が混乱しており、どうしても口数が少なくなった。ローラも同じだったと思う。スノーデンはとても警戒している様子で、尾行がついていないか、あるいは何か問題がないかと眼を光らせているようだった。私とローラはほとんど口を利かず、ただ彼のあとについて歩いた。

どこに連れていくつもりなのだろう？　エレヴェーターで十階にのぼり、彼の部屋まで歩いた。

そこで彼は財布からカードキーを取り出してドアを開けると言った。「ようこそ。ちょっと散らかっていますが。ここ数週間、ほとんど部屋から出ていないので」

部屋はほんとうに散らかっていた。半分ほど残したルームサーヴィスの食事の皿がテーブルの上に重ねられ、汚れた衣類がそこかしこに散乱していた。彼は椅子の上のものをどかすと、そこに坐るよう私に言った。彼のほうはベッドに腰かけた。部屋は狭かったので、私たちのあいだの距離は一・五メートルもなかった。われわれの会話はどうしてもぎごちなく、堅苦しいものになったが、スノーデンはまずセキュリティの問題を話題にして、携帯電話を持っているかどうか私に尋ねた。ブラジルでしか使えない携帯電話だったが、それでもバッテリーを抜くように言われた――それができないなら、この部屋のミニバーの冷蔵庫に入れるように。それで少なくとも、会話を聞き取りづらくはなります。

スノーデンはさらに四月のホテルのレストランでローラが言ったのと同じことを言った。近頃の合衆国政府は遠隔地から携帯電話を起動させ、盗聴器として使うことまでやってのけるのだ、と。そうした技術が存在することは承知していたが、そのときの私はまだ、ふたりの懸念は偏執症ぎりぎりの杞憂《きゆう》と思っていた。しかし、まちがっていたのは私のほうだった。合衆国政府はここ数年、さまざまな犯罪捜査において、実際にその手法を幾度も使ってきていた。二〇〇六年に、ニューヨークでギャングの犯罪容疑に関する訴訟を担当した連邦裁判所判事は、ＦＢＩがいわゆる〝ローヴィング・バグ〟――遠隔地から個人の携帯電話を起動させて、盗聴器として使うこと――を合法捜査として認めていた。

私が携帯電話を部屋の冷蔵庫の中に入れると、スノーデンはベッドから枕をいくつか取り上げ、ドアの下に敷きつめて、「これで廊下から立ち聞きされる心配はありません」と説明したあと、「部屋にカメラが設置されているかもしれませんが、今からお話しすることはどのみちニュースで流れるでしょうから」と冗談めかして言った。

こうした一切をどう考えたらいいものか、判断できなかった。スノーデンが何者で、どこで働き、なぜ暴露をしようと考え、何をしたのか。そうしたことはまだ何もわかっていなかった。だから、監視についてどんな脅威がひそんでいるのか、私には確信が持てなかった。もっと言えば、監視以外のどんな脅威がひそんでいるのかも。私にわかっていることは〝何もわからない〟ということだけだった。

自らの緊張をほぐそうとしたのだろう、ローラは坐りもせず、口を開きもしないままビデオカメラと三脚を取り出すと、準備を始めた。そして、私とスノーデンのほうにやってきて、マイクを装着させた。

香港で撮影するつもりなのだ。それについてはふたりで事前に話し合っていた。つまるところ、彼女はNSAに関する映画を手がけるドキュメンタリー作家ということだ。必然的にこの会合は彼女のプロジェクトにおいて大きな役割を果たすことになる。それでも、こんなに早い段階から撮影を開始するとは思っていなかった。合衆国政府にとって重大な罪を犯した情報提供者と密会していることと、それをすべて録画するということのあいだに、認知的不協和があったのだ。

ものの数分でカメラを準備したローラが言った。「さあ、始めるわよ」。まるでそうすることが最も自然なことであるかのように。今から録画されるのだ。そのことを私もスノーデンも意識したことで、部屋の中の緊張がいよいよ高まった。

スノーデンと私のやりとりは最初からぎくしゃくしていたが、録画が開始されるや、ふたりともさらによそよそしく、堅苦しくなり、口数も少なくなった。私は何年もまえから、監視が人間の行動に及ぼす影響に関する講演を何度もおこなっていた。監視下にある人間はより堅苦しくなり、自意識が過剰になり、発言に慎重になり、自由に振る舞えなくなる。今、私自身がその力学をまざまざと実感していた。

社交辞令を交わす試みは失敗に終わっていた。となれば、即座に本題を切り出すしかない。

「訊きたいことが山ほどあります。それをひとつずつ質問します。あなたがそれでよければ、まずはそこから始めましょう」

「わかりました」スノーデンは私が本題を切り出したことで明らかに安心したようだった。

この時点では大きな目標がふたつあった。彼はいつなんどき逮捕されるかわからない。それは私たち全員が理解していた。だから、最優先の目標は、彼について訊けるだけのことを訊き出すこと。彼の人生、仕事について。何が彼を今回の途方もない決断に導いたのか。文書を手に入れるためには具体的に何をしたのか。なぜ文書を手に入れたのか。なんのために香港にいるのか。

そしてふたつ目は、可能なかぎり見きわめることだった。彼がほんとうのことを言っているのかどうか、本物かどうか。彼の正体にしろ、彼の取った行動にしろ、何か重要なことを隠していないかどうか。

私はそれまでほぼ八年間、政治関連の記事を書いてきた。しかし、これからしようとしていることに生かされるのは、前職の法律家としての経験だった。眼のまえの証人から供述を取ること。その際、法律家は何時間も、場合によっては何日も証人につきっきりになる。証人は法律によってその場に立ち会うことが義務づけられ、すべての質問に正直に答えなければならない。法律家の主要な目的は、嘘をあばき、証言の中に矛盾を見つけ、彼らがつくりあげたほら話のほころびを突き、真実を見つけることだ。前職について気に入っていた数少ない仕事のひとつが、この供述の聞き取りだった。証人の嘘を崩すためにありとあらゆる戦術を組み立てたものだ。容赦のない質問を雨あられと浴びせること。それがなにより肝要なことだ。同じ質問を別の文脈、別の方向、別の角度から繰り返し尋ね、証言がどれほど堅固であるか試すのだ。

スノーデンとオンラインでやりとりしていたときにはむしろ意図的に消極的で慇懃《いんぎん》な姿勢を取っていたが、このときばかりは法律家としての積極的な戦術を駆使した。トイレや軽食のための休憩も取らず、五時間ぶっ続けであらゆることを問い質した。最初は彼の幼年時代について。次に小学校での経験、政府関係の仕事に就くまでの職歴について。彼に思い出せるかぎり詳しく話させた。

彼の生まれはノースカロライナ州だった。連邦政府のために働く両親の下、メリーランド州で下位中流層の家庭に育った（父親は三十年間、沿岸警備隊に所属していた）。高校時代は不遇だったようで中退している。それは学校の授業よりインターネットに夢中になったせいでもあった。

ほとんど即座に、あるものをスノーデン本人の中に見て取ることができた。オンラインチャットで会話したときにも気づいていたことだったが、スノーデンはきわめて知的で理性的、思考は理路整然としていた。彼の回答は明快で、説得力があった。私のほとんどすべての質問に対して、よくよく思案した上で直接的な回答をしてくれた。感情的に不安定な人間や精神的な苦痛に悩まされている人々にありがちな、奇妙にまわりくどい言い方や、まったくの思いつきのような話はなかった。彼の落ち着きと集中力が自信となって表われていたのだ。私たちはオンラインのやりとりだけで相手の印象を決めつけてしまいがちだが、やはり直接会ってみなければほんとうの姿はわからない。最初は疑いを抱き、自分が誰を相手にしているのかを見失っていた私も、すぐこの状況をもっと気楽に考えるようになった。しかし、まだ油断するわけにはいかない。われわれがこれからおこなうことの一切の信頼性は、自分の正体に関する彼の主張が信用できるかどうかに懸かっているのだ。

そのあとは数時間、彼の職歴とその知性の軌跡について尋ねた。多くのアメリカ人同様、彼の政治的見解は9・11の同時多発テロを境に劇的に変化し、彼はより〝愛国的〟な性格になった。二〇〇四年、二十歳のとき、イラク戦争を戦うために合衆国陸軍に入隊する。当時は、そうすることがイラクの民衆を抑圧から解放するための崇高な労苦だと考えていた。

しかし、基礎訓練もまだ終わらない数週間のうちに、人々の解放よりアラブ人の殺害に重きが置かれていることを知る。訓練中の事故で両脚を骨折し、除隊を余儀なくされたときには、すでにあの戦争のほんとうの目的に幻滅しきっていた。

それでも、まだ合衆国政府は善であると信じていた。そのため、彼の親類縁者の多くと同様、連邦機関のために働くことにした。高校を卒業していなかったが、ごく若いうちから自らチャンスをつくり出し、十八歳にもならないうちに技術的な労働の対価として時給三十ドルを稼ぐようになった。そして、二〇〇二年にマイクロソフト認定システムエンジニアになる。が、連邦機関での仕事を気高く前途有望なものと考え、メリーランド大学言語高等研究センターで保安要員として働くようになった。この施設はNSAによって秘密裏に運営、使用されていた。この仕事を選んだのは機密情報の取扱許可を取るためだった。こうして彼は技術職への一歩を踏み出した。

高校を中退してはいたものの、彼にはテクノロジーに関して天与の才能があった。彼がきわめて知的な人物だということは、オンラインでのやりとりの段階ですでにわかっていたが、その印象は実際に会ってみてますます強くなった。彼はその知性と才能のおかげで、まだ若く、正式な教育も受けていなかったにもかかわらず順調に昇進する。そして、二〇〇五年には保安要員からCIAのテクニカル・エキスパートに格上げされる。

インテリジェンス・コミュニティ全体がテクノロジーに精通した人物を雇おうと躍起になっていた。このコミュニティのシステムはあまりに肥大化していたため、それを運用できる人材を探すのがむずかしくなっていた。そのため、国家安全保障関連組織はこれまでに眼を向けてこなかった人材を雇わざるをえなくなっていた。そうした業務に必要とされる高度なコンピュータースキルを持つ人間は若者であることが多い。また、通常の教育の場では活躍できなかった、疎外された者たちであることも。彼らは生身の人間との交流や正式な教育機関より、インターネット文化のほうがはるかに刺激的と考える。スノーデンはCIAのITチームに欠かせない人員となった。大学を出た歳上の同僚より、知識も技能も明らかに優れていた。彼は自分のスキルが報われ、学歴など一顧だにされない理想的な環境を見つけたことを喜んだ。

二〇〇六年、彼はCIAの請負いという立場からフルタイムのスタッフになり、それまで以上にチャンスが増えた。二〇〇七年、彼はある求人を知る。CIAがコンピューターのシステム関係の業務で、海外に駐在できる人物を募集していたのだ。上司らの熱烈な推薦を受けた彼はこの求人で採用され、スイスのジュネーヴでCIAのために働くことになる。その後二〇〇九年までの二年間、外交官に偽装してそこに駐在する。ジュネーヴでの仕事は〝システム・アドミニストレーター〟の業務範疇《はんちゅう》をはるかに超えるものだった。彼はテクノロジーとサイバーセキュリティについてはスイス一の専門家と見なされ、問題解決のために地域のあらゆる場所に派遣された。ほかの誰にもできない仕事だった。そして、CIAに任命され、二〇〇八年にルーマニアで開催されたNATO首脳会議で大統領を補佐する。これは成功を収めたが、合衆国政府がおこなっていることについて深く心が苛まれるようになったのも、この期間中のことだった。

「コンピューター・システムの保守のために手にしたアクセス権限で、多くの秘密を眼にしました。その大半が実にひどいものでした。私の国が世界に対してやっていたことは、それまで教わってきたこととはまったくちがったことだったのです。それが自分にもわかるようになったわけです。そう認識したことで、ものの見方を変え、もっと多くのことに疑問を投げかけるようになりました」

彼はこんな一例を挙げた。CIAの工作員が、あるスイスの銀行員から機密情報を引き出そうとしたことがあった。アメリカの利益となる個人金融取引情報を手に入れようとしたのだ。そこでひとりの秘密工作員が銀行員と親しくなると、ある夜銀行員を酔わせ、車を運転して帰るようにそそのかした。その結果、銀行員が警官に呼び止められて飲酒運転で逮捕されると、工作員は手を貸す見返りとして、CIAへの協力を求めた。最終的にこの試みは失敗に終わった。「彼らはターゲットの人生をめちゃくちゃにしたんです。それも成功さえしなかった計画のために。そして、ただ歩き去った」。スノーデンが困惑を覚えたのはそうした謀略そのものだけではなく、工作員たちがこの手の話を自慢げに吹聴する姿だった。

さらに彼は、コンピューターのセキュリティやシステムが倫理的な一線を越えようとしている問題について上司に訴えようとしたことから、さらにストレスを抱えることになる。そうした訴えはほとんど相手にされなかったからだ。

「上司たちは、それはおまえの仕事じゃないと言うだけでした。あるいは、そんな判断を下せるほどの情報はおまえに与えられていない、そんなことは心配しないのがおまえの本来の仕事だと」こうして彼はＣＩＡの同僚のあいだで問題児として噂されるようになる。そうした性格が上司から気に入られるわけがなかった。「このとき、ようやく気づいたんです。権力と説明責任を切り離すのがいかに容易かということに。権力者の地位が高くなればなるほど、それを監督する力と説明責任は弱くなっていくのです」

二〇〇九年も終わりに近づいた頃、幻滅しきったスノーデンは、ＣＩＡを辞めることを決める。内部告発者として機密をリークすることを考えはじめたのは、このジュネーヴ最後の頃のことだった。そうすることで不正を明らかにできると信じて。

「だったらどうして、そのときすぐに行動しなかったんです？」と私は尋ねた。

彼は次のように答えた――当時はまだ、バラク・オバマが大統領に選出されたことで、自分が見てきたような最悪な権力の濫用のいくつかは改善されるだろうと思ったからだ、と。少なくとも、そう期待したのだった。オバマはテロとの戦いで正当化されつづけてきた〝国家安全保障〟の過度な濫用を改革すると誓い、大統領に就任した。「しかし、彼はそうした体制を継続させただけでなく、多くのケースにおいて、さらにひどい濫用をおこなっているということが、次第に明らかになってきました。そのときに理解したんです、この問題を解決してくれる指導者を待っているわけにはいかないとね。指導者とは率先して行動し、他者の手本となるべき存在です。他者の行動を待つのではなく」

彼はまた、CIAで知りえたことを公開した場合に発生するダメージについても懸念を抱いていた。「もしCIAの秘密をバラしたら、人々に危害を加えることになります」スパイや情報提供者のことだ。「私としてもそんなことはしたくなかった。でも、NSAの秘密を漏洩した場合、ダメージを受けるのは非道なシステムだけです。それならなんの支障もありません」

スノーデンはCIAを離れ、NSAに戻ると、NSAの請負い企業の〈デル〉社の従業員として働き、二〇〇九年には日本に派遣され、それまでより高次元の監視上の機密へのアクセス権を得るようになる。

「そこで眼にしたものについては心底悩むようになりました。無人機《ドローン》によって殺される運命にある人々の監視映像をリアルタイムで見たこともあります。村全体や人々の様子が、手に取るように見えたんです。さらに、NSAはインターネット上に打ち込まれる文字をリアルタイムで監視しています。そうしたことから、アメリカの監視能力がどれだけ人々の権利を侵害し、強大になっているかということに気づきました。このシステムがどれだけ広範囲に蔓延しているかということに。そして、ほとんど誰もそれに気づいていないということに」

自分が眼にしたものをみなに知らせなければならないという彼の思い——使命感——は次第に揺るぎないものとなっていく。「日本のNSAで多くの時間を過ごすほど、こうしたすべてを自分の中だけに留めておくことはできないと感じるようになっていきました。すべてを公の眼から隠すことを事実上手助けしていることに、苛まれるようになったんです」

スノーデンの正体が判明したあと、メディアの多くが愚かでレヴェルの低い〝ＩＴ青年〟像に彼をあてはめようとした。たまたま機密情報を知ってしまっただけの青年にすぎないというわけだ。しかし、事実はそれとはかけ離れていた。

スノーデンはＣＩＡでもＮＳＡでも上級サイバー工作員となるべく訓練を受けた。他国の軍隊や民間のシステムに侵入し、情報を盗んだり、攻撃準備を整えたりするための工作員だ。日本で集中的に訓練を受けた彼は、ほかの諜報機関から電子データを守るエキスパートになり、正式に上級サイバー工作員となる。そして、国防情報局《ＤＩＡ》の合同防諜訓練アカデミーの中国防諜コースで、サイバー防諜の講師を務めるまでになった。

スノーデンが私たちに指示したセキュリティ運用の手法は、彼がＣＩＡと、特にＮＳＡで学び、設計に関与さえした手法だったのだ。

二〇一三年七月、〈ニューヨーク・タイムズ〉はスノーデンが私に語ったこの話の裏を取り、「エドワード・Ｊ・スノーデンは、ＮＳＡの請負い企業の従業員として勤務しているあいだにハッキング技術を身につけた」と報じた。「その結果、彼はＮＳＡがどうしても雇いたいと考えるようなサイバーセキュリティの専門家になった」。記事はさらに続く――「スノーデンがアクセスしたファイルを見るかぎり、彼は電子諜報やサイバー戦争に関する、より攻撃的な業務に従事するようになったようだ。これらの業務によって、ＮＳＡは他国のコンピューター・システムから情報を盗んだり、攻撃の準備をしたりしていた」

私はなるべく時系列順に質問しようとしていたが、一足飛びに話を聞きたくなる衝動に逆らえなくなることもあった。どうしても知っておきたいことがあった。とりわけ興味があったのは、自分のキャリアのすべてを犠牲にし、重罪犯として扱われる危険を冒してまで、機密保持の義務と忠誠心を彼に捨てさせたのは、ほんとうはなんだったのかということだ。義務感も忠誠心も数年間の勤務で徹底的に刷り込まれていたはずなのに。

私はあれこれ訊き方を変えて、何度もこの質問を繰り返した。そのたびにスノーデンの答えは変わった。ＮＳＡのシステムやテクノロジーについて話すときはくつろいだ様子だったのが、彼自身のことが話題になると――とりわけ、あなたは勇敢で非凡なことをしたのだとほのめかし、そうするに至った心境を訊き出そうとでもしようものなら――ぎごちない態度になった。彼は実体のない答えや抽象的すぎる答え、情熱や信念が微塵も感じられない答えを返してきた。だから説得力が感じられなかった。たとえば、世界の人々は自らのプライヴァシーがどんな危険にさらされているかを知る権利があるとか、まちがったことに対して立ち向かうべきだという道義的責任を感じたとか、自分が大切にしているものの価値が秘密裏に侵害されていることに対して黙ったままでいることに良心が咎めたとか、その手の答えだ。

確かにそうした政治的な価値観が彼には実感としてあったのだろう。が、私が知りたかったのは、彼が自らの自由を犠牲にし、残りの人生すべてをなげうってまで、そうした価値観を守ろうと思ったほんとうの理由はなんだったのかということだ。彼が本心を語っているとは思えなかった。もしかしたら、彼自身、確たる答えを持っていなかったのかもしれない。あるいは、国家安全保障の文化に染まってしまったアメリカ人の多くがそうであるように、深く掘り下げて考える気になれなかっただけかもしれない。が、私としてはどうしても知りたかった。

その一番の理由は、彼が自らの行動がもたらす結果を完全に、そして冷静に理解した上で今回の選択をしたということを確かめたかったからだ。彼が心の底から望んでやったのだという百パーセントの確信が得られないかぎり、私は大きなリスクを彼に引き受けさせる気になれなかった。

何度も繰り返し質問した結果、最後には、私の心に響く、本物と思える回答が得られた。「人間のほんとうの価値は、その人が言ったことや信じるものによって測られるべきではありません。ほんとうの尺度になるのは行動です。自らの信念を守るために何をするか。もし自分の信念のために行動しないなら、その信念はおそらく本物ではありません」

そうした信条をどのようにして身につけたのか、と私は尋ねた。より大きな善のためであれば、自分自身を犠牲にしても良心に従うという信念はどこから来たのか、と。

「いろいろな場所で、いろいろな経験をしたからでしょう」と彼は言った。スノーデンはギリシャ神話に関する本を数多く読んで育ち、中でもジョゼフ・キャンベルの『千の顔をもつ英雄』に影響を受けていた。「そうした物語には私たちみんなが共有できるテーマがあります」。彼がこの本から学んだ一番の教訓は、「われわれ自身が自らの行動を通して人生に意味を与え、物語を紡いでいく」ということだった。人間は自らの行動によって定義されるということだ。「自分の主義を守るための行動を取ることを、恐れたままではいられなかった。そんな人間にはなりたくありませんでした」

知性を獲得していく過程で、彼はこのテーマを——個人のアイデンティティと価値を計るためのこうしたモラルを——たびたび見いだすことになった。そしていささかはにかんだような顔をしながら、ビデオゲームから受けた影響のことを語った。彼がビデオゲームに熱中する中で学んだことというのは次のようなものだった——たとえ大いなる不正がはびこっていても、たったひとりの人間でもそれを正すことができる。それが最も非力な人間であろうと。「ゲームの主人公というのは、えてして普通の人間ですが、大きな力を持つ巨悪に立ち向かうことになります。恐怖に怯えて逃げるか、信念のために戦うかを選ぶことになるのです。そして、正義のために立ち上がった一見普通の人間が、恐るべき敵にさえ勝利できる。これは歴史を見ても明らかです」

私にビデオゲームを通じて世界を見る眼を養ったという発言をしたのは、彼が最初ではない。実際、同じ答えをずっとまえに聞いていたら、私は鼻でせせら笑っていたことだろう。しかし、今では私もそういうことをいくらか理解できるようになっている。スノーデンの世代の人間は、文学やテレビ、映画と同じように、ゲームを通じて政治意識やモラルを養い、この世界における自らの居場所を見いだしている。彼らはゲームの中で複雑な道徳上のジレンマに直面し、物事を深く考えるようになるのだ。特に、それまで教えられてきたことに疑問を抱きはじめる年頃の若者たちに与える影響は大きい。

スノーデンが自らの仕事から導き出したモラル——彼のことばを借りれば、「われわれが目指すべき人物像と、それを目指すべき理由」を確信させたモラル——は、倫理的な義務感と心理的な制限についての、成熟した厳粛な内省へと変化した。「個人を受け身で従順にしてしまうものは、自分の行動がもたらす反響への恐怖です。しかし、いったん執着を捨ててしまえば、そうしたことは問題になりません。金、キャリア、安全、そうしたものを捨てれば、行動することへの恐れを克服することができます」

また、スノーデンにとって、インターネットにしかない価値はかけがえのないものだった。同じ世代の多くの人間にとってそうであるように、彼にとっても、インターネットは個々の仕事のための独立したツールではなかった。インターネットは彼の精神と個性が形成された世界であり、自由と探求を提供してくれ、知性と理解を育んでくれた場所だった。彼はティーンエイジャーの頃に、インターネットを通してさまざまな人々のさまざまな考え方を知り、インターネットがなければ一生出会わないような遠い国の人々や、生まれも育ちもまったく異なる人々と会話をしてきた。「言ってしまえば、私はインターネットのおかげで自由を味わい、ひとりの人間として、自分の持つ能力のすべてを知ることができたということです」インターネットの価値について語る彼は生き生きとして、情熱的でさえあった。「多くの若者にとって、インターネットは自己実現の場です。彼らはそこで自分が何者なのかを探り、何者になりたいのかを知ろうとする。しかし、それが可能になるのは、プライヴァシーと匿名性が確保される場合だけです。何か失敗をしても、正体を明かさずにすむ場合だけです。私が危惧しているのは、そんな自由を味わえるのも、もしかしたら私の世代が最後になってしまうかもしれないということです」

彼の今回の決断にとってインターネットがどんな役割を果たしているのか、私にもようやくわかってきた。「プライヴァシーも自由も存在しない世界には住みたくありません。インターネット独自の価値が奪われた世界には」そんなインターネットの価値を奪わせないためには、自分にできることをしなければならない。その価値を守るために人々が行動を起こすにしろ、起こさないにしろ、彼らにその選択ができるようにしなければならない。彼はそう感じたのだった。

そして、何度も強調した。自分の目的は、プライヴァシーを消滅させるNSAの能力をぶち壊すことではない、と。「その選択をするのは私の役目ではありません」。つまるところ彼はアメリカ国民と世界じゅうの人々に知らせたかっただけなのだ。彼らのプライヴァシーに何がなされているかを。「そうしたシステムを破壊したいわけではありません。ただ、そのシステムが存続すべきかどうかを人々に問いたいのです」

スノーデンのような内部告発者は、その評判を貶めるためにしばしば一匹狼や負け犬として描写される。良心ではなく、みじめな人生における疎外感と鬱憤がその動機なのだと。が、彼はそれらとはまったく正反対の人間だった。彼の人生は、多くの人々がもっとも重きを置くものに囲まれていた。彼は内部告発者となるためにそのすべてを捨てようとしているのだった。愛する長年の恋人、楽園ハワイでの生活、理解ある家族、安定したキャリア、魅力的な給料、無限の可能性を秘めた前途洋々の人生といったものすべてを。

二〇一一年、日本での勤務を終えると、彼は新たな仕事に就いた。勤務先はまたも〈デル〉で、今度はメリーランド州にあるCIAの施設内での業務だった。ボーナスも合わせると、年収は二十万ドル近くになった。彼は新たな職場で、〈マイクロソフト〉やその他のテクノロジー企業と協力し、CIAをはじめとする機関が文書やデータを安全に保管できるシステムをつくる。「世界はさらに悪くなっていました」と彼は当時を振り返って言った。「アメリカ、とりわけNSAは、テクノロジー業界の民間企業と手に手を取り合って、人々の通信への完全なアクセス権を掌握しようとしていました。私のいた立場からはそれがよくわかったのです」

この五時間のインタヴューのあいだ——つまり、彼と話をしているあいだずっと——終始一貫してスノーデンの口調は冷静で落ち着いていた。感情的になって話すようなことはなかった。それでも、最後の引き金となる発見をしたことについて語ったときには、急に感情をたかぶらせ、動揺さえ見せた。「私は理解したのです。彼らが築いているシステムの目的は、世界じゅうのあらゆるプライヴァシーを消滅させることにあるのを。このままだとどんな人もNSAによる収集、保存、分析なしに電子通信をおこなえなくなります」

まさにこの理解こそが、スノーデンに内部告発者になることを決断させた。二〇一二年、〈デル〉に勤めていた彼は、メリーランドからハワイへ転勤になる。その年から、彼は世界じゅうの人々の眼に触れさせるべきと考えた文書をダウンロードしはじめた。その中には、公表用のものだけではなく、システムの全容をジャーナリストに理解させるためのものもあった。

二〇一三年初め、望むとおりの全貌を世界に伝えるには、ある文書一式が必要なことにスノーデンは気がついた。しかし、当時の立場ではその文書を手に入れることはできない。インフラストラクチャー・アナリストとして正式に配属され、監視活動の生の情報が保存されるNSAのデータベース奥深くまではいり込む必要があった。

この新たな目標を胸に、スノーデンは〈ブーズ・アレン・ハミルトン〉社――合衆国で最大級の規模と影響力を誇る防衛分野の民間大手請負い企業で、星の数ほどの元政府高官が在籍――が募集している仕事に応募した。NSAによるスパイ活動の全貌を明らかにする最後のファイルをダウンロードするため、彼はわざわざ給料を下げてまでその仕事に就いた。なにより重要だったのは、そのポジションであれば、アメリカ国内の全通信インフラを監視するNSA極秘計画に関する情報を収集できるということだった。

二〇一三年五月中旬、前年に発症した癲癇《てんかん》の治療だと説明し、スノーデンは会社に数週間の休暇を申請する。そして、ついに目的別に使う新品のノートパソコン四台を鞄に収め、香港へと向かった。恋人にも行き先は伝えなかった。仕事柄、目的地を明かせない出張は珍しいことではなかった。今回の計画について彼女は何も知らないほうがいい。そうスノーデンは考えた。リークの情報提供者が明らかになったあと、彼女が政府から嫌がらせを受けないように。

五月二十日、ハワイから香港に到着すると、実名で〈ザ・ミラ〉にチェックインし、以来そこに滞在していたのだった。

スノーデンは宿泊費をクレジットカードで払い、堂々とホテルに宿泊していた。どうせすぐに政府やマスコミ、それどころか事実上誰にでも自分の動きなどばれてしまうのだから、と。さらに、外国のスパイだと勘ちがいされないよう、あえて隠れないほうがいいというのが彼の意見だった。スノーデンは自らしっかりと示そうとした――行動の責任は全部自分にあり、共謀者はおらず、すべて単独でおこなっていることだ。あえてこそこそと逃げまわらなかったからこそ、香港と中国当局にとってもスノーデンは普通のビジネスマンにしか見えなかったことだろう。「自分が誰であり、どんな人間なのか、私は隠すつもりはありません」と彼は言った。「身を隠せば、私を悪人に仕立て上げようとするマスコミや政府のキャンペーンや、共謀説のいい餌になるだけです」

そこで、私はオンラインで初めて彼と話したときからずっと気になっていたことを訊いてみた――文書を暴露する際の滞在場所として、なぜ香港を選んだのか？　いかにもスノーデンらしく、その選択は入念な分析に基づくものだった。

最優先すべきは、私やローラと機密文書について共同作業をするうえで、合衆国の妨害から身の安全を確保することだった。アメリカ当局がこのリーク計画を知れば、スノーデンを止めようとするどころか、逮捕しようとするかもしれない。そこで、スノーデンは考えた。香港は半ば独立していることはいえ、中国の領土の一部であることはまちがいないし、アメリカの情報要員が自由に活動しにくいのではないか、と。最終的な亡命先の候補でもあるエクアドルやボリヴィアといった南米の小国よりも、アメリカの影響力は弱いはずだ。また、アイスランドのようなヨーロッパの小国と比べても、香港のほうが身柄引き渡しを求めるアメリカに対して、より強硬に抵抗するだろう、と。

もちろん、文書を世界に向けて公表できるかどうかが滞在場所を選択するうえで決定的要素ではあったが、考慮したのはそれだけではなかった。自分が大切にする政治的価値観に強い関心を持つ人々が住む場所——それもスノーデンにとっては重要だった。彼が説明したとおり、香港の人々は中国政府による徹底的な弾圧統治に屈することなく、基本的な政治の自由を守るために戦い、活発な反対運動を許容する土壌を築いてきた。また、スノーデンはこんな点も指摘した。香港には民主的に選出されたリーダーがおり、天安門事件に抗議する毎年恒例のデモ行進など、大規模な街頭抗議活動が盛んにおこなわれている。

たとえば中国本土のように、より強固な態度でアメリカの行動に立ち向かってくれそうな場所もあった。もちろん、アイスランドやほかのヨーロッパの小国のように、政治的自由がより強く根づいた国々もたくさんあった。しかし、身の安全と政治力の両方を考慮すると、香港こそが最適の場所だとスノーデンは感じたという。

当然ながら、どんな決定にも難点はつきもので、スノーデンはそのすべてに気がついていた。たとえば、中国本土と密接に関係がある場所を選んだことで、アメリカで大きな批判にさらされることはまちがいない。「どの選択肢にも危険はともなう」と彼はよく言ったが、それでも香港こそが、スノーデンの身の安全と、私たちジャーナリストの行動の自由の両方を与えてくれる唯一の場所だった。

すべての事実を知った上で、私には最後にどうしても確かめなければいけないことがあった。告発の情報提供者として正体が明らかになったあと、スノーデンの身に何が起こりうるか。本人はそれをどこまで理解しているのか。

オバマ政権はこれまで、あらゆる政治思想を持った人たちが共通して呼ぶ〝内部告発者とのかつてない戦争〟に挑んできた。当初、オバマ大統領は〝史上最も透明性の高い〟政府をめざすと公約を掲げ、内部告発者を〝高潔〟で〝勇敢〟だと称えて、彼らを保護するとまで公言していた。が、結果はまったく逆だった。

オバマ政権は「一九一七年のスパイ活動法」を適用してこれまでに七名の内部告発者を逮捕しており、なんとその数は、法律が制定された一九一七年から前政権までに同じ罪で逮捕された延べ人数を超えるどころか、その倍以上に及ぶ。「一九一七年のスパイ活動法」は、第一次世界大戦中の戦争反対者を逮捕するためにウッドロウ・ウィルソン大統領主導で制定された法律で、その罰則は重く、終身刑はもちろん、死刑適用の可能性もある法律だ。

オバマ政権下の司法省《DOJ》は、まちがいなくスノーデンにもこの法律を適用し、さらには終身刑を求刑できる罪状で起訴することだろう。そうなれば、スノーデンは国の裏切り者として、アメリカじゅうから激しい非難を浴びることになるかもしれない。

「情報提供者としてあなたの正体が明らかになったら、どんなことが起きると思いますか？」と私はスノーデンに尋ねた。

スノーデンは早口でよどみなく答えた。そうした問いかけをされることをこれまで何度も想定して、熟考していたのにちがいない。「一九一七年のスパイ活動法に違反する、と政府は主張するでしょうね。それも、アメリカの敵に手を貸し、国家安全保障を脅かす重罪だ、と。私の過去からあらゆる出来事を引っぱり出してきて、それを誇張して、いくつかはでっち上げるかもしれない。なんとしてでも私を悪者に仕立て上げるために」

刑務所には行きたくない、と彼は言った。「なるべく行かずにはすませたい。でも、それが今回の結末なら――きっとその可能性は高いと思いますが――政府からどんな仕打ちを受けたとしても私は耐えて生きつづける。しばらくまえにそう決めたんです。何もせずにただ黙って生きることだけはできません」

それから毎日会うたび、私はスノーデンの覚悟と冷静さに驚きを超えて感動すら覚えた。彼は後悔、恐怖、心配、そんなもののかけらさえ見せたことがなかった。たじろぐことなく、淡々と語った。すでに心は決まっている、と。どんな結果が待っていてもそれを受け止める、と。

そんな一大決心がスノーデンに力を与えているようだった。合衆国政府がどんな仕打ちをしてくるかという話になると、彼は驚くほどの冷静沈着さを見せた。最重警備の刑務所で何十年も、あるいは一生を過ごす恐怖――誰もが思考停止状態になるような恐怖――にも果敢に向き合う二十九歳の若者の姿には深く心を打たれた。そんな彼の勇気は私たちにも伝播《でんぱ》してきた。ローラと私はお互いに、そしてスノーデンにも何度も誓った。これからさきのすべての行動と決定は彼の意思どおりにおこなう、と。私は、最初にスノーデンを駆り立てた精神に則って――自分が正しいと信じることを実行する勇敢な精神に則って——報道する責務を感じていた。意地の悪い官僚たちが、自分たちの行動をひた隠しにしようと根拠のない脅しをかけてきたとしても、決して屈してはいけない。

五時間に及ぶ取材が終わると、スノーデンの訴えがまぎれもない事実であり、熟慮したうえでの心からの純粋な行動であることはもはや疑いようがなかった。私たちが帰る直前、それまでにも何度も確認してきた点を彼はさらに強調した——文書の情報提供者として自分の正体を明かすこと、それも最初に発表する記事で公にすること。「これだけ影響の大きな行動をするわけですから、その理由や目的をしっかり世間に説明する責任があると思います」と彼は言った。加えて、政府がこれまで国民に植えつけてきた〝恐怖心〟をさらに助長させないためにも、匿名でのリークは避けるべきだというのが彼の意見だった。

それに、記事が発表されれば、NSAとFBIはすぐにでもリークの情報源を特定するだろうとスノーデンは踏んでいた。そもそも、彼は自分の行動の痕跡を完全に消してはいなかった。職場の同僚たちが捜査の対象となったり、濡れ衣を着せられたりするような事態を避けたかったのだ。スノーデンは言う。証拠を消そうと思えば消すことはできた。NSAのシステムは驚くほどにセキュリティが甘く、これまでに身につけたスキルを使えば、たとえこれほど膨大な機密文書をダウンロードしたとしても証拠を消すことは可能だった、と。しかし彼は、システム上に自分へとつながる足跡を残す道を選んだ。身を隠しつづけても意味などないということで。

私としては、政府が情報源を特定する手助けなどしたくなかった。しかし、いずれ身元は割れる、とスノーデンは言い張った。そこで彼がこだわったのは、自分が何者なのかを合衆国政府に定義させるのではなく、世界が見つめる中で自ら定義するということだった。

身元を明かすことでスノーデンが唯一恐れていたのは、リークの中身より自分に注目が集まってしまうのではないかという点だった。「メディアが私を面白おかしく書き立てるのはわかっています。それに、政府は私に注目が集まるように仕向けるでしょう。攻撃されるべきは政府ではなく告発者だとね」。身元を明かして自分は早々に表舞台から姿を消すことで、ＮＳＡとそのスパイ活動から世間の眼をそらさせないのが彼の狙いだった。「身元を明かして、自分でしっかり説明したあとは」と彼は言った。「私はもうメディアには出ません。重要なのは私のことじゃないんだから」

私はこう主張した――最初の記事で正体を明かすのではなく、一週間待つべきだ。スノーデンに注目が集まるまえに、いくつかの話を公表してそちらに眼を向けさせたほうがいい。私の考えは単純だった。連日、次から次へと大スクープを発表して、ジャーナリスト版〝衝撃と畏怖（訳注 二〇〇三年のイラク戦争での米軍の軍事戦略。圧倒的な戦力差を誇示して敵の戦意喪失を狙う作戦）〟を実行するのだ。それもできるだけ早く始め、情報提供者の公開でクライマックスを迎える。話し合った末、その日の終わりには、スノーデンもこのやり方に同意してくれた。かくしてついにわれわれの作戦が始まる。

それから毎日、香港のホテルでスノーデンと会い、長時間にわたって話を聞いた。寝るとしても二時間以下で、それも睡眠薬の助けを借りてのことだった。残りの時間はすべて、スノーデンが提供してくれた機密文書についての記事執筆に費やし、記事が発表されたあとはひたすらインタヴューを受けつづけた。

どの話をどの順番でどう報道するか、スノーデンはすべて私とローラに任せてくれた。しかし、会うまえも会ったあとも何度も、彼はこれだけは強く主張した――とにもかくにも迅速にすべての資料を精査することだ。「人々が関心を持ちそうな文書を選んで持ち出しました」と彼は言った。「ただ、あなた方のジャーナリストとしての判断で、一般の人が眼にするべき文書、無実の人に害を及ぼすことがない文書だけを選んでほしい」それこそなにより重要な点だった。国民的議論を喚起できるかどうかは、合衆国政府に反論する余地を与えないことにかかっている、スノーデンにはそのことがわかっていた。要するに、文書を公開することで人々の命を危険にさらした、などと反論されては元も子もないということだ。

さらに、〝ジャーナリズム風〟に公表することも重要な点だとスノーデンは強調した。つまり、単に文書を一度にまとめて発表するのではなく、報道機関と協力し、背景の説明を加えた記事として発表するということだ。そのようなアプローチを採ることで、より大きな法的保護を受けられることになる。さらには、一般の人々が暴露の内容をより秩序立てて論理的に理解できるようになる。それがスノーデンの狙いだった。「文書をひとまとめにネットで発表するのであれば、人に頼む必要はありませんでした」と彼は言った。「世界の人々が知るべきことをきちんと理解してもらえるように、あなた方にはひとつずつしっかりと発表してほしいんです」。それが今回の確たる報道指針であることを、私たちは全員で確かめ合った。

本人が何度か話してくれたのだが、彼としては、今回の件には初めから私とローラに関わってほしかったそうだ。私たちであれば政府の脅しに屈することなく、積極的に報道してくれるとわかっていたらしい。〈ニューヨーク・タイムズ〉やほかの主要メディアによるスクープが、政府の意向に沿った形だけのものであることをよく知っているスノーデンが求めていたのは、積極的な報道をしつつも細心の注意を怠らないジャーナリスト——充分に時間をかけて、徹底的な事実確認のもとに記事を練り上げるジャーナリスト——だった。「お渡しする文書の中には、公表用ではなく、システムの全体像を理解してもらうために含めたものもあります。そのほうが、すぐに記事の発表を始められるでしょうから」と彼は言った。

初めて丸一日を香港で過ごしたその日の夜、スノーデンの部屋を離れてホテルの自室に戻ると、私はぶっ通しで四本の記事を書き上げた。〈ガーディアン〉ですぐにでも発表したかった。ゆっくりしている暇などない。スノーデンと話せなくなる状況がいつ訪れてもおかしくはない。そのまえに、できるかぎり多くの文書についてスノーデンの説明を聞いておきたかった。

急ぐ理由はほかにもあった。ジョン・F・ケネディ空港に向かうタクシー内でローラの告白を聞いていたからだ。ローラは数人の記者に、スノーデンの持つ機密文書についてすでに話してしまっていたのだ。

その中には、二度のピューリッツァー賞受賞歴を持つ記者バートン・ゲルマンもいた。かつては専属で、現在はフリーランスとして〈ワシントン・ポスト〉に寄稿している敏腕記者だ。ローラが接触した記者たちは一様に香港行きに難色を示したが、ゲルマンは昔から監視活動に関する取材に力を入れており、スノーデンの話に大きな関心を寄せたとのことだった。

それで、ローラの薦めにより、スノーデンは〝ある特定の文書〟をゲルマンに渡すことに同意した。ローラとゲルマン、〈ワシントン・ポスト〉と組んで告発記事を発表できないかと考えたわけだ。

ゲルマンは私の尊敬する記者のひとりだ。しかし、〈ワシントン・ポスト〉のほうは気に入らなかった。ワシントンという大魚に呑み込まれた政府寄りメディアの代表格であり、アメリカの政治報道の最も悪い面すべての象徴だ——度を越えた政府との親密さ、公安国家機関への崇拝、慣例となった少数派の排除。かつて〈ポスト〉のメディア評論家だったハワード・カーツは、イラク侵攻の直前に〈ポスト〉が情報操作をおこなって組織的に戦争支持の意見を誇張し、反対意見を軽視あるいは排除したことを二〇〇四年に暴露し、同紙の報道は侵攻支持に〝極端に偏った〟ものだったと結論づけた。実際、〈ポスト〉の社説はもはや、アメリカの軍国主義、秘密主義、監視活動を応援するかまびすしい愚かなチアリーダーのそれと変わらなくなっている。

〈ワシントン・ポスト〉はなんの努力もせずに今回の大スクープを手にしただけでなく、情報提供者であるスノーデンが最初に発表を望んだ媒体でもなかった——最後には、ローラの薦めで手を組むことに賛同したが。そもそも、暗号化プログラムを使ったチャットでスノーデンと初めて話すことになったのも、恐怖に駆られた〈ポスト〉が弱気の対応に出たことへの怒りが発端だった。

〈ウィキリークス〉への私の数少ない批判のひとつは、ここ数年、彼らもまた政府寄りの体制派メディア——政府擁護に尽力することで自分たちの地位と名声を高めている機関——に大スクープを渡していることだ。機密文書の独占スクープは、発表した報道機関とジャーナリストの地位と名声を一気に押し上げる。また、スクープはより独立性の高い報道機関やフリーのジャーナリストに渡すほうがはるかに理に適っている。そのスクープが持つ肉声も認知度も衝撃度も最大限に高めることができるからだ。

それに、〈ワシントン・ポスト〉はおそらく、体制派メディアが政府の秘密を報道するときの暗黙のルールに律儀に従うことだろう。政府が告発を管理し、その影響を最小化、あるいは無力化するためのその不文律によると、編集者はまず政府に発表内容をご注進しなければいけない。そこで安全保障担当の役人たちのお出ましとなり、その告発が国家の安全にいかにダメージを与えることになるか編集者に延々と語る。それからやっと、発表する内容としない内容についての長い交渉が始まる。運がよければ記事の発表が大幅に遅れるだけですむこともあるが、明らかに報道価値の高い情報は揉み消されるのが常で、それこそが二〇〇五年に〈ワシントン・ポスト〉がたどった道だ。CIAの秘密軍事施設《ブラック・サイト》の存在をリークしたものの、施設がある実際の国名については公表をひかえたのだ。結果、CIAの拷問施設の無法状態がそれ以後も続くことになってしまった。

〈ニューヨーク・タイムズ〉も同じ道をたどった。二〇〇四年半ば、記者ジェームズ・ライズンとエリック・リクトブラウは、NSAが令状を取らずに違法で盗聴した事実を暴露しようとした。しかし、役人との交渉プロセスを経たせいで、記事の発表は一年以上も遅れることとなった。ブッシュ大統領は同紙の発行人アーサー・サルツバーガーと編集主幹ビル・ケラーを大統領執務室に呼びつけ、意味不明の主張を繰り返したという——法律上必要な令状を取らずにNSAがアメリカ国民への諜報活動をおこなった事実を明かすと、テロリストを手助けすることになる、と。結局、〈ニューヨーク・タイムズ〉はその指示に従い、記事が発表されたのは十五ヵ月後の二〇〇五年末、ブッシュの再選が決まったあとのことだった（つまり、令状なしの盗聴を国民に秘密にしたまま、ブッシュの再選を赦したことになる）。しかも、最終的にその記事を発表したのも、しびれを切らしたライズンが自著で同じ告発をする直前のことで、自紙の記者にスクープを奪われたくないという理由からだった。

さらに、政府の不正を論じるときに体制派報道機関が決まって使う〝論調〟というものがある。伝統的なアメリカのジャーナリズム界では、明確な声明や宣言型の文章を避け、どんなに馬鹿げていても政府の主張を平等に組み入れるという文化があるのだ。かわりに、〈ワシントン・ポスト〉のコラムニスト、エリック・ウェンプルが名づけた〝中道語〟を使い、限定的なことは何ひとつ言わず、政府の言い分と事実の両方に平等な信憑性《しんぴょうせい》を与える。そうやって暴露記事の効力を弱め、玉虫色の支離滅裂な寄せ集めのような内容に変えてしまうのだ。そしてなにより、そういった記事は必ず政府の主張——明らかに虚偽や詐欺的だったとしても——に大きな説得力を与えることになる。

そんな恐怖に駆られた迎合的なアメリカのジャーナリズムの風潮が、ブッシュ政権による過激な尋問を報道する際の自主規制へとつながった。〈ニューヨーク・タイムズ〉も〈ワシントン・ポスト〉も、ほかの多くの報道機関も、〝拷問〟ということばを使うことを拒んだのだ。世界のほかの国の政府が同じことをした場合には、平気で〝拷問〟と批判したにもかかわらず。まさにこの腐敗したジャーナリズムこそが、報道機関の崩壊を招くことになった——サダム・フセインやイラクに関する根拠のない政府の主張を、米メディアはいつのまにか真実に変えてしまった。マスコミは証拠を精査するわけでもなく、ただ政府の主張を宣伝し、偽りの理由による戦争を国民に受け容れさせてしまったのだ。

報道機関がリーク記事を発表するときには、政府を守るための暗黙のルールがもうひとつある。

機密文書を一点か二点ほど公表し、そこでやめるというものだ。たとえば、スノーデンの一連のファイルを手に入れたとしても、多くの報道機関は影響が大きくなりすぎない程度のところまでしか報道しない。いくつか記事を発表し、大スクープの栄光を勝ち取り、賞を獲得する程度のインパクトを残したら、そこですべてを放り投げ、大きな影響が出ないようにするというわけだ。スノーデン、ローラ、私は心に決めていた——今回のNSA機密資料における真の報道を実現するためには、次から次へと記事を積極的に発表しなければいけない。どんな怒りを惹き起こしても、どんな脅しを受けたとしても、人々が知るべきすべてをカヴァーするまでは報道をやめない、と。

スノーデンは〈ニューヨーク・タイムズ〉のNSA盗聴事件の記事隠蔽を繰り返し引き合いに出しては、政府寄り報道機関が今回の件にからむことへの不信感を初めからずっと示していた。その情報が発表されていれば、二〇〇四年の大統領選の結果もちがっていたかもしれない、と彼は信じていた。「あの記事を隠したことで歴史が変わった」とスノーデンは言った。

文書によってNSAの過激なスパイ行為を明らかにするに際し、彼がなにより望んだのは、記者に名誉をもたらすだけで終わる一回かぎりのスクープ報道ではなく、具体的かつ永続的な国民的議論を巻き起こすことだった。そのために必要なのは、怖れ知らずの報道姿勢であり、政府の胡散臭《うさんくさ》い言い分と恐怖利用への軽蔑であり、彼自身の気高い行動への揺るぎない擁護であり、NSAに対する明確な糾弾だった。まさに、政府について語るときに〈ワシントン・ポスト〉が避けようとすることのオン・パレード。〈ポスト〉が力を注ぐのは、暴露の衝撃を和らげることだけだ。そんな彼らにスノーデンの機密文書の一部が渡ってしまったというのは、私たちがめざすのとは正反対のことと私には思えた。

一方、いつものことながら、ローラにはローラで〈ワシントン・ポスト〉を引き込もうとした自らの行動への確固たる信念があった。まず、今回の告発にはワシントンの役人を巻き込んだほうが得策だと考えたのだ。初めから巻き込んでおけば、あとからわれわれを攻撃したり法的手段に訴えたりするのはむずかしくなる。ワシントンの役人たちと懇意の新聞が漏洩を報道するとなれば、政府のほうもそれに関わった人間を悪者に仕立て上げるのが困難になる。それが彼女の目論見だった。

さらにローラはその責任の一端が私にあることも指摘した。暗号化プログラムのインストールが遅れたせいで、しばらくのあいだローラもスノーデンも私に詳しい話ができなかったからだ。そのあいだ、無数のＮＳＡ最高機密文書の重みに彼女ひとりで耐えなければならなかった。そんなローラには、誰か信頼できる人間と、自分を守ってくれる報道機関が必要だった。それに、ひとりで香港に行きたくはなかった。私とは話をすることができず、スノーデン本人もＰＲＩＳＭの記事の発表には誰かほかの人の手助けが必要だと感じていたため、彼女はゲルマンに話を持ちかけたというわけだ。

彼女の言い分もわからないではなかったが、〈ワシントン・ポスト〉を選んだことにはやはり疑問を感じずにはいられなかった。ワシントンの高官を巻き込むという考えは、まさにリスク回避の暗黙のルールどおりのアプローチで、私には一番避けるべきやり方としか思えなかった。それに、私たちも〈ポスト〉の記者たちも、みなスクープを求めるライヴァル同士のジャーナリストであり、自分を守るために相手に文書を渡すというのは、私に言わせれば、覆さなければならない相手の主張をこっちから補強するようなものだ。結論だけ言えば、ゲルマンはすばらしい報道をしてくれた。しかし、最初の頃の会話の中で、スノーデンは〈ポスト〉が今回の件に関わったことを後悔しはじめていた。ローラの提案をなぜ受け容れてしまったのだろう、と。

スノーデンは〈ポスト〉がぐずぐずしていることに腹を立てていた。このデリケートな問題にあまりに多くの人を巻き込んでいることに。さらには、恐怖に駆られて弁護士たちとの話し合いを延々と繰り返すことに。それ以上に、機密文書を手に入れられるにもかかわらず、〈ポスト〉の弁護士と編集者らの説得に屈し、香港に会いにくることを最終的に断わったゲルマン本人にも怒っていた。

スノーデンとローラから聞いた話によれば、ゲルマンは弁護士たちの説得に負けて香港行きを断念したとのことだ。さらに、彼らはローラにも香港行きを取り止めるよう提言し、旅費を支払うという申し出まで撤回した。〈ワシントン・ポスト〉の弁護士たちは、怖気づいて馬鹿げた理論を展開したという――中国は徹底した監視国家であり、機密情報について中国国内で話し合えば、中国政府によって会話を傍受されるかもしれない。その場合、合衆国政府は〈ポスト〉が意図的に中国当局に機密情報を漏洩したとみなし、新聞社とゲルマンをスパイ容疑に問う可能性がある。

そのときばかりは、スノーデンも珍しく怒りを露わにした――いつもの冷静さと控えめさは保ちつつも。彼は自らの人生を犠牲にして、ただひとりこのスクープを世に問おうとしているのだ。彼を守ってくれるものなどほぼ何もない。にもかかわらず、あらゆる法的かつ組織的サポートを有するはずの巨大新聞社が、記者ひとり香港に送れないとは。そんなちっぽけなリスクさえ回避するとは。「私はひとりきりで大きなリスクを冒して、大スクープを提供する覚悟なのに」と彼は言った。「向こうは飛行機に乗ろうともしないんですから」。これこそ、これまで何年も私が非難しつづけてきた〝私たちと敵対関係にある報道陣〟――臆病で、リスク回避が先決で、いつも政府の言いなりになっているマスコミの典型と言えるだろう。

いずれにしろ、〈ポスト〉に何点かの文書が渡ったのはすでに起きたことで、それを変えることはできない。それでも、香港二日目のその夜、スノーデンと会ったあと私は思いを新たにした。今後、世間がNSAとスノーデンをどうとらえるか、それを決めるのは〈ワシントン・ポスト〉ではない。政府寄りの玉虫色の論調に徹し、恐怖に駆られて〝中道語〟を弄する〈ポスト〉ではない。先手を取ったほうが、今後の討論と人々の反響の方向性を決める重要な役割を担うことになるだろう。私は誓った。さきに記事を発表するのは〈ワシントン・ポスト〉ではなく、私と〈ガーディアン〉だ、と。この一連の暴露が充分な影響力をもたらすためには、政府寄り報道機関の暗黙のルール――リークのインパクトを軽減し、政府を守るためのルール――は破られなくてはいけない。〈ポスト〉はおそらくルールに従う。私は従いはしない。

ホテルの部屋に戻るなり、私は四本の記事を書き上げた。一本目は、アメリカ最大手通信業者〈ベライゾンビジネス〉に対して、外国諜報活動監視裁判所が全国民のすべての通話記録をNSAに提出するよう命じた件について。二本目は、二〇〇九年に作成されたNSA監察総監の内部報告書にもとづく、ブッシュ政権下の違法盗聴計画のこと。三本目は、機内で読んだ、〝バウンドレス・インフォーマント〟プログラムの詳細。四本目は、ブラジルの自宅で初めて知ったPRISMプログラムの記事。とりわけ、四つ目のPRISMについては、〈ポスト〉も文書の公表を計画しており、こちらとしても急ぐ必要があった。

先手を打つためにも、〈ガーディアン〉には今すぐにでも記事を発表してもらいたかった。香港に夜が訪れると、ニューヨークは朝を迎える。私は落ち着かない気持ちのままニューヨークの〈ガーディアン〉編集者たちが目覚める時間まで待ち、五分に一度はパソコンをチェックして、ジャニーン・ギブソンが〈グーグル〉のチャット——私たちの普段の通信手段——にサインインしていないかどうか確かめた。彼女がサインインするなり、すぐにメッセージを送った。「大事な話がある」

その時点ではすでに、電話や〈グーグル〉のチャットで話すなど論外だとお互いに知っていた。どちらも危険すぎた。それまで使っていた暗号化チャット・プログラムＯＴＲを試してみたが、どうしてもつながらなかったので、ジャニーンのほうから提案があり、国家の監視を妨害できる最新の暗号化プログラムCryptocatを使うことになった。結局、香港にいるあいだはそれが私たちの通信手段となった。

その日スノーデンに会ったことをジャニーンに伝え、彼の話に信憑性があり、機密文書も本物にまちがいないことを知らせた。すでに執筆した記事の内容を教えると、彼女は〈ベライゾン〉の記事にとりわけ関心を寄せた。

「よかった」と私はほっとして言った。「記事はもうできてる。小さな直しとかは、そちらでやってもらってかまわない」。一分でも早い発表が大切なのだと強調した。「さあ、すぐに発表しよう」

ところが、そこで新たな問題が発生した。〈ガーディアン〉の編集者たちは顧問弁護士たちとすでに話し合いを重ねており、ゆゆしき警告を受けていた。ジャニーンはそれを顧問弁護士たちのことばどおりに再現した――機密情報の公表は合衆国政府によって（曖昧《あいまい》ながらも）犯罪ととらえられ、相手が新聞社であったとしてもスパイ活動防止法違反に問われかねない。通信傍受に関する文書の場合は、特に危険は増す。これまで政府は報道機関の刑事訴追を避けてきたが、それは報道機関が暗黙のルールに従って事前に公表内容を伝え、国家の安全保障に危険が及ぶ可能性について政府側に反論する機会を与えていたからだ。このプロセスを踏み、機密文書の公開によって国家の安全保障を脅かす意図や、訴追に該当する犯意がないことを新聞社は明示しなくてはいけない――それが顧問弁護士たちの警告だった。

今回ほどの影響力を持つ機密資料はもちろんのこと、NSAから内部文書が流出したことは過去に一度もない。オバマ政権のこれまでの対応から考えると、スノーデンだけではなく、新聞社も罪に問われる可能性があると弁護士たちは考えていた。実際、私が香港に向かうつい数週間前にも、リークの情報源特定のために、〈AP通信〉の記者及び編集者のEメールと通話記録を傍受できるよう司法省が裁判所命令を得ていたことが判明してもいた。

その直後、取材活動のプロセスに対するさらに驚くべき攻撃が発覚した。司法省が〈FOXニュース〉のワシントン支局長ジェームズ・ローゼンに対し、情報提供者との〝共謀罪〟容疑で宣誓法廷供述書を取っていたというのだ。内部資料入手のために彼が提供者と密接に協力したことは、情報漏洩の〝幇助《ほうじょ》〟にあたるというのが理由だった。

ここ数年、ジャーナリストたちが声高に訴えてきたように、オバマ政権はマスコミの取材活動に対してかつてない規模の攻撃を仕掛けている。しかし、ローゼンの一件はオバマ政権にしてもさすがにやりすぎだった。情報提供者との協力を〝幇助〟とみなすとなれば、調査報道そのものが犯罪になってしまう。そもそも、情報提供者との協力以外に、記者が秘密の情報を手に入れる方法はない。こんな風潮もあり、〈ガーディアン〉を含む報道機関の顧問弁護士たちは、今まで以上に慎重になり、政府に怯えてさえいるのだ。

ジャニーンは言った。「弁護士たちが言うには、ＦＢＩにオフィスを閉鎖されて、資料を押収される可能性もあるそうよ」

馬鹿げた話だ。政府が〈ガーディアン〉のような大手新聞社のアメリカ支局を閉鎖し、強制捜査する？　弁護士時代、同僚たちが役にも立たないような過剰な警告ばかり発するのには私自身うんざりしたものだが、今回もその類いにしか思えなかった。しかし、ジャニーンの立場に立てば、その心配を簡単に排除できないこともわかっていた。

「結局、ぼくたちの件はどうなる？」と私は訊いた。「記事はいつ発表できる？」

「グレン、はっきりとはわからない」と彼女は言った。「まずはさっきの問題を処理しないと。明日また弁護士たちとの会議があるから、何か進捗《しんちょく》があると思う」

大きな不安が頭をもたげてきた。〈ガーディアン〉の編集者たちが今後どう反応するか、まったく予想がつかなかった。〈ガーディアン〉では、私はこれまで独立した編集権限を持って執筆しており、編集者と相談しながら記事を書いた経験はほとんどなかった。それに加えて、今回の記事ほどデリケートな案件は初めてだった。要するに、私は未知の領域に足を踏み入れていたということだ。事実、この一連の出来事はあまりに型破りで、誰にとっても初めての経験だった。だからこそ、誰がどんな反応をするのか、まったく見当がつかなかった。編集者たちは、合衆国政府の脅しに恐れをなして屈してしまうのか、何週間もかけて政府と交渉する道を選ぶのか。保身のために、〈ワシントン・ポスト〉がさきにスクープを発表するのを待つつもりなのか。

〈ベライゾン〉の記事はすぐにでも発表できる準備が整っていた。外国諜報活動監視裁判所が発行した命令書も正真正銘の本物にまちがいなかった。政府が国民のプライヴァシーをいかに侵害してきたか——国民の知る権利を否定する根拠などどこにもないのに。一分待つことさえもどかしかった。急ぐのはもちろん、スノーデンのためでもあった。勇気、情熱、精神力——そのすべてを振り絞って、彼は今回の行動に出たのだ。私はそんな彼の精神に突き動かされ、記事を書き、報道することを決めたのだ。スノーデンが払った犠牲に報いるために。挑戦的ジャーナリズムだけがスノーデンの話に力を与えることができる。挑戦的ジャーナリズムだけが、ジャーナリストや情報提供者の頭上に政府がつくり出した恐怖の雲を吹き払う力を与えてくれるものだ。弁護士による被害妄想的な警告や〈ガーディアン〉のためらいは、そんな挑戦的ジャーナリズムの正反対を行くものだ。

その夜、リオのデイヴィッドに電話し、募る不安を告白した。そのあとローラとも相談し、〈ガーディアン〉には翌日まで時間を与えることにした。明日までに一本目の記事が発表されなければ、私たちはほかの選択肢を探らざるをえない。

数時間後、まだスノーデンと対面していないユーウェン・マカスキルが取材の進捗を確かめにホテルの部屋までやってきた。私が記事発表の遅れについて懸念を伝えると、彼は編集部内の状況について説明してくれた。「心配は要らない、編集部はかなり本気だよ」。ユーウェンによると、イギリス本社のベテラン編集長アラン・ラスブリッジャーが今回の件に「とても積極的」で「なんとしてでも発表する」と言っているとのことだった。

ユーウェンのことはまだ〝会社側の人間〟と見ていたものの、彼自身がいち早い記事の発表を望んでいることを知り、悪い印象は薄れつつあった。彼が部屋を出ると、私はスノーデンとチャットで話し、ユーウェンが〈ガーディアン〉の〝ベビーシッター〟として同行していることを告白し、明日にでも会ってもらいたいと伝えた。ユーウェンを同行させることは、編集部が安心して記事を発表するための大切なステップだった、と私は説明した。「問題ありません」と彼は言った。「会社が送り込んだお目付け役ってところですね」

ふたりが会うことには重要な意味があった。翌朝、スノーデンのホテルの部屋に一緒にやってきたユーウェンは、二時間ほどかけて前日に私が聞いた内容とほぼ同じことを彼からまた聞き出した。「あなたの正体があなたの主張どおりかどうか――」とユーウェンは最後に訊いた。「何か証拠はありますか?」スノーデンはスーツケースから書類の束を引き出した――期限切れの外交官用パスポート、CIA時代のIDカード、運転免許証、政府発行のIDカード。

一緒にホテルを出ると、ユーウェンは言った。「スノーデンのことばはすべて真実だと確信したよ。疑いはゼロだ」もはや待つ理由は何もない――それが彼の意見だった。「ホテルに戻ったらすぐにアランに電話して、記事を発表するように伝えるよ」

その瞬間から、ユーウェンは、私たちチームの完全な一員となった。ローラとスノーデンはどちらもすぐに彼に心を許した。それは私も同じだった。そのことは正直に言っておかなければならない。それまでの不信感はまったくの思いちがいによるものだった。ユーウェンの温厚な性格といかにもやさしげな外見の奥には、今回のスクープを追求するために欠かせない果敢な記者魂と情熱が隠れていた。彼は制度に従順な会社人間などではなく、一報道者として参加しており、ときに古い制度に抗う姿勢さえ見せた。むしろ、香港滞在中、ユーウェンがもっとも過激な意見を言う場面も少なくなかった。ローラや私、さらに言えばスノーデン自身がまだ発表は早いと思うようなリークにも、彼はいつもひとり賛成だった。すぐに気がついたのだが、彼の積極的な報道姿勢は、〈ガーディアン〉のロンドン本社を完全に味方につけるために必要な作戦となる。

ロンドンが朝になるとすぐ、ユーウェンと私はアランに電話した。まず私がはっきりと伝えた（あるいは要求した）のは、その日じゅうに記事の掲載を開始すること。さらに、社としての明確な立場を示すことも求めた。香港滞在はまだ実質二日目だったが、その時点ですでに、これ以上〈ガーディアン〉が会社の理由で発表を大幅に遅らせるのであれば、私はこのスクープを別の媒体に持ち込もうと心に決めていた。

私は単刀直入に言った。「〈ベライゾン〉の記事はもうすべて準備が整っています。どうしてまだ発表できないのか、理解できません。遅れてる理由は何なんです？」

何も遅れていることなどない、と彼は請け合った。「私も同じ考えだ。掲載の準備は整った。今日の午後、ジャニーンが弁護士たちと最後の会議をするから、そのあと発表できるはずだ」

ＰＲＩＳＭの一件には〈ワシントン・ポスト〉がからんでいることも持ち出し、とにかく急ぐ必要があると伝えた。驚いたことに、ＮＳＡに関する記事は言うまでもないが、それ以上にＰＲＩＳＭの記事を〈ワシントン・ポスト〉に先駆けて発表したいというのがアランの意向だった。「〈ポスト〉に気をつかう必要なんてどこにもない」と彼は言った。

「心強いかぎりです」と私は言った。

ニューヨークの現地時間はロンドンより五時間遅く、ジャニーンの出社までまだしばらくあり、弁護士たちとの会議はさらにさきだった。香港で夜のあいだに、ユーウェンと私はPRISMの記事の最終調整を進めることにした。さきほどの会話からアランが充分に乗り気だとわかったからだ。

PRISMの記事を書きおえると、ニューヨークのジャニーンとスチュアート・ミラーに暗号化ソフトを使ったメールで送った。これで世界を揺るがす大スクープ記事が二本書き上がり、あとは発表を待つだけの状態になった。そうなると、私の忍耐力、待つ気力が徐々に薄れてくるのがわかった。

ジャニーンと弁護士たちの会議はニューヨーク時間の午後三時、香港時間の午前三時に始まり、二時間後に終わった。私は寝ずに結果を待った。会議のあと、ジャニーンの口から聞きたかったことばはひとつだけ――〈ベライゾン〉の記事を今すぐ掲載する。ただそのひとことだった。

が、結果はちがった。ほど遠いものだった。対応すべき〝重大な〟法的問題がまだいくつか残っている、とジャニーンは言った。さらに、法的問題が解決したあとは、政府側に計画を提示し、掲載取り止めを主張させる機会を設けなくてはいけない――私が忌み嫌う例のプロセスだ。それでも、私としてもそのプロセス自体は受け容れるしかなかった。ただし、そのせいで掲載が何週間も遅れたり、スクープの衝撃が弱められたりすることを許すつもりはなかった。

「ということは、発表までは数日、いや、数週間といった感じかな？　数時間さきとかじゃなくて」オンラインチャット上のことばにありったけの苛立ちを込めた。「昨日も言ったとおり、どんな手段を取ってでも記事は今すぐ発表する」はっきりとした脅し文句ではないが、意味は十二分に伝わるはずだった——〈ガーディアン〉がただちに掲載しないのであれば、別のところを探す。

「あなたの言いたいことはもうよくわかってる」彼女はぶっきらぼうな返事を返してきた。

ニューヨークはもうオフィスアワーが終わる時間で、少なくとも翌日まで状況が変わることはない。そうとわかってはいても、私の苛立ちと不安は増す一方だった。このあいだにも、〈ワシントン・ポスト〉のほうはPRISMの記事の発表準備を着々と進めているのだ。ローラ——彼女の署名も記事にはいる——がゲルマンから聞いた話によると、五日後の日曜日に掲載予定とのことだった。

デイヴィッドとローラと相談を重ねた。その結果、〈ガーディアン〉の答えをこれ以上待っても埒《らち》が明かないという結論に落ち着いた。掲載がさらに遅れる場合に備えて別の道も探しておいたほうがいい——私たちの意見は一致した。〈ネイション〉誌に加え、長年にわたって私が記事を発表するオンライン雑誌〈サロン〉に電話してみると、すぐに成果が得られた。数時間もしないうちに、両誌からNSAの記事をただちに掲載したいとの返事があった。必要なかぎりのサポートを用意し、弁護士による記事の最終チェックも即座に始められると言ってきた。

大きな影響力を持つふたつの政治メディアから、NSAの記事をすぐにでも掲載したいと申し出があったのは心強かった。同時に、デイヴィッドとの会話から、さらに強力な選択肢も生まれていた。自分たちのウェブサイト〈NSAdisclosures.com〉を立ち上げ、既存メディアの助けなしに記事を発表する方法だ。NSAによるスパイ活動を裏づける機密資料の巨大コレクションの存在をサイトで発表するのであれば、ボランティア・スタッフを集めることもむずかしくはないはずだ。編集者、弁護士、調査員、資金提供者が集えば、「透明性」と「体制の不正を監視するジャーナリズム」に情熱を捧げる強力なチームができるだろう。合衆国史上最大級のリークを報道することにひたすら力を注ぐチームが。

当初から私は、今回の機密文書の公開は、ＮＳＡの極秘スパイ活動を明るみに出すだけでなく、既存ジャーナリズムの腐敗した空気に光を当てる絶好のチャンスだと考えていた。数年に一度あるかないかの重要なスクープを、大手報道機関とは一切関係のない独立した場所で、まったく新しい報道モデルを通して発表する――この方法は私にはきわめて魅力的に映った。合衆国憲法修正第一条が保障する報道の自由を改めて浮き彫りにし、大手報道機関に頼らなくても真の報道活動ができることを証明するのだ。報道の自由は、会社に属す記者だけではなく、雇用の有無にかかわらず、報道に携わる全員を保護するものだ。このような一歩を踏み出すこと――ＮＳＡの数万もの機密文書を大手報道機関の庇護《ひご》なしに発表すること――この恐れを知らない勇敢な一歩が、多くの人々に力を与え、世の中に広がる〝恐怖〟さえ砕き散らすかもしれない。

その夜もほとんど眠れなかった。早朝の数時間、信頼する人たちの意見を聞きたくて電話をかけまくった。友人、弁護士、ジャーナリスト、近しい仕事仲間。半ば予想はしていたものの、彼らのアドヴァイスはすべて同じだった――報道機関の助けなしに個人的にやるのは危険すぎる。私としては、なぜ単独行動をやめるべきか客観的な理由を聞いておきたかった。期待どおり、友人たちはさまざまに役立つ意見を聞かせてくれた。

午前中に友人たちからの充分な警告を受けたあと、ローラとチャットしながら同時にデイヴィッドと電話で話した。彼は断固としてウェブサイトでの発表にこだわった。〈サロン〉や〈ネイション〉に発表場所を変えるのはあまりに消極的で、恐怖に屈した行動であり、〝後退〟でしかないと彼は主張した。〈ガーディアン〉がこれ以上発表を遅らせるのであれば、新設するウェブサイトでの記事の発表だけが、われわれが理想とする勇敢な精神にもとづく報道を実現できる唯一の道であり、世界じゅうの人々に勇気を与えられる方法だ、と。初めは懐疑的だったローラも考えを変えた――大胆な行動を取り、ＮＳＡの透明性を願う人々の世界的ネットワークを築くことは、とてつもない力を生み出すだろう。

正午近く、私たち三人で最終案を決めた。〈ガーディアン〉がその日（アメリカ東海岸ではまだ夜も明けていないが）の終わりまでに記事発表の意思を固めなければ、〈ガーディアン〉からは離れ、〈ベライゾン〉の記事は新設ウェブサイトにすぐさまアップする。もちろん、大きなリスクがあることは承知していたが、その決定に心が躍った。代替案が決まったことで、その日の〈ガーディアン〉との話し合いも強気で進められることになる。記事を発表する場として、〈ガーディアン〉にこだわる必要はもうないのだから。束縛から解き放たれると、人はさらに強くなるものだ。

その日の午後、スノーデンとチャットで話し、私たちの計画について伝えた。「リスキーで大胆なやり方ですね」と彼は返してきた。「でも、いい計画だと思います」

なんとか数時間の仮眠を取って香港の昼下がりに眼を覚ましたものの、ニューヨークで水曜日の朝が始まるのがまだ何時間もさきだと気づき、眼のまえが真っ暗になった。その日、〈ガーディアン〉に最後通牒を突きつけることは避けられそうもない気がしたからだ。そういうことなら、一刻も早く終わらせたかった。

ジャニーンがサインインするなり、私は進捗を尋ねた。「今日発表できそう?」

「だといいんだけど」彼女の曖昧な答えが気に入らなかった。〈ガーディアン〉の方針は変わらず、その日の午前中に記事内容についてＮＳＡに打診し、その返事を待たないと発表スケジュールは決まらないとのことだった。

「なぜ待たなきゃいけないのか、ぼくには理解できない」〈ガーディアン〉の対応の遅さにはもう我慢できなかった。「今回の記事の内容は単純明快だ。発表すべきかどうか、ＮＳＡの意見をどうして気にする必要がある?」

例のプロセスへの個人的な感情――記事の内容を決めるのは新聞社であって、政府が編集パートナーとして介入すべきではない――を脇に置いたとしても、今回の一本目の〈ベライゾン〉の記事については、国家の安全保障を揺るがすような点など存在しないのはあまりに明らかだった。アメリカ国民の通話記録の組織的な収集を裁判所が許可した――それだけのことだ。〝テロリスト〟に知られたところでどんな不利益がある? 自分の靴ひもを結べるくらいの能力を持つテロリストであれば、彼らの通話を合衆国政府が監視しようとしていることくらい、すでに勘づいているはずだ。私たちの記事から新事実を知るのは〝テロリスト〟ではなく、アメリカ国民のほうなのだ。

ジャニーンは弁護士たちのことばを繰り返したあと、こう強調した。もし政府の圧力に屈して〈ガーディアン〉が記事掲載の取り止めを検討しているとあなたが想像しているのであれば、それはちがう。政府に一度話を通すのは、単に法律上必要なプロセスなのだ、と。同時に、彼女はこう請け合ってくれた。国家の安全保障への脅威だという曖昧で馬鹿げた訴えに怖気づいたり、飲み込まれたりはしない、と。

〈ガーディアン〉が政府の圧力に屈すると思っていたわけではなかったかどうか、実のところ、なんとも言えなかった。ただ少なくとも、このプロセスが記事の発表を大幅に遅らせている事実には焦りを感じていた。〈ガーディアン〉には積極的かつ挑戦的な報道の長い歴史があり、そもそも私が記事の発表媒体として選んだのもそれが理由のひとつだった。私は最悪の事態を想定させられている。それでも、この状況下でどんな作戦を採るつもりなのか、はっきりと表明する権利は彼らにもあるはずだった。政府の圧力には屈しないというジャニーンの〝独立宣言〟にはいくらかほっとした。

「わかった」私はもう少し様子を見ることにした。「ただし、こちらの条件ははっきりさせておく。リミットは今日じゅうだ」と私は入力した。「それ以上は待てない」

ニューヨーク時間の正午頃、ジャニーンから報告があった。ＮＳＡとホワイトハウスに電話で連絡して機密資料の公表計画を告げたものの、反応はまだないとのことだった。〈ガーディアン〉の新たな国家安全保障担当記者スペンサー・アッカーマンが関係者から得た情報によると、その日の午前、スーザン・ライスが次期国家安全保障担当大統領補佐官に指名されることが決定し、役人たちは彼女のことで〝頭がいっぱい〟なのだそうだ。

「今のところ、電話を折り返す必要はないと考えてるみたいだけど」とジャニーンはチャットに書いた。「すぐに向こうも理解するはずよ」

午前三時――ニューヨーク時間の午後三時――連絡はまだ何もなかった。ジャニーンのところにも。

「期限のようなものはあるのかな？　それとも、向こうの気が向いたときに連絡してくるのを待つだけ？」と私は皮肉を言った。

〈ガーディアン〉側は、「その日の終わりまで」とＮＳＡに期限を伝えていた。

「それまでに反応がなかったら？」と私は訊いた。

「それはそのときに考えるわ」

ジャニーンは話をさらに複雑にする新たな事実を教えてくれた。彼女のボス、アラン・ラスブリッジャーが、ＮＳＡの記事の発表を取り仕切るため、ロンドンからニューヨークに飛行機で移動中というのだ。つまりそれは、これから七時間あまり、彼とは連絡が取れないことを意味する。「アランの許可なしでも記事は発表できる？」答えがノーなら、その日のうちに記事を発表するチャンスはなくなる。アランの飛行機は夜中の到着予定だ。

「とにかくやってみる」と彼女は言った。

挑戦的報道を阻止しようとする組織的な障害にぶちあたってしまったのかもしれない――私は漠然とそんな不安を抱いた。法的問題、政府高官との協議、組織内ヒエラルキー、リスク回避、時間稼ぎ――〈ガーディアン〉なら避けられると思っていたのに。

その直後の午前三時十五分頃、副編集長のスチュアート・ミラーからインスタント・メッセージが送られてきた。「政府から電話だ。ジャニーンが今話してる」

永遠とも思える時間を待った。約一時間後、ジャニーンが詳細を教えてくれた。電話の向こうにいたのは、ＮＳＡ、司法省、ホワイトハウスなど複数の機関の政府高官が十人ほどで、上位者ぶってはいたが、充分友好的な態度で説明を始めたという――〈ベライゾン〉への命令書の意味と〝文脈〟をきみは理解していない。〝来週のどこか〟で説明の場を設けたい。

ジャニーンは彼らに伝えた。記事はその日のうちに発表する予定であり、こちらが納得できるような具体的な理由が示されないかぎり実行する、と。それを聞いた高官たちは高圧的どころか威嚇的になって、次のようなことを口にしたという――政府側に記事差し止めを議論する時間を与えないなど、きみは〝まともなジャーナリスト〟ではないし、〈ガーディアン〉も〝まともな新聞社〟ではない。

「普通の報道機関であれば、政府との会合ひとつもなしに、そんなに性急に記事を発表したりはしない」と彼らは言った。どうしても時間を稼ぎたいらしい。

彼らの言うとおりだ、とそのとき思ったのを私は今でも覚えている。普通の報道ではないのだ、と。現在のルールは、取材活動のプロセスを政府が管理して無力化し、報道機関と政府間の敵対関係を断ち切ることを目的としている。そんな腐敗したルールなど、今回は通用しない――私としては、初めから彼らにそう知らしめることが重要だった。今回の一連のリーク記事は、今までとはちがうルールによって公開される。政府に言いなりのマスコミ向けではなく、独立した報道者にあてはまるルールによって。

ジャニーンの力強く挑戦的な口ぶりに私も力が湧いてきた。彼女が特に強調したのは、記事の発表によって安全保障上の問題が発生しうるか何度も尋ねたにもかかわらず、具体的な答えがひとつも聞けなかった点だ。それでも、その日のうちに発表できるか彼女は明言を避け、最後にこう言った。「まずはアランと連絡が取れないか試してみる。それからどうするか決める」

三十分待ってから、私は彼女に素っ気なく言った。「今日じゅうに発表できるのかできないのか、知りたいのはそれだけだ」

彼女は質問をはぐらかし、アランとは連絡が取れなかったとだけ言った。ジャニーンが窮地に立たされていることはわかっていた。一方には、大胆な行動を非難する役人。もう一方には、妥協を許さず、きびしい要求を突きつける私。あまつさえ、彼女のボスは機上の人。つまるところ、二百年近い〈ガーディアン〉史上、最も重大でむずかしい決断が彼女ひとりの肩にずっしりとのしかかったわけだ。

私はジャニーンとオンラインでやりとりをするあいだもずっとデイヴィッドと電話で話していた。「もう夕方五時だ」と彼はきっぱりと言った。「〈ガーディアン〉側に伝えた期限だ。決断するときがきたようだ。連中がすぐに記事を掲載するか、きみが辞めるか、どちらかだ」

彼の言い分は正しかったが、私自身、ためらっていた。私たちは今、合衆国史上最大級となる安全保障の爆弾スクープをやろうとしている。その暴露直前に記事執筆者が〈ガーディアン〉を辞めたとなると、マスコミに大スキャンダルとして扱われるだろう。公の場で私が何か説明すれば〈ガーディアン〉側に極端に不利になるし、その反動で彼らが保身に走れば、おそらく私を攻撃してくる。このまま行けば、待っているのはサーカスの大騒ぎ。出演者全員が損をする見世物小屋が並ぶだけ。最悪の場合、世間の関心が本来あるべき場所――NSAの不正――から逸れてしまうようなことにもなりかねない。

正直に言おう。私も恐れていたのだ。数千とは言わずとも数百にのぼるNSAの機密ファイルを公表することは、〈ガーディアン〉のような巨大組織と組んだとしても充分すぎるほど危険だった。それを組織の庇護なしに単独でおこなうとなると、リスクは何倍にもふくれ上がる。昨日、電話で話した友人や弁護士たちのいかにも的確な警告のことばが頭の中でがんがん鳴り響いた。

私がためらっていると、デイヴィッドは言った。「選択肢は残されていない。〈ガーディアン〉が発表を恐れるなら、それは正しい発表場所じゃなかったということだ。恐怖に屈していたら何も達成できない。それこそ、スノーデンが教えてくれた教訓じゃないか」

チャット上でジャニーンにどう伝えるべきか、デイヴィッドとふたりで文面を考えた。「約束した期限の五時が過ぎた。これから三十分以内に記事を発表しなければ、〈ガーディアン〉との契約は破棄させてもらう」と入力し、送信ボタンを押す……一歩手前で踏みとどまり、考え直した。これではまるで身代金を要求する脅迫状だ。こんな態度で〈ガーディアン〉を辞めてしまえば、この脅迫文も含めてすべてが公にされてしまう。そこで、調子を和らげてみた。「きみたちにはきみたちの懸念があり、正しいと思うことをしなきゃならない。それは理解している。だからぼくも一歩を踏み出し、正しいと思うことをする。うまくいかなくて、ほんとうに残念だ」とタイプして、私は送信ボタンを押した。

十五秒も経たないうちに、ホテルの部屋の電話が鳴った。相手はジャニーンだった。「そんなの、勝手すぎる」と彼女は口調を荒らげて言った。それも当然だろう。私が去れば、機密文書を手元に持たない〈ガーディアン〉は今回のスクープをすべて失うことになる。

「勝手なのはきみのほうだと思う」と私は応じた。「いつ発表するつもりなのか何度も訊いたのに、答えを拒んで言い逃ればかりだ」

「今日発表する、それは信じて」とジャニーンは言った。「遅くても三十分以内に。今、最後の細かい校正をして、見出しとフォーマットの調整をしてるところなの。五時半までには発表するから」

「わかった。そういうことなら問題ない」と私は言った。「三十分ならもちろん待つよ」

午前五時四十分、ジャニーンがリンクを貼ったインスタント・メッセージを送ってきた。これこそ、ここ数日のあいだずっと待ち続けていた瞬間だった。「アップしたわ」と彼女は言った。

〝NSAが〈ベライゾン〉加入者数千万人の通信履歴を収集〟という見出しがあり、リードが続く。〝独占記事：機密文書を入手――〈ベライゾン〉に全通信履歴の提出を求める裁判所命令がオバマ政権による国内監視の規模を物語る〟。

その下には、外国諜報活動監視裁判所の命令書へのリンク。そして本文――冒頭の三段落がすべてを語っていた。


現在、国家安全保障局《NSA》は、四月に発せられた外国諜報活動監視裁判所の命令書にもとづき、アメリカの大手通信会社〈ベライゾン〉の国内加入者数千万人分の通信履歴を収集している。

本紙が入手した命令書のコピーによると、裁判所は〈ベライゾン〉に社内のシステム上すべての国内外通話履歴を「毎日継続して」NSAに提出することを指示した。

この文書により、オバマ政権のもと、数千万にのぼるアメリカ市民の通信履歴が、不正行為の容疑の有無にかかわらず、無差別かつ大量に収集されていることが発覚した。


発表直後に沸き起こった記事への反響は、予想をはるかに超えるすさまじい規模のものだった。

その夜、全国放送の全ニュース番組がこの記事をトップニュースとして報じ、政界もマスコミもこの話題でもちきりになった。私のところには、あらゆるテレビ局からインタヴュー依頼が殺到した――〈CNN〉、〈MSNBC〉、〈NBC〉の『トゥデイ』、〈ABC〉の『グッド・モーニング・アメリカ』などなど。それ以降、私は香港滞在中の多くの時間を割いて、大勢の好意的なレポーターたち――みな記事の話を大事件かつ大スキャンダルとして扱った――からのインタヴューを受けた。大手マスコミとは意見が食いちがうことが多い政治ライターとしての私のキャリアでは、珍しい経験だった。

ホワイトハウスの広報担当者はすぐに声明を発表し、通話履歴収集プログラムは〝国をテロリストの脅威から守るために不可欠なツールだった〟と予想通りの弁明をした。上院情報特別委員会委員長の民主党議員ダイアン・ファインスタイン――公安国家、さらには監視国家としての体制強化を熱烈に支持する連邦議会議員のひとり――は、9・11以降に使い古された〝恐怖の利用〟という手法でマスメディアに訴えた。〝誰もが祖国の安全を守りたいのだから〟収集プログラムは必要だった、と。

しかし、そんな監視擁護への賛同はほぼ皆無だった。オバマ寄りとして知られる〈ニューヨーク・タイムズ〉でさえ、社説できびしく政権を批判した。「オバマ大統領の捜査網」と題したその社説では「オバマ氏は〝行政機関は与えられた権力をすべて行使し、ひいては濫用する〟という自明の理を証明してみせた」と皮肉った。また、収集プログラムを正当化するために、政府が定番の〝テロリズム〟というカードを切ったことを揶揄して高らかに宣していた。「今や、政権はその信用をすべて失った」（この一文はのちに物議を醸したため、掲載から数時間後、〈ニューヨーク・タイムズ〉は〝この問題においては〟とこっそりつけ加えて、表現を和らげている）。

民主党上院議員マーク・ウダルは声明を発表して政府を批判した。「このような大規模な監視活動はわれわれすべてに関わる重大な問題である。国民がショックを受けるだろうとこれまでも警告してきた、政府のいきすぎた政策の一例だ」。アメリカ自由人権協会《ACLU》も監視プログラムを非難して次のように述べた。「市民の自由という観点から見て、この監視プログラムは脅威以外の何物でもない……ジョージ・オーウェルが『一九八四年』で描いた全体主義的な社会像をはるかに超え、独善的な諜報機関の要求によって基本的な民主的権利が秘密裏にどれだけ踏みにじられているか、それを改めて浮き彫りにした」。元副大統領アル・ゴアはツイッターに記事のリンクを貼りつけ、こう発言した。「無差別監視活動に怒り狂っているのは私だけ？」

また、〈ガーディアン〉の記事掲載直後に〈AP通信〉が上院議員から匿名で情報提供を受けて発表した内容は、私たちもすでに強く疑っていたことだった――通話履歴収集プログラムは過去何年にもわたっておこなわれており、〈ベライゾン〉だけでなく大手通信会社のすべてを対象としていた。

過去七年間、私はNSAの調査を続けて意見を述べてきたが、ひとつのリークがこれほどまでに人々の興味と激しい感情を掻き立てたのは初めてだった。しかし、なぜこのニュースが国民の強い共感を得たのか、なぜ関心と憤懣《ふんまん》の大波を引き起こしたのか、それを分析している時間はなかった。今のところはその答えを探すのではなく、ただその波に乗るつもりだった。

香港時間の正午頃、やっとのことでテレビ局のインタヴューをすべて終えると、私はスノーデンのホテルに直行した。部屋にはいると、テレビには〈CNN〉が映っていた。出演者たちはNSAの件について論じ合い、大規模なスパイ計画への衝撃を語っていた。司会者たちも通話履歴の収集が極秘裏におこなわれていたことへの怒りを露わにした。出演者のほぼ全員が、国内大量監視に批判的な態度を取っていた。

「どの番組もこのニュースばかりです」スノーデンも見るからに興奮していた。「あなたのインタヴューも全部見ました。みんなこの話題に夢中ですね」

その瞬間、私は深い達成感を覚えた。スノーデンが最も恐れていたこと――誰も気に留めない暴露のために人生をなげうってしまったのではないか――は杞憂だったことが発表初日に証明された。無関心も無感情もどこにも見あたらなかった。まさにそれは、スノーデンが命をかけて惹き起こそうとした国民的議論であり、私たち全員が早急な検討が必要だと信じた議論だった。そして今、私の眼のまえで、スノーデンがその議論の展開を見守っているのだ。

計画では、一週間にわたって暴露記事を発表したあと、スノーデンの身元を明かすことになっていた。つまり、彼の自由はもうすぐ終わりを告げようとしている。数日後にもスノーデンは攻撃の的となり、犯罪者として収監されるか、あるいは逃亡者になる。そんな絶望的な事実が、何をしていても私の頭の中にはいり込んできた。スノーデンはそんなことを気にする素振りも見せなかったが、私は改めて心に誓った。彼の選択が正しいことを最後まで証明しつづけよう。スノーデンがすべてをなげうってまで世界に公表しようとした真実の意味を徹底的に伝えよう、と。出だしは好調に思えたが、まだ始まったばかりにすぎなかった。

「きっとみんな、これで話は終わりで、単体のスクープだと思ってることでしょうね」とスノーデンは冷静に言った。「これが単なる氷山の一角だとはまだ誰も気づいていない。まだまだ続きがあるなんて誰も」そう言うと、私のほうに向きなおって続けた。「次はどの話をいつ発表するんです？」

「ＰＲＩＳＭだ」と私は言った。「明日」

私はホテルの自室に戻った。ほとんど眠れない夜ももう六日目だったが、アドレナリンが全身を駆けめぐり、興奮が治まらなかった。それでも、なんとか体を休ませようと、午後四時半に睡眠薬を飲み、目覚まし時計を七時半にセットした。ニューヨークの〈ガーディアン〉編集者たちがオンラインでチャットする時間だ。

その日、ジャニーンはいつもより早くサインインしてきた。私たちは互いに労《ねぎら》いのことばを交わし、反響のすさまじさを喜び合った。会話のトーンがそれまでと大きく変わったのは明らかだった。私たちは手に手を取って、報道の世界におけるきわめて重大な挑戦の舵取りをしたのだ。ジャニーンは記事の内容に誇りを感じており、私のほうも政府の圧力をものともせず掲載に踏みきった彼女に敬意を感じずにはいられなかった。〈ガーディアン〉は、ひるむことなく見事にやり遂げた。

発表前には大幅に遅れているかのように思えたものの、振り返ってみれば、〈ガーディアン〉は驚くべき勇気とスピードで行動を進めてくれた。同じような規模と地位のほかの報道機関であれば、こうはいかなかっただろう。さらに、現在の栄誉にただこのまま満足しているつもりのないことは、ジャニーンのことばからはっきりと読み取れた。「アランが、ＰＲＩＳＭの記事をどうしても今日発表したがってる」と彼女は言った。私としてはそれ以上に嬉しいことはなかった。言うまでもない。

PRISM計画の暴露はとても大きな意味を持つものだ。この計画によって、NSAはインターネット企業から欲しい情報をなんでも手に入れられるようになった。世界じゅうの無数の人々が今や主要な通信手段として使うサーヴィスの情報を自由に獲得できるのだ。9・11直後から、合衆国政府はそんな監視を実行するため、数々の法律を制定してきた。結果、NSAはアメリカ国民を監視する絶大な権力を手に入れ、外国人を無差別に大量監視できるほぼ無制限の権限を持つことになった。

現在、NSAの活動を律するのは二〇〇八年に改正された外国諜報活動監視法だが、この法律はブッシュ政権時代のNSAの令状なしの盗聴スキャンダルをきっかけに、超党派の合意によって連邦議会で制定されたものだ。しかし皮肉なことに、この改正によって、ブッシュの違法計画の核となる部分が事実上合法化されることになった。ブッシュはNSAに対し、テロ捜査という口実のもと、アメリカ国民と外国人居住者への盗聴の許可を秘密裏に与えていた。通常、国内の諜報活動には裁判所発行の令状を入手する必要があるが、その命令はこのプロセスを無視するものだった。そのようにして、少なくとも国内に住む数千人の通信情報が傍受されることになった。

この計画の違法性を訴える激しい抗議の声にもかかわらず、二〇〇八年の改正外国諜報活動監視法はスパイ計画を規制するのではなく、それまで違法とされた諜報活動の一部を制度化してしまった。改正法では、〝アメリカ人〟(アメリカ市民および合法的居住者)と〝その他〟という区別に基づいて活動範囲が決められている。アメリカ人の通話やEメールを直接入手するには、NSAはこれまでどおり外国諜報活動監視裁判所からの個別の令状を手に入れなければならない。

しかし、外国人に対する諜報活動については、たとえ連絡相手がアメリカ人だったとしても、個別の令状を取る必要はなくなった。二〇〇八年の改正外国諜報活動監視法第七〇二条に基づき、NSAは外国諜報活動監視裁判所に一年に一度出向き、その年の諜報対象者を示す一般指針を提出するだけでいい。審査の基準は、その監視活動が〝外国の情報収集の助けになるかどうか〟という一点のみで、全面的許可が与えられることが慣例となっている。外国諜報活動監視裁判所から〝承認〟のスタンプさえ獲得できれば、NSAはいかなる外国人でも監視することが可能となる。さらには、電話会社とインターネット企業のサーバーに直接アクセスして、外国人の通信記録（外国人とアメリカ人のあいだの通信も含む）を自由に傍受できるようになる――〈フェイスブック〉のチャット、〈ヤフー〉のEメール、〈グーグル〉の検索履歴。諜報対象の人物に対する容疑を証明する必要もなければ、そもそも疑う理由自体があってもなくてもかまわない。さらに、プロセスの途中で当然のように傍受されるアメリカ人の情報も、そのまま利用されてしまうのだ。

PRISMの記事を発表するには、まず政府にわれわれの計画を伝えなければならない。今回も回答期限はニューヨーク時間でその日の終わりまで。異議申し立ての時間も充分丸一日あり、対応への時間不足を訴える常套手段を封じることができる。それに加え、今回は社内サーバーへの直接アクセスを提供した企業として、NSA内部資料に名前が載っているインターネット関連企業――〈フェイスブック〉〈グーグル〉〈アップル〉〈ユーチューブ〉〈スカイプ〉など――からコメントを得ることも重要なプロセスだった。

また長い待ち時間になり、私はスノーデンの部屋に戻った。ちょうどローラがいろいろな問題について彼と話をしているところだった。一本目の記事の発表によって事態が大きく動き出したこのときになると、スノーデンが自らの身の安全にさらに用心深くなっているのは一目瞭然だった。私が部屋にはいるなり、盗聴防止用にドアの下に置く枕を追加し、パソコン画面上で私に何かを見せようとするときには毛布を頭からかぶり、天井に隠されているかもしれないカメラにパスワードが映り込むのを防いだ。一度、電話のベルに一同が凍りついたことがある。いったい誰から？　数回目のベルでスノーデンが恐る恐る電話に出ると——ホテルのメイドだった。〝起こさないでください《DO NOT DISTURB》〟の札がドアにかかっていましたが、部屋の清掃はどうします？「しなくていいです」と彼はぶっきらぼうに答えた。

スノーデンの部屋にはいつも緊張感が張りつめていたが、記事を発表してからはなおさらだった。ＮＳＡは情報提供者をすでに割り出しているのかどうか、私たちには知るよしもなかった。もし突き止めていたとして、居場所もわかるだろうか？　香港や中国当局は？　今このときにも部屋のドアがノックされる可能性があった。そんなことになれば、この共同作業にはその瞬間に苦々しい終止符が打たれることになる。

つけっぱなしのテレビ画面の中では、いつも誰かがＮＳＡの話をしていた。〈ベライゾン〉の記事が出たあと、ニュース番組は同じようなことばをひたすら繰り返した——〝無差別大量収集〟〝国内通話履歴〟〝情報監視濫用〟。次の記事の計画を練りながら、スノーデンは自らがきっかけとなった大騒ぎを見守り、ローラと私はそんなスノーデンを見守った。

ＰＲＩＳＭの記事掲載まであとわずかの香港時間の午前二時、ジャニーンから連絡があった。「とんでもなく奇妙な展開よ」と彼女は言った。「インターネット会社がどこも、ＮＳＡの文書の中身を真っ向から否定してる。ＰＲＩＳＭなんて聞いたこともないなんて言い張ってる」

なぜ企業側が否定するのか、ふたりでそのわけをいくつか推測してみた——ＮＳＡが文書内で自分たちの能力を誇張した。インターネット企業が単に嘘をついている。対応した社員が自社とNSAの協定を知らない。あるいは、PRISMというのはNSA内部のコードネームで、企業側はその名前を知らない。

理由はなんであれ、記事を書き直さなくてはいけない。企業側の否定についてつけ加えるのはもちろんだが、NSAの内部文書の内容とインターネット関連企業の説明が奇妙に食いちがうことに記事のポイントを変更しなくてはいけない。

「じゃあ、誰が正しいのかではなく、彼らの主張の食いちがいについて報道しよう。あとは公の場で解決させればいい」と私は提案した。ユーザーの通信履歴についてインターネット業界とNSAのあいだにどんな合意があったのか、公の議論を惹き起こすのだ。会社側の説明とNSA内部文書の内容が食いちがうのであれば、世界が見守る中で決着をつけてもらう。それこそあるべき姿だ。

ジャニーンも同意してくれた。そして二時間後には、PRISMの記事の改訂稿が送られてきた。見出しとリードは次のようなものだった。

〝NSAのPRISMプログラム：〈アップル〉〈グーグル〉などのユーザーデータに侵入〟

・NSAは極秘PRISMプログラムによって〈グーグル〉〈アップル〉〈フェイスブック〉などの企業のサーバーに直接アクセス

・各企業は二〇〇七年から運用されているこのプログラムの関知を否定

プログラムの内容を説明する内部文書の文章を引用したあと、本文はこう続いた。「文書には、このプログラムがインターネット関連企業の協力を得て運用されていたとある。しかし、木曜日に〈ガーディアン〉の取材に答えた企業すべてが、そんなプログラムの関知を否定している」。記事の内容は申し分なかった。そう伝えると、ジャニーンは三十分以内に掲載すると約束してくれた。

一分一分が過ぎるのをどきどきしながら待っていると、チャットの新着メッセージを伝える電子音が鳴った。PRISMの記事の掲載完了を伝えるジャニーンからの連絡であることを願った。メッセージの送り主は想像どおりだった。が、内容はちがった。

「〈ワシントン・ポスト〉にさきを越された」と彼女は言った。

なぜ？　私は知りたかった。どうして〈ポスト〉は突然スケジュールを変更し、PRISMの記事を当初の計画よりも三日も早く発表したのか？

すぐにローラがバートン・ゲルマンに連絡を取り、経緯がわかった。その日の朝に〈ガーディアン〉がPRISM計画の記事について政府に連絡を取ったあと、〈ポスト〉はその噂を嗅ぎつけたらしい。似たような記事が〈ポスト〉でも計画中であることを知る役人のひとりから、連絡がはいったのだ。そこで〈ポスト〉は他社に出し抜かれないよう、掲載スケジュールを大急ぎで繰り上げたというわけだ。

私はそのプロセスにとことん嫌気がさした。発表前に政府にお伺いを立てるあのプロセスは国家の安全保障を守るためという名目だったはずだ。にもかかわらず、今は役人のほうがそのプロセスを利用して、お気に入りの新聞にスクープを横取りさせるようになっているのだ。

頭の中で情報を整理しおえると、ＰＲＩＳＭの件がツイッター上で大騒ぎになっていることに気がついた。ただ、〈ポスト〉の当の記事を読んでみると、何かが欠けている。ＮＳＡの資料内容とインターネット関連企業の説明が食いちがう事実がまるまる抜けているのだ。

「米英諜報機関が大規模極秘プログラム：米インターネット九社からデータを入手」という見出しがあり、本文は次のように始まっていた。「国家安全保障局（ＮＳＡ）とＦＢＩが、アメリカの大手インターネット関連企業九社のセントラルサーバーに直接アクセスした事実が発覚。外国人ターゲット追跡のために分析官が必要とするボイスチャット、ビデオチャット、写真、Ｅメール、ドキュメント、アクセスログを入手」。最も注目すべきは、「（九社は）ＰＲＩＳＭプログラムを知った上で協力」と断定している点だった。

その十分後に発表した私たちのＰＲＩＳＭの記事は、〈ポスト〉とはいささか視点を異にした。控え目な論調ではあったが、インターネット企業の猛烈な否定についても深く掘り下げていた。

前回同様、反応は爆発的だった。今回は世界規模の反応を惹き起こした。基本的に一ヵ国を活動拠点とする〈ベライゾン〉のような電話会社とちがい、インターネット巨大企業の影響範囲は地球規模に及ぶ。世界じゅうすべての大陸に住む十億以上の人々が、主要通信手段として〈フェイスブック〉〈Ｇメール〉〈スカイプ〉〈ヤフー〉を日々利用している。そのような企業がＮＳＡと秘密協定を結び、ユーザーの通信データへのアクセスを提供していたとなると、世界規模の衝撃が走るのも当然だった。

この段階まで来ると、ＮＳＡの情報漏洩による大スクープが短期間に連続で発表されたことで、

〈ベライゾン〉の記事が一回かぎりの単体スクープではないと人々も徐々に気づきはじめた。

PRISMの記事を発表したその日から数ヵ月、受け取ったメール全部に眼を通すことができなくなった――返信については言うに及ばず。受信トレイには世界じゅうのあらゆる主要報道機関の名前が並び、そのどれもが私へのインタヴュー依頼のメールだった。記事を発表してたった二日で、スノーデンが望んだ世界規模での議論はすでに始まっていた。膨大な量の文書がこれからも次々に発表されることを想像しながら、私は考えずにはいられなかった。今回の出来事は、私の人生をどう変えるのだろう？　世界にどのような影響を及ぼすのか？　リークの全容が浮かび上がったとき、合衆国政府はどう対応するのか？

前日と同じように、早朝の数時間、アメリカの夜のニュース番組からインタヴューを受けた。その日以来、香港滞在中ずっと続くことになった行動パターンが決まる――夜どおし〈ガーディアン〉と記事を練り、朝になるとインタヴューを受け、それからホテルの部屋でスノーデンとローラと合流。

夜中の三時か四時になると、私は主にタクシーでテレビスタジオに向かったが、いかなるときにもスノーデンの〝セキュリティに関する指示〟を忘れることはなかった――改竄《かいざん》や強盗を防ぐため、文書が詰めこまれたコンピューターやUSBメモリから絶対に眼を離さなかった。人気《ひとけ》のない香港の道を移動しながら、私は重いバックパックを決して背中から離さなかった。いつでもどこでもスノーデンの指示を守った。一歩一歩が見えざる敵との戦いだった。何度も肩越しに振り返ってまわりを警戒し、誰かが近づいてくるたびにバックパックにかける手にいっそう力を込めた。

浴びるようにテレビ番組のインタヴューを受けたあとは、スノーデンの部屋に直行した。ローラ、スノーデン、私――ときどきはユーウェンも――はその一室にこもり、時折テレビに少し眼をやるくらいで、あとはひたすら仕事を続けた。部屋にいる誰もが、今回の一連のリークが世間に好意的に受け止められていることに驚いていた。メディアの報道は的を射たものばかりだったし、ほとんどのコメンテーターが怒りを露わにしていた――そして、怒りの矛先は透明性をもたらした人物にではなく、われわれが白日のもとにさらした国家の異常な監視活動に向けられていた。

今こそ、行動に出るときだと私は感じた。スパイ活動を正当化するために9・11を引き合いに出す政府の作戦をあざ笑い、戦いを挑むときが来た、と。そこで、私はテレビに出ては、政府の使い古された型通りの主張――機密文書を暴露して国家の安全保障を危険にさらし、テロリズムを助長した私たちの行動は、犯罪行為にあたる――を大々的に批判した。

私は堂々と宣言した。政府は明らかに国民を操作しようとしているだけだ、と。醜態をさらした役人たちが、評判が傷つくことを怖れているだけだ、と。しかし、政府によるどんな攻撃も、私たちの報道を阻止することはできない。恐怖をあおるやり口にも脅しにも屈することなく、私たちはスノーデンのファイルをもとに次々に記事を発表し、ジャーナリストとしての責務を果たしつづける。私ははっきりとさせておきたかった――告発者を悪者に仕立て上げる作戦も、いかなる威嚇も、今回ばかりは通用しない。そんな私の挑発的な態度にもかかわらず、初めの数日のあいだ、ほとんどのメディアは今回のリークに肯定的だった。

これは私にとっても予想外のことだった。とくに9・11以降（もちろんそのまえも）のアメリカのメディアは好戦的愛国精神に従い、政府への忠誠心がきわめて強くなる傾向にあったからだ。そのため、政府の秘密を暴く者に対しては否定的で、ときに悪意を持って攻撃することもあった。〈ウィキリークス〉がイラクとアフガニスタンでの戦争の機密文書を発表しはじめると――とりわけ外交公電の公開が始まると――〈ウィキリークス〉の刑事訴追を求める声がアメリカ人ジャーナリストたちのあいだからあがった。私としてはこれは驚愕すべき反応としか言いようがない。たとえ上辺だけだとしても、権力者の行動に透明性をもたらすことがジャーナリストの務めではないのか。そのジャーナリストが、大きな透明性をもたらした歴史的行動を非難し、さらには犯罪だと声高に叫んだのだ。〈ウィキリークス〉の行動――政府内の情報提供者から機密情報を受け取り、世界に向けて発信したこと――は報道機関の普段の行動と本質的に少しも変わらない。

そんな経緯を目のあたりにしていたので、私はアメリカのメディアから敵意を剝き出しにした批判にさらされることを覚悟していた。暴露がひとつにとどまらず、かつてないほど大がかりなものだと明らかになれば、批判も増すにちがいない。それに、伝統的なジャーナリズムとその主要メンバーに対し、私は常日頃きびしい批判を浴びせているわけで、彼らの敵意を引き寄せて当然だった。伝統的なメディア内に私の協力者はほとんどいない。いるのは、私が公の場で何度も容赦なく非難したジャーナリストだけだ。初めて訪れた絶好のこの機会を彼らが逃すはずもなく、ここぞとばかりに攻め込んでくるものと思っていた。しかし、いざ蓋を開けてみると、一週目のメディアの雰囲気はまるで仲良しクラブで、私が出演していないテレビ番組でもそれは変わらなかった。

香港に来てから五日目の木曜日、ホテルの部屋に行くなり、スノーデンが「少し心配なことがあるんです」と切り出した。長年の恋人と住んでいたハワイの自宅に設置したインターネット接続型の防犯装置が作動した、というのだ。送られてきた情報によると、NSAの職員ふたり――人事担当者とNSAの〝警察官〟――が彼を探しに家にやってきたとのことだった。

情報源がすでに特定されつつあるにちがいない、そうスノーデンは確信していた。が、私はそうは思わなかった。「もしすでに情報源を特定しているなら、捜査令状を持ったFBIの捜査員が大勢押し寄せるはずだ。きっと、SWATチームも一緒に。NSAの役人ひとりと人事の職員なんて組み合わせはおかしい」。私としては、無断欠勤を数週間続ける職員に対するマニュアル通りの訪問としか思えなかった。それでも、スノーデンは頑なに言い張った。マスコミの注意を惹かないように、あるいは証拠の隠蔽を阻止するために、あえてめだたないようにしているにちがいない、と。

真実がどちらにしろ、スノーデンの身元を明かす記事とビデオの準備をさらに急ピッチで進める必要があるのは明らかだった。私たちはみな固く心に誓っていた。今回の行動と動機について世界に向けて最初に語りかけるのは、スノーデン自身だということを。合衆国政府は、本人がいないあいだに、あるいは拘留されて話ができない状態のときに、スノーデンを悪者に仕立て上げようとするだろう。そんな合衆国政府の声が世界に届くまえに、スノーデンが自ら世界に語りかけるのだ。

計画ではあとふたつ記事を発表する予定だった。翌日の金曜日に一本、次いで土曜日にもう一本。そしてついに日曜日、スノーデン本人についての長尺記事をリリースする。記事には動画を組み込み、さらにユーウェンによる質疑応答形式のインタヴューも併載する。

ここ九二日、ローラは記事用の動画作成のため、最初に私がおこなったスノーデンへのインタヴュー映像を編集していた。ところが、発表するにはあまりに話が長くて細かく、断片的すぎるというのが彼女の結論で、もっと簡潔で的をしぼった内容で映像を撮り直すことになった。二十ほどの質問リストを彼女が書き上げると、私もいくつか質問を加えた。ローラがカメラをセットし、私たちに坐る位置を指示して、いざ撮影開始となった。

「ええっと、私の名前はエド・スノーデン――」今や有名になった映像はこのように始まる。「二十九歳です。〈ブーズ・アレン・ハミルトン〉のハワイ支社でNSAのためにインフラストラクチャー・アナリストとして働いています」

私の質問に、スノーデンは冷静で的確に、かつ論理的に答えていった。機密文書を公にしようと思った理由は？　自由をなげうってまで行動する意味とは？　最も重大な暴露は？　犯罪性のある文書の存在は？　あなた自身への影響は？

過剰な違法監視活動の例を挙げるとき、彼は生き生きと情熱的に語った。ただ、この行動の及ぼす影響について尋ねたときだけは、辛そうな表情を浮かべて言った。報復のために、政府が家族や恋人を標的にするかもしれない。少しでもその危険を減らすため、連絡は避けている、と。それでも、家族と恋人の安全を完全に保障することはできない。「そう考えると夜も眠れません。みんなに何か悪いことが起きたらどうしようと、ついつい思ってしまって」そう言った彼の眼には涙が浮かんでいた。スノーデンのそんな姿を見たのは、それが最初で最後だった。

ローラが動画を編集するあいだ、ユーウェンと私は残り二本の記事の最終確認を進めた。三本目の記事では、二〇一二年十月にオバマが署名した大統領指令のコピーを公表し、国防総省と関連機関に世界規模サイバー攻撃の準備を指示した事実を暴露した。記事は次のように始まる。

「〈ガーディアン〉が独自入手した機密大統領指令のコピーによると、国家安全保障および諜報担当の高官らに対し、国外向けサイバー攻撃における対象者候補のリストづくりを進めるよう、大統領から命令が下されていたことが判明」

予定通り翌土曜日に掲載された四本目の記事は、NSAのデータ追跡プログラム〝バウンドレス・インフォーマント〟に関するもので、アメリカの通信インフラを通過する数十億件のEメールと通話データをNSAが収集・分析・保存していたことを告発。また、連邦議会でのNSA高官の答弁が虚偽だった可能性についても問題提起した。国内の通信記録傍受の件数について上院議員から問われた際、NSAは〝そうしたデータは保持しておらず、また保持することもできないため、回答不能〟と主張していた。

〝バウンドレス・インフォーマント〟の記事が発表されたあと、ローラと私はスノーデンのホテルで落ち合うことになっていた。出発するまえにホテルのベッドに坐っていると、なぜか突然キンキナトゥスのことが頭をよぎった。半年前から匿名で連絡を寄こし、暗号システムPGPをインストールするように迫ってきた男だ。もしかすると、彼も重要な情報を持っており、私に何か伝えようとしていたのではないか？　名前を思い出すことができず、キーワード検索を使って半年前のメールをやっとのことで探し出し、返信してみた。

「いいお知らせがあります。しばらく時間がかかってしまいましたが、やっとPGPメールを使えるようになりました。もしまだ興味があるようでしたら、いつでもお話をお聞きします」とタイプし、送信ボタンを押した。

ホテルの部屋に到着するなり、スノーデンは明らかにからかうような口調で話しだした。「ところで、今さっきあなたがメールしたキンキナトゥス。あれ、ぼくですけど」

頭を整理するのにしばらくかかった。あの人物――何ヵ月もまえ、暗号化メールを使うよう必死に迫ってきたあの男――それがスノーデンだったのだ。彼と私の初めての接触は、一ヵ月前の五月ではなく、半年近くまえのことだったのだ。彼はローラに連絡するずっとまえ、誰よりもさきに私に接触しようとしていたのだった。

来る日も来る日も何時間も一緒に過ごすうちに、私たち三人は深い絆で結ばれていった。最初に会ったときのぎごちなさと緊張感は、すぐに協力、信頼、共通の目的に裏打ちされた関係へと変わっていった。私たちは手を取り合い、人生で最も重要な冒険へと乗り出したのだ。

〝バウンドレス・インフォーマント〟の一件が無事に終わると、それまで数日間なんとか保っていた比較的平穏な雰囲気が一変し、部屋はまた重い不安に包まれた。スノーデンの正体を明かすまで、二十四時間を切っていた。私たちにとって、とりわけスノーデンにとって、すべてが変わる時間が迫っていた。私たち三人はこの一週間、短いながらもあまりに濃密で豊かな時間を共有してきた。ついに、その時間が終わるときが来る。メンバーのひとり、スノーデンはもうすぐこのグループからいなくなる。もしかすると、長いあいだ刑務所に収容されるかもしれない。そんな気が滅入るような現実を眼のまえに、部屋にはじっとりと重苦しい空気が漂っていた。少なくとも、初めから私はそんな空気を感じていた。唯一スノーデンだけがいつも飄々としていた。彼は相変わらずブラックユーモアを繰り返したが、もう聞いているだけで辛くなるほどだった。

「グアンタナモ収容キャンプに行ったら、二段ベッドの下を希望します」今後の見通しについて話し合っている最中、スノーデンはそう冗談を言った。将来的に発表する記事の計画を立てているとき、彼はこんなことを言う。「それを発表したら逮捕確実でしょうね。逮捕されるのがぼくか、あなたかっていう差はあるとして」。スノーデンは常に驚くほど冷静だった。自らの自由が幕を下ろそうとしているそのときでさえ、いつもと同じように十時半に眠りについた。私自身は、落ち着かない気分のまま二時間ほど寝るのがやっとだったが、彼は毎日同じリズムで生活を送っていた。「じゃあ、そろそろ寝ます」と毎晩、彼は何気なく言う。それから七時間半ぐっすりと寝ると、翌日またすっきりした姿で眼のまえに現われた。

こんな状況下でなぜぐっすり寝られるのか訊いてみると、彼は答えた。自分の行動にやましいところはひとつもない。だから夜も平気で寝られる、と。「ふかふかの枕で寝られるのも、あと何日かしかないんですよね」と彼はふざけて言った。「だから最後くらいは愉しもうと思って」

香港時間の日曜午後、スノーデンの名を世界に知らしめる記事の発表に向け、ユーウェンと私は内容の最終調整、ローラは動画の編集を進めた。ニューヨークが朝を迎えると、チャットにサインインしてきたジャニーンに私は伝えた――この記事の取り扱いには慎重すぎるほどの注意が必要であることも、スノーデンの決断を世の中にしっかりと伝えたいという私の強い思いも。そのときまでに、私は〈ガーディアン〉のスタッフの編集能力と勇気に心から敬意を払うようになっていた。しかし、スノーデンを世界に紹介するこの記事だけは、どんな些細な変更でも私自身で最後まで責任を持ちたかった。

その日の午後遅く、ローラが部屋にやってきて、私とユーウェンに完成した動画を見せてくれた。私たち三人は無言で画面を見つめた。ビデオには無駄なところがなく、ローラの編集も見事だった。が、その動画自体が持つ凄みは、自分自身に語りかけるかのようなスノーデンのことばにあった。今回の行動に至った信念、情熱、固い決意について彼は鮮明に語った。自ら名乗り出て、自らの行動に対する責任を取るその勇気、隠れることも追われることも断固拒否するその態度は、無数の人々の心を打つことだろう。私はそう確信した。

　私がなにより願ったのは、スノーデンの恐れを知らぬ心を世界じゅうの人々に知ってもらうことだった。ここ十年ほど、合衆国政府は、無限の権力を誇示しようと躍起になってきた。戦争を仕掛け、司法手続き抜きに人々を拷問・拘留し、無人機《ドローン》の爆撃による違法な殺害を繰り返してきた。不正を知らせようと立ち上がる者もその攻撃から逃れることはできない。告発者はひどい仕打ちを受け、逮捕された。ジャーナリストたちは刑務所送りにすると脅迫された。楯突く者には巧妙に脅しをかけ、政府は自らが無限の権力——法律にも、倫理観にも、道徳観にも、憲法にも制約されない権力——を持つことを全世界に向けて誇示してきた。自分たちの政策を邪魔するやつらに対して、自分たちにはどういうことができて、どういうことをするつもりがあるかを。

　スノーデンは、そんな脅しに真っ向から戦いを挑んだのだ。勇気は伝播する。彼の行動に刺激を受け、多くの人々があとに続くことだろう。

　ついにそのときが来た。六月九日、日曜日、アメリカ東部時間の午後二時、スノーデンの正体を世界に知らせる記事が〈ガーディアン〉のホームページに掲載された。〝エドワード・スノーデン——ＮＳＡ監視活動の内部告発者〟。冒頭にはローラが編集した十二分の動画が組み込まれ、本文はこのように始まった。「アメリカの憲政史上最大級の内部告発を実行した人物、エドワード・スノーデン、二十九歳。CIAの元技術アシスタント、現在はNSAの業務請負い企業〈ブーズ・アレン・ハミルトン〉社に勤務」。スノーデンの経歴と動機を紹介するとともに記事はこう続く。「ダニエル・エルズバーグやブラッドリー・マニングと並び、スノーデンは合衆国史上最も影響力を持つ内部告発者としてその名を歴史に残すだろう」。私たちは記事の中で、スノーデンが最初にローラと私に送った声明から次の部分を引用した。「私は自分の行動によって、自分が苦しみを味わわざるをえないことを理解しています。これらの情報を公開することが、私の人生の終焉を意味していることも。しかし、愛するこの世界を支配している国家の秘密法、不適切な看過、抗えないほど強力な行政権といったものが、たった一瞬であれ白日の下にさらされるのであれば、それで満足です」

この記事と動画に対する反応はこれまで経験したことのないすさまじいものだった。エルズバーグ本人も翌日に〈ガーディアン〉に寄稿して、スノーデンを称えた。「エドワード・スノーデンのNSA文書の公表は、合衆国史上最も重要な意味を持つ告発だ――四十年前に私がリークした国防総省の機密報告書などよりはるかに」

発表後二、三日のあいだだけで、数十万人が〈フェイスブック〉で記事へのリンクをシェアした。スノーデンのインタヴュー映像の〈ユーチューブ〉での再生回数は三百万回近くにも及び、さらに多くの人々が〈ガーディアン〉のウェブサイトで同じ動画を視聴した。圧倒的に多かった反応は、スノーデンの勇敢さへの驚きと感動を伝えるものだった。

ローラ、スノーデン、私はホテルの部屋に集まり、記事への反応を一緒に見守った。同時に、私のほうは〈ガーディアン〉の広報戦略担当者ふたりと話して、月曜日の朝にどの情報番組のインタヴュー取材を受けるべきかを相談した。協議の末、放送開始時間の早い番組が当日の方向性に影響を与える可能性が高いと踏み、〈MSNBC〉の『モーニング・ジョー』、〈NBC〉の『トゥデイ』の順にインタヴューを受けることに決めた。

しかし、スタジオ入りするずっとまえの朝五時――スノーデンの記事を発表したわずか数時間後――の電話で状況が一変する。電話の相手は私の古くからの読者で、ここ一週間、定期的に連絡を取り合ってきた香港在住の人物だった。早朝の電話で彼は言った――今にも、世界じゅうが香港にいるスノーデンを探し出そうとする。今すぐ彼に、広い人脈を持つ香港の弁護士をつけるべきだ。すでに人権派の敏腕弁護士ふたりに声をかけ、彼らも代理人となる準備を進めている。今すぐ三人できみのホテルに行ってもいいだろうか。

私たちは朝八時ごろに会うことを約束した。それから私はなんとか眠りについたが、約束の一時間前の七時に彼からまた電話がかかってきた。

「もう到着したよ」と彼は言った。「ホテルのロビーにいる。弁護士ふたりも一緒だ。ロビーはカメラや記者たちでいっぱいだ。マスコミがスノーデンのホテルを探しまわってる。見つかるのも時間の問題だよ。弁護士たちの話だと、マスコミに見つかるまえにスノーデンと面会しなきゃいけないそうだ」

寝ぼけたまま近くにあった服を急いで着て、よろめきながら戸口へ向かった。ドアを開けるなり、私の顔めがけてカメラのフラッシュが一斉に焚かれた。ホテルのスタッフに金を払い、部屋番号を聞き出したのだろう。女性ふたりが香港在住の〈ウォール・ストリート・ジャーナル〉の記者だと名乗った。大きなカメラを持ったカメラマンを含め、残りは〈AP通信〉の記者たちだった。

エレヴェーターに向かって歩いていくと、彼らは半円状に私を取り囲みながら、早口で質問をまくし立てた。エレヴェーターの中にまではいり込んできて、さらに次から次へと質問を続けた。どの質問にも、私は短くぶっきらぼうにしか答えなかった。

ロビーに降りると、カメラマンと記者の新たな大群が加わってきた。そんな中、知り合いの読者と弁護士をなんとか見つけようとした。が、行く手を阻まれ、一歩まえに進むこともままならなかった。

このマスコミの大群が私をずっと追いかけてきたら、弁護士がスノーデンのところにたどり着けなくなる。それだけが心配だった。記者たちをなんとか追い払おうと、私はそのままロビーで緊急記者会見を開いて質問に答えることにした。およそ十五分後、報道関係者の多くがロビーからいなくなった。

そのとき、運のいいことにジル・フィリップスとロビーで出くわした。彼女は〈ガーディアン〉の主任弁護士で、オーストラリアからロンドンに行く途中に香港に寄り、ユーウェンと私の法的サポートをしてくれることになっていた。彼女は言った。〈ガーディアン〉はあらゆる手を尽くしてスノーデンを保護する。アランはできるかぎりの法的サポートを提供すると約束してくれた、と。さらに話を詰めたいところだったが、ロビーにはまだ記者が数人残っており、そこで話すのは危険だった。

その後、やっとのことで私は知り合いの読者を見つけ、彼が連れてきてくれたふたりの弁護士にも会うことができた。誰にも話を聞かれない場所を求めて、私たちはジルの部屋へと向かった。記者がまだ何人かついてきたが、彼らの眼のまえでドアを閉めて追い払った。

私たちはすぐに本題にはいった。ふたりの弁護士は、早急にスノーデンと直接話し合うことを望んだ。代理人として彼のために行動するにも、まずは本人からの正式な依頼を取りつけなくてはいけない。

ジルは自分のスマートフォンを使って、ふたりの弁護士についてできるかぎりの調査をしようとしていた。さきほど出会ったばかりの弁護士に、スノーデンのことを任せてしまって大丈夫だろうか？　結果、ふたりは香港でも著名な弁護士であることがわかった。人権と難民問題の専門家で、香港当局とも政治的なパイプを持っているようだった。ジルが弁護士としての緊急調査をしているあいだ、私はチャット・プログラムにサインインした。ちょうど、ローラとスノーデンもサインインしていた。

スノーデンのホテルの部屋にいたローラは、マスコミがこの部屋にたどりつくのも時間の問題だと確信していた。もちろん、スノーデンも部屋を離れたがっていた。ふたりの弁護士が代理人を務めるために待機していることを伝えると、スノーデンは言った。すぐにでも部屋に来て、安全な場所に連れていってほしい。「計画は次の段階にはいりました。全世界に、保護と正義を求める段階に」と。

「でも、記者たちに見つからないようにホテルを抜け出さなきゃいけない」とスノーデンは言った。「見つかったら、どこまでもついてくるでしょうから」

私は彼の心配を弁護士たちに伝えた。すると、弁護士のひとりが訊いた。「どうやったらうまく抜け出せるか、彼に何かアイディアは？」

私は質問をスノーデンに伝えた。

「今、外見を変えようとしています」すでに脱出の方法をいろいろと模索していたらしい。「これで、誰にもばれないと思いますよ」

その時点で私は、弁護士たちとスノーデンが直接話すべきだと感じた。弁護士を雇うには、まずスノーデンが形式的な文言を読み上げる必要があった。私がその文章を送ると、彼は同じことばをタイプして返信してきた。それから弁護士ふたりがチャットを引き継ぎ、スノーデンと話を始めた。

十分後、弁護士が宣した。ただちにホテルでスノーデンと落ち合って、気づかれないように別の場所に移動する。

「そのあとはどうするつもりなんですか？」と私は尋ねた。

おそらくは香港の国連施設に保護を求めることになる、と弁護士は言った。亡命者として、合衆国政府からの保護を正式に国連に申請する。あるいは、〝隠れ家〟を用意する可能性もある、と。

尾行されずに弁護士ふたりをホテルからどうやって脱出させるか？　私たちは作戦を練った。まず、私とジルが一緒に部屋を出て、ドアのまえで待つ報道陣を引き連れて階下のロビーに行く。何分か待ってから、弁護士ふたりがホテルを出る。うまくすれば、尾《つ》けられずに脱出できるだろう。

その作戦は成功した。ホテル併設のモールでジルと三十分ほど時間をつぶしてから、私は階上の部屋に戻り、弁護士のひとりの携帯電話に恐る恐る電話をしてみた。

「報道陣が廊下に押し寄せてくる直前にスノーデンは自分の部屋から逃げ出すことができた」と彼は言った。「彼とはホテル内の別の場所で会うことができたよ」——あとで知ったところによれば、私たちがスノーデンと初めて会ったワニの置物がある部屋のまえだった——「それから、ホテル内の橋を渡って隣のモールに移動し、待たせてあった車に乗り込んだ。大丈夫、彼も一緒だ」

スノーデンを連れてどこに行くのか？

「電話では話さないほうがいい」と弁護士は答えた。「安心してくれ、今のところ、彼は安全だから」

スノーデンの無事を確かめ、私はほっと胸を撫でおろした。ただ、もう彼と会うことも話すこともできなくなるかもしれなかった。その可能性は低くない。少なくとも、自由の身のスノーデンと会うことはむずかしいかもしれない。次に彼の姿を見るのはテレビ画面の中、というのが最もありえそうな話に思えた——オレンジ色の囚人服を着て、手錠をかけられたスノーデンがアメリカの法廷に現われ、スパイ行為の罪状認否に臨む。

頭を整理していると、誰かがドアをノックした。やってきたのはホテルの総支配人で、彼の話によれば、私の部屋への電話が殺到しているとのことだった（フロントにはどんな電話もつながないよう指示してあった）。さらに、大勢の記者やカメラマンがロビーに詰めかけており、私の登場を待っているとのことだった。

「もしよければ」と総支配人は言った。「業務用エレヴェーターを使って、誰にも見つからないように裏口までお連れできます。〈ガーディアン〉の弁護士がすでにほかのホテルの予約をしているそうです。その弁護士の名で。ご希望でしたらご案内します」

〝ホテル支配人語〟を翻訳してみた――「これ以上の騒ぎはごめんだから、出ていってくれ」。いずれにしろ、私のほうもホテルを替えたほうがいいと思っていた。雑音に邪魔されずに仕事を続けたかったし、スノーデンとも連絡を取りつづけたかった。私はすぐに荷物をまとめ、支配人に連れられて裏口から出ると、ユーウェンが待つ車に乗り込み、別のホテルに〈ガーディアン〉の弁護士の名前を使ってチェックインした。

部屋に到着するとすぐにインターネットに接続し、スノーデンから連絡が来ることを願った。数分後、彼のコンピューターがオンラインになった。

「ぼくは大丈夫です」と彼は言った。「今は隠れ家みたいなところにいます。でも、ここがどれくらい安全なのか、どれくらいここに留まることになるのかはまったくわかりません。きっと場所を転々としなくてはいけないし、インターネットの接続も不安定なので、どれくらいの頻度でいつ接続できるかも不明です」

スノーデンは居場所についてくわしく語ろうとはしなかったし、私としても聞きたくなかった。潜伏について、私が手助けできることはほとんどない。彼は今や、世界一の力を誇る政府に追われる世界一有名な逃亡者なのだ。合衆国政府はすでに、香港当局にスノーデンの逮捕と身柄引き渡しを要求していた。

そんな状況下での私たちの会話は短く曖昧なものにならざるをえなかった。できるかぎり連絡を取り合おうと約束し、私はくれぐれも身の安全に気をつけるように言った。

やっとのことでスタジオ入りし、『モーニング・ジョー』と『トゥデイ』のインタヴューを受けると、質問の趣旨が昨日までと大きく変わったのが即座にわかった。司会者たちの興味は記者の私ではなくスノーデン本人に移り、香港のどこかに身を隠す彼を攻撃するようになっていた。多くのアメリカ人ジャーナリストが、政府の僕《しもべ》としてのいつもの役割をふたたび演じはじめたのだ。NSAの重大な職権濫用を暴くという昨日までの話はどこかに消え去り、ひとりのアメリカ人青年が政府機関での任務を裏切り、罪を犯して中国に逃亡したという話に変わってしまっていた。

両番組の司会者、ミカ・ブレジンスキーとサヴァンナ・ガスリーとのインタヴューはどちらも辛辣なやりとりの応酬になった。ほとんど寝ていない日が一週間以上も続いており、彼女たちの質問に含まれたスノーデンへの批判に耐える力はもはや私には残っていなかった。ジャーナリストたるもの、スノーデンを称えるべきではないのか。ここ何年ものあいだで、公安国家たるアメリカにこれほどの透明性をもたらした人物は彼以外にいない。そんな男をなぜ悪者のように扱うのか。私には不思議でならなかった。

インタヴュー三昧の数日をこなすと、そろそろ香港を離れるときが来たことを悟った。もはやスノーデンに会うことも、彼の香港脱出を手伝うことも不可能だったし、私自身、肉体的にも、精神的にも、心理的にもぼろぼろになっていた。とにもかくにもリオデジャネイロに帰りたかった。

リオに戻る途中、ニューヨークに一日だけ立ち寄ろうかとも思った。マスコミのインタヴューを受け、最後にできるかぎりの主張をしてから帰るのもいいかもしれない。しかし、政府の対応がわかるまでは法的リスクを冒さないほうがいい、と弁護士に反対された。「あなたはアメリカの安全保障を揺るがす史上最大のリークを成し遂げ、連日テレビに出てきわめて挑戦的なメッセージを世界に発信しつづけた」と弁護士は言った。「アメリカに行くのは、司法省の対応がどうなるか、その感触がわかってからにするのが賢明だ」

私はそうは思わなかった。今メディアで話題の中心にいるジャーナリスト本人をオバマ政権が逮捕するなど、およそ考えられないことだ。とはいえ、私にはもう反論する気力も、リスクを冒す気力も残っていなかった。すぐに〈ガーディアン〉に頼み、アメリカとはほど遠いルート――ドバイ経由リオ行きのチケットを取ってもらい、自分に言い聞かせた――現時点でできるかぎりのことはやったはずだ、と。

第三章　すべてを収集する

エドワード・スノーデンが収集したファイルは、その量も範囲も驚くべきものだった。私は記者として長年にわたり、合衆国政府による秘密裏の監視行為の危険性について記事を書きつづけてきたが、そんな私にとっても、新たに明らかになった監視システムのすさまじい規模には、ただただ衝撃を受けるばかりだった。さらに、いかなる説明責任も、透明性も、制限もない状況で実行されてきたのは明らかで、衝撃はさらに増した。

スノーデンのリークによって詳《つまび》らかにされた幾千の監視プログラムはどれも、世間に公表することなど初めから想定されてはいなかった。また、これまで述べてきたように、計画の多くはアメリカ国民を対象とするものだが、言うまでもなく、世界の何十もの国々も大規模な無差別監視の標的とされ、一般的にアメリカの友好国とみなされる民主国家――フランス、ブラジル、インド、ドイツなど――さえ諜報対象国に含まれていた。

スノーデンのファイルは理路整然と整理されていたものの、量も複雑さも尋常なものではなく、内容の精査は一筋縄ではいかなかった。機密文書は数万に及び、NSAという巨大組織内のありとあらゆる部署・部門によって個別に作成された書類のほか、同盟国の諜報機関による文書も含まれていた。どれも驚くほど最近の書類で、多くが二〇一一年から二〇一二年に作成されたものだった。二〇一三年の文書も多く、香港でスノーデンに会うわずか二ヵ月前の三月や四月に作成されたドキュメントまで収められていた。

大多数は〝機密〟扱い文書で、その多くは〝ＦＶＥＹ〟、すなわちＮＳＡと最も密接な関係にあり、英語を話す諜報同盟国〝ファイヴ・アイズ〟を組織するイギリス、カナダ、オーストラリア、ニュージーランドのみに配布が許可されている。さらに機密性の高い文書はアメリカ国内だけの配布にかぎられ、〝ＮＯＦＯＲＮ〟と明記される（〝国外配布禁止《ノー・フォーリン・ディストリビューション》〟の略）。中でも、電話の通信履歴収集を許可する外国諜報活動監視裁判所の命令書や、サイバー攻撃の準備を指示するオバマの大統領指令などは、合衆国政府が最も厳重に管理する最高機密だった。

さらに、ファイル内の文書を解読するのが容易な作業ではなかった。ＮＳＡは局内及び関係機関と独特の言語でコミュニケーションを取っており、そのことばづかいはいかにも官僚的で堅苦しく、ときに威圧的で辛辣ですらあった。不気味な略称やコードネームが並ぶ高度な技術文書などは、ほかの文書にさきに眼を通さないと理解できないことが多かった。そうした問題をスノーデンは見越して、略称やプログラム名の用語集、ＮＳＡ専門用語の辞書を用意していたが、それでも、一度や二度、さらには三度読んでも理解できないこともあれば、ほかの文書の別パートと照らし合わせて初めて重要性が浮き彫りになることもあった。また、各分野における世界屈指の専門家たち（監視活動、暗号化、ハッキング、ＮＳＡ史、合衆国のスパイ活動を律する法的枠組みなど）に相談して、やっと意味が理解できることもあった。

さらに作業を複雑にしたのは、山のような文書がテーマごとではなく、作成した部署ごとに分類され、その他の高度な技術文書や、参考にならない大量の書類と一緒くたにされていることだった。そうした問題を解決するため、〈ガーディアン〉はキーワードで各ファイルを串刺し検索できるプログラムを考案した――大いに助かりはしたが、完璧とはとても言えないプログラムだったので、スノーデンのファイルの全容を理解するプロセスは苦痛を覚えるほど遅く、いくつかの用語やプログラムについては、まちがいなく一貫したかたちで明らかにするまでにはさらなる調査を要した。

それでも、合衆国政府が複雑かつさまざまな戦略と目標を掲げ、アメリカ国民に対する諜報活動（これはNSAの任務から大きく逸脱する）をおこなっていた事実にまちがいはなかった。さらに、多種多様な通信インフラが傍受されていた事実も明らかになった――インターネット・サーバー、衛星通信、海底光ファイバーケーブル、国内外の電話システム、パソコン。そんな侵略的スパイ活動のターゲットとなるのは、犯罪容疑者やテロ容疑者だけでなく、民主的に選出された同盟国のリーダーや一般のアメリカ国民にまで及んでいた。このことがNSAの戦略と目的の中身をなにより如実に語っている。

スノーデンは、重要かつ決定的な文書のいくつかをファイルの最初に置いていた――これらのドキュメントは、NSAによる監視活動の異常ぶりを証明するだけでなく、彼らの欺瞞《ぎまん》、さらには犯罪性を暴露する特に重要なものだった。そんな最初の暴露のひとつが〝バウンドレス・インフォーマント〟プログラムで、NSAが日常的に世界じゅうのメールと通話データを収集・定量化していたことを示していた。

スノーデンがこの文書にとりわけ注目したのは、ただ単にNSAが数十億件ものメールや通話データを収集・保管・定量化していたからというだけではない。この文書は、NSA長官キー

〈文書1〉

ス・アレキサンダーら高官たちが連邦議会で嘘の証言をしたまぎれもない証拠だからだ。彼らは何年にもわたって主張しつづけてきた——バウンドレス・インフォーマントで収集できる正確なデータ件数を把握することはできない、と。

たとえば二〇一三年三月八日から一ヵ月間、バウンドレス・インフォーマントが何件の通信記録を傍受したかを示すのが上の地図だ。これを見れば、NSAのある一部署が、アメリカ国内の通信システム内を通過する三十億件のメールと通話データを収集したことがわかる（DNRは電話による通信、DNIはメールなどのインターネット通信を示す）。その数はロシアやメキシコ、あるいは全ヨーロッパのシステムからの収集件数を上まわり、中国から得たデータ数とほぼ同じ数だ。たった三十日のあいだに、世界じゅうから収集した件数はメール九百七十億件以上、通話千二百四十億件以上に及ぶ。ほかのバウンドレス・インフォーマントの文書にはその内訳も示されている。ドイツ五億件、ブラジル二十三億件、インド百三十五億件。さらに別のファイルにはそれぞれの外国政府の協力によって得たデータの数も記されている——フランス七千万件、スペイン六千万件、イタリア四千七百万件、オランダ百八十万件、ノルウェー三千三百万件、デンマーク二千三百万件。

NSAは、外国の情報に集中すると法的に定義していたはずなのに、この資料が証明するのは、外国の通信システム利用者のみならず、アメリカ国民も同様にNSAの監視活動の重要なターゲットに指定されていた事実だ。その一番の証拠となるのが、二〇一三年四月二十五日に発行された外国諜報活動監視裁判所の命令書で、〈ベライゾンビジネス〉に対してアメリカ人顧客の通話の全情報――〝電話メタデータ〟――をNSAに提出するよう命じるものである。〝NOFORN〟に分類された命令書の内容はシンプルであり、絶対的だった。

〈文書2〉

ここに以下の通り命じる。この命令の送達から有効期間中、記録の保管者は国家安全保障局(NSA)に対し、裁判所から中止命令がない限り毎日継続的に以下の具体的情報の電子コピーを提出しなければならない。ベライゾン社が保持する(1)アメリカ合衆国と国外間、又は(2)近距離通話を含む全ての国内通話に係る、通信の詳細な通話記録又は〝電話メタデータ〟。電話メタデータとは以下の情報を含むものとする。包括的な通信ルーティング情報(発信・着信電話番号、国際移動電話加入者識別番号[IMSI]、国際移動体装置識別番号[IMEI]等のセッション識別情報を含むがこれに限定されない)、トランク識別子、カード番号、発信日時及び通話時間。

この通話記録の大量収集プログラムは、スノーデンの暴露の中でも最も重要な位置を占めるものにまちがいない。が、一連のファイルにはほかにもさまざまな秘密監視プログラムの詳細が詰まっていた。大規模なものでは、世界の最大手インターネット企業各社のサーバーから情報を直接収集するＰＲＩＳＭプログラム。ＮＳＡが英国におけるカウンターパートたる政府通信本部《ＧＣＨＱ》と共同で取り組んだプロジェクト〝ＢＵＬＬＲＵＮ《ブルラン》〟は、オンライン取引の保護に使われる一般的な暗号化通信を解読するためのプログラムだ。いくつもの小規模プロジェクトの存在も明らかになったが、その計画名はどれも彼らの思い上がった傲慢な態度を映し出している。たとえば、〝ＥＧＯＴＩＳＴＩＣＡＬＧＩＲＡＦＦＥ《エゴティスティカル・ジラフ》（訳注 〝利己的なキリン〟の意味）〟は、より高い匿名性が特色のＴｏｒブラウザー通信を解読するシステム開発計画で、〝ＭＵＳＣＵＬＡＲ《マスキュラー》（訳注 〝筋骨隆々〟の意味）〟は、〈グーグル〉と〈ヤフー〉のプライヴェート・ネットワークに侵入し、カナダの諜報機関が開発した〝ＯＬＹＭＰＩＡ《オリンピア》〟は、ブラジル鉱業・エネルギー省の通信を監視するためのシステムだった。

表面上はテロ容疑者の監視に特化された計画もあったが、プログラムの多くは国家安全保障とはなんら関係のないものばかりだった。暴露された一連の文書を見るかぎり、ＮＳＡが経済・外交スパイ活動にも関ってきたこと、さらには全国民を対象とした〝容疑なき監視活動〟をおこなってきたことに、もはや疑いの余地はない。

総合的に考えると、スノーデンのもたらした文書の数々は、最終的にひとつの単純明快な結論に私たちを導いてくれる。合衆国政府は、世界じゅうの電子通信プライヴァシーを完全に取り除くことを最終目標とするシステムを構築したということだ。

全世界の人々のあいだで交わされる電子通信のすべてを収集・保管・監視・分析できるようにする――それこそが監視国家アメリカの文字どおり明確な目的であり、ＮＳＡはいかなる電子通信も絶対に逃さないことを最重要使命に掲げている。

そうした使命はＮＳＡに、際限なくその触手を伸ばしつづけることを強いる。収集・保管に失敗した電子通信を割り出しては、その欠陥を補う新しい技術や方法の発見に日々取り組んでいる。個々の電子情報を収集するための正当な理由や、特定の人物に容疑をかける具体的な根拠など必要ないのだ。ＮＳＡの〝信号諜報《シギント》〟では、すべての信号情報《シグナルズ・インテリジェンス》がターゲットなのだ。加えて、そうした情報収集能力を獲得したこと自体が、自分たちの活動を正当化する新たな理由になっている。

国防総省所属の軍部直轄組織であるＮＳＡは世界最大の諜報機関のひとつであり、活動の多くはファイヴ・アイズ同盟国と連携しておこなわれる。二〇一三年六月のスノーデンによる最初のリーク以降、そんなＮＳＡの監視活動に対する議論は徐々に過熱していった。そのＮＳＡを九年前から長官として指揮しているのが陸軍大将キース・Ｂ・アレキサンダーで、就任以来ずっと彼は組織の規模と影響力の拡大を積極的に図ってきた。そうしてアレキサンダーは――ジャーナリストのジェームズ・バムフォードのことばを借りるなら――〝アメリカ諜報史上最強の長官〟になった。

「九年前、ＮＳＡはすでに大規模なデータ収集をおこなっていた」と外交専門誌〈フォーリン・ポリシー〉の記者シェーン・ハリスは言う。「しかし、アレキサンダーが就任して以来、その規模、活動範囲、使命達成への野心は、前任者たちの想像をはるかに超えて拡大していった。合衆国政府の一機関が、これほど大量の電子情報を収集・保管する能力、法的権限を持ったことはいまだかつて一度もなかった」。アレキサンダーに仕えた元政府高官は次のように証言したという。

「アレキサンダーの戦略はただひとつ――〝すべてのデータを収集しなければいけない〟というものだった」。ハリスはこう締めくくる。「彼はその一点にひたすらこだわり続けた」

アレキサンダー個人の信条〝すべてを収集する《コレクト・イット・オール》〟は、NSAの中心的な目的を見事に表現するものだ。二〇〇三年、彼はその信条のもとに、イラク占領時の信号情報収集を断行した。二〇一三年の〈ワシントン・ポスト〉の報道によると、イラク占領時、アレキサンダーはアメリカの軍事諜報活動にことさら不満を募らせていたという。当時は疑わしい武装勢力やアメリカへの脅威に集中した諜報活動がおこなわれていたが、彼にしてみればそんな方法は生半可すぎた。「アレキサンダーはすべてを欲しがった――全イラク国民の携帯メール、通話、Eメールなど、NSAの強力なコンピューターで吸い上げることができる情報のすべてを」。かくして政府はあらゆる技術を駆使し、全イラク国民の通信データを無差別に収集することを決める。

アレキサンダーは、戦闘地域の外国向けにつくられたこのユビキタス監視システムを、アメリカ国民の監視に導入できないかと考えるようになる。〈ワシントン・ポスト〉の記事は次のように続く。「イラクでの活動同様、アレキサンダーはあらゆるものを手に入れようと奔走した――技術、資金、国内外の生の通信情報を大量収集・保管するための法的権限。アメリカの電子諜報機関の長となってから八年、六十一歳になったアレキサンダーはただ黙々と革命の指揮を執った。それは、安全保障という名のもとに、あらゆる情報をすくい上げるための政府の能力を飛躍的に向上させる革命だった」

監視活動における過激派としてのアレキサンダーの評判については、これまでもたびたび報道されてきた。前述の〈フォーリン・ポリシー〉の記事では、彼を〝NSAのカウボーイ〟と揶揄し、「究極のスパイマシンをつくることに傾倒する、違法すれすれの起動装置」と表現した。同誌によると、ブッシュ時代のCIAおよびNSA元長官の空軍大将マイケル・ヘイデン――ブッシュ政権下での捜査令状なしの違法盗聴計画を指揮し、過激な軍国主義の信奉者として悪名高い――もアレキサンダーの無制限のアプローチには激しく〝嫉妬〟したという。また、元情報高官のひとりは、アレキサンダーの性格を「結果を出すためなら、法律無視も厭わない男」と描写する。〈ワシントン・ポスト〉も同様にこう指摘する。「アレキサンダーの攻撃的な行動は、ときに法的権限の外縁ぎりぎりまで行ってしまう――それは彼の擁護者すら認めるところだ」

スノーデンの文書には、アレキサンダーの口から実際に飛び出した過激な発言の数々が記録されていた。たとえば、二〇〇八年にイギリスのGCHQを訪れた際、彼はこう発言したという。「すべての信号情報をいつでも集められるようにすればいいじゃないか」。そういった発言はすべて、報道官によってうやむやにされた。ただの軽いジョークであり、前後関係を無視して一部が抜き出されただけだ、と。しかし、彼がジョークを言っていたわけではないことがNSA自身の文書からわかる。二〇一一年、ファイヴ・アイズ年次総会で使われた機密プレゼンテーション資料を見ると、アレキサンダーの〝すべてを収集する〟という信条が、NSAの根幹的な目的として組み込まれたことがわかる（次頁参照）。

次に示すのは、コードネーム〝TARMAC〟と名づけられた衛星通信傍受の計画について二〇一〇年にGCHQが作成し、ファイヴ・アイズ年次総会で使われた資料だ。これを見ると、イギリスの諜報機関もまた、アメリカと同じ〝すべてを収集する〟というフレーズを使ってその使

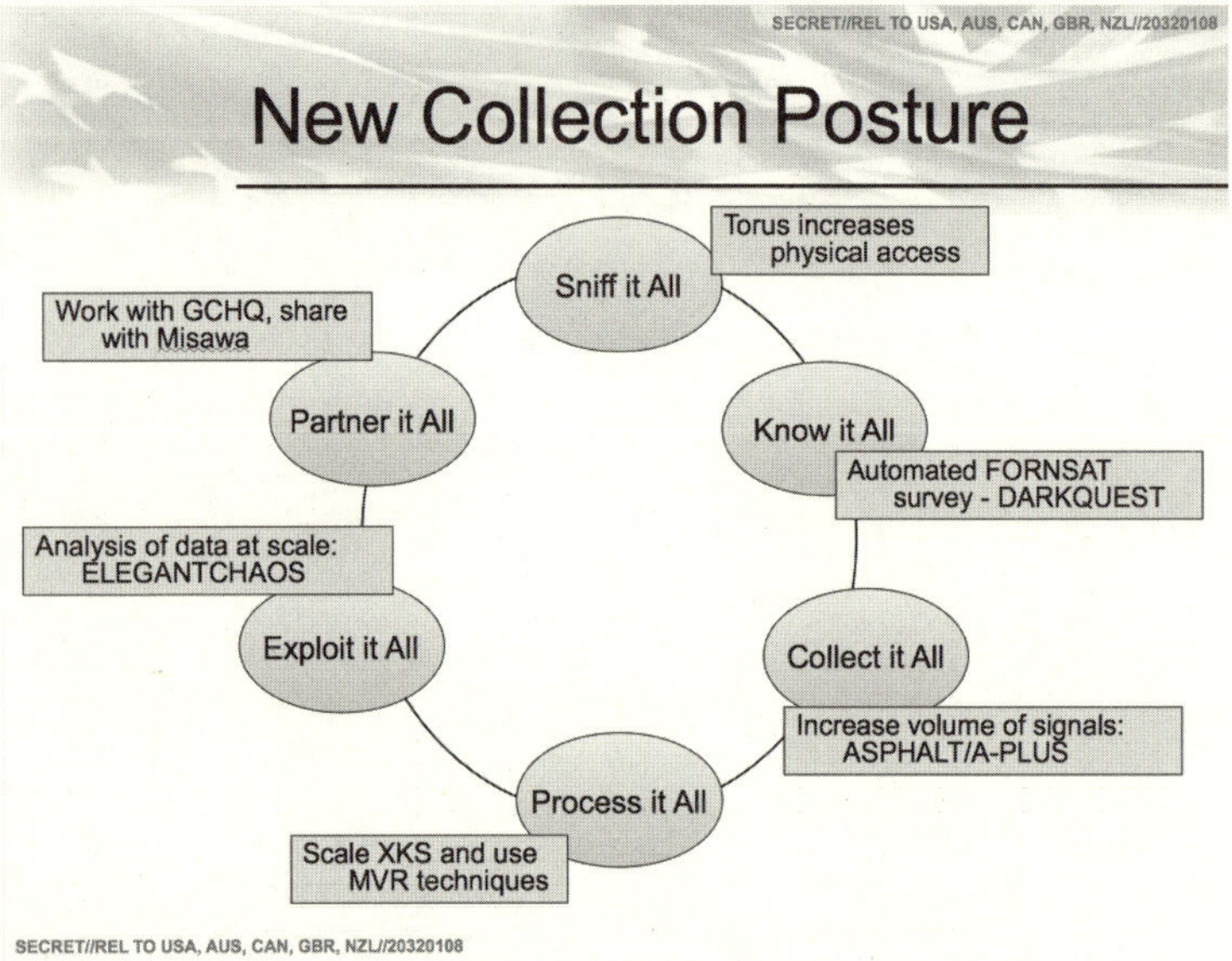
SECRET//REL TO USA, AUS, CAN, GBR, NZL//20320108
New Collection Posture
Sniff it All
Torus increases physical access
Know it All
Automated FORNSAT survey - DARKQUEST
Collect it All
Increase volume of signals: ASPHALT/A-PLUS
Process it All
Scale XKS and use MVR techniques
Exploit it All
Analysis of data at scale: ELEGANTCHAOS
Partner it All
Work with GCHQ, share with Misawa
SECRET//REL TO USA, AUS, CAN, GBR, NZL//20320108

〈文書３〉極秘//配布先：アメリカ、オーストラリア、カナダ、イギリス、ニュージーランド//20320108
(中央上から時計回りに)
「すべてを疑う」範囲を広げて物理的アクセスを増加
「すべてを知る」FORNSAT（衛星）を使用した自動調査システム〝DARKQUEST〟
「すべてを収集する」ASPHALT/A-PLUS を使用して信号情報の収集量を増加
「すべてを処理する」XKeyscore で傍受、MVR（大量データ抽出）技術を使用
「すべてを利用する」ELEGANTCHAOS を利用して大量データ分析
「すべてをパートナーにする」GCHQ と協力。三沢の諜報施設と情報共有
[信号開発会議2011]

命を説明していることがわかる。

〈文書４〉

（機密//通信情報//配布先：アメリカ、ファイヴ・アイズ）

なぜTARMACが必要なのか？

・MHS（訳注　メンウィズ・ヒル英国空軍基地の略称。NSAとGCHQによって人工衛星の地上局として利用されている）ではFORNSATを使用したミッションが増加

——SHARED VISIONミッション

——信号情報（高度の信号収集）

ASPHALT（〝すべてを収集する〟概念実証システム）

［信号開発会議2010］

NSA内部での日々のやりとりでも、組織の能力拡大を正当化するための〝すべてを収集する〟というスローガンがたえず引き合いに出されている。たとえば、二〇〇九年にNSAミッション運用技術責任者が書いたメモでは、日本の三沢にある諜報施設における運用能力の向上を次のように誉め称えている。

〈文書5〉

今後の展望（非機密）

（機密//特別情報//配布先変更なし）将来的に、MSOC（訳注「三沢安全保障作戦センター」のこと）ではWORDGOPHERプラットフォームの数を増加し、多数の低レート搬送波を復調できるようにする。

……これらのターゲットは、ソフトウェアによる復調に向くことが理想とされる。加えて、MSOCは衛星で感知した瞬間に信号を自動的にスキャン・復調する機能を開発。われわれの計画は〝すべてを収集する〟というスローガンにまた一歩近づき、今後もさらなる進歩が期待される。

〝すべてを収集する〟はもはや思いつきのフレーズではなく、NSAの理想像の新たな定義となり、組織全体がその目標に着実に近づきつつある。NSAが日常的に収集する通話、メール、オ

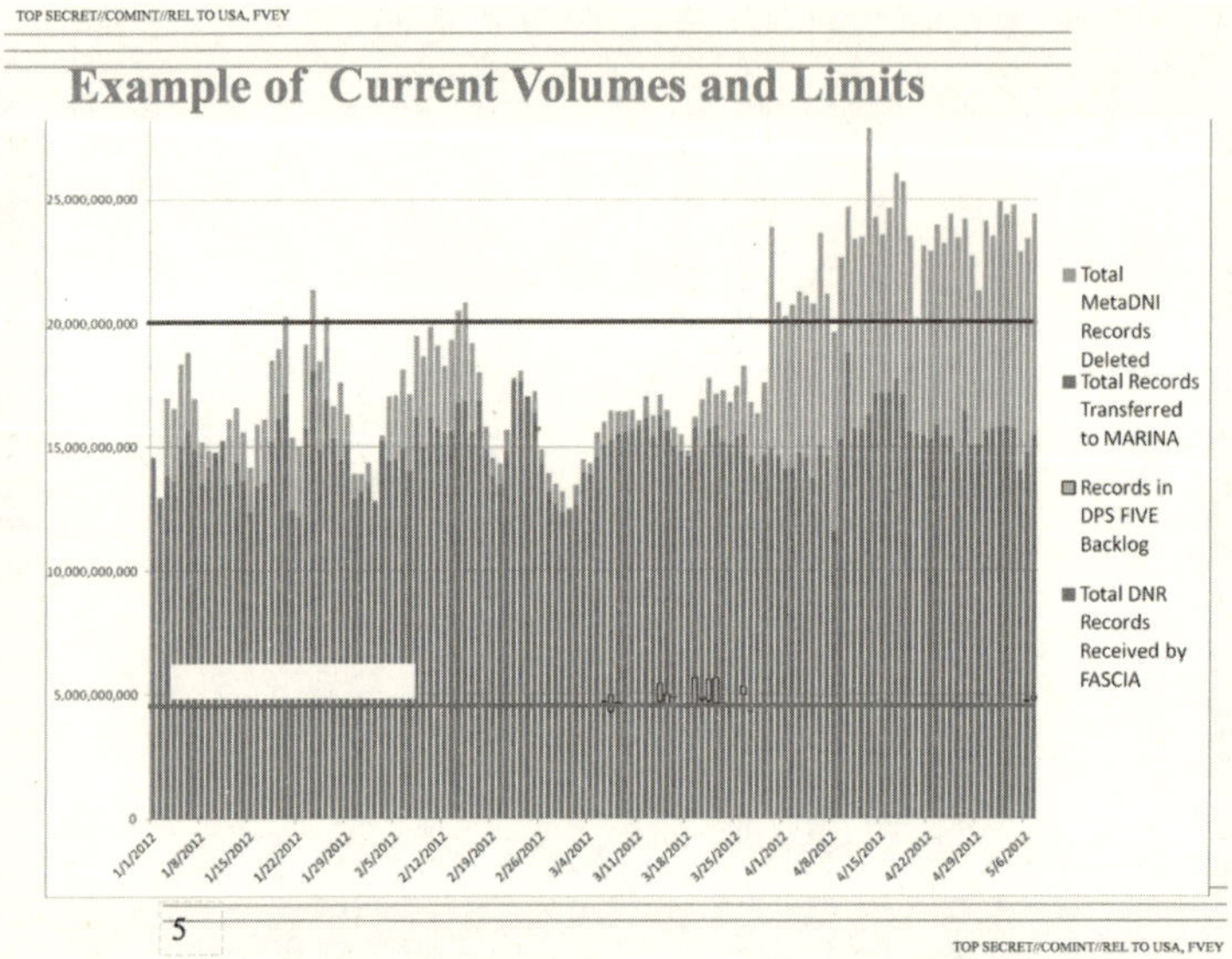

〈文書6〉 1日当たりのデータ収集件数

ンラインチャット、その他のオンライン活動、そして電話メタデータは膨大な量にのぼる。事実、二〇一二年の文書にも「(NSAは)日々の分析に必要な量をはるかに上回るデータを収集している」と書かれており、ほかの文書にも同様の言及が散見される。二〇一二年の半ば、NSAは毎日世界じゅうの通信記録(インターネットによるものも電話によるものも)を二百億件以上調査していた。

　ここで、一日に収集されるデータの量に注目してみたい。NSAは、一日に接続・転送・消去した世界じゅうの通信記録を定量化して記録している。傍受するのは、″DNR″(電話番号認識)と呼ばれる電話通話と、″DNI″(デジタル・ネットワーク・インテリジェンス)と呼ばれる、メールやチャットなどのインターネット通信の両方で、二〇一二年半ば

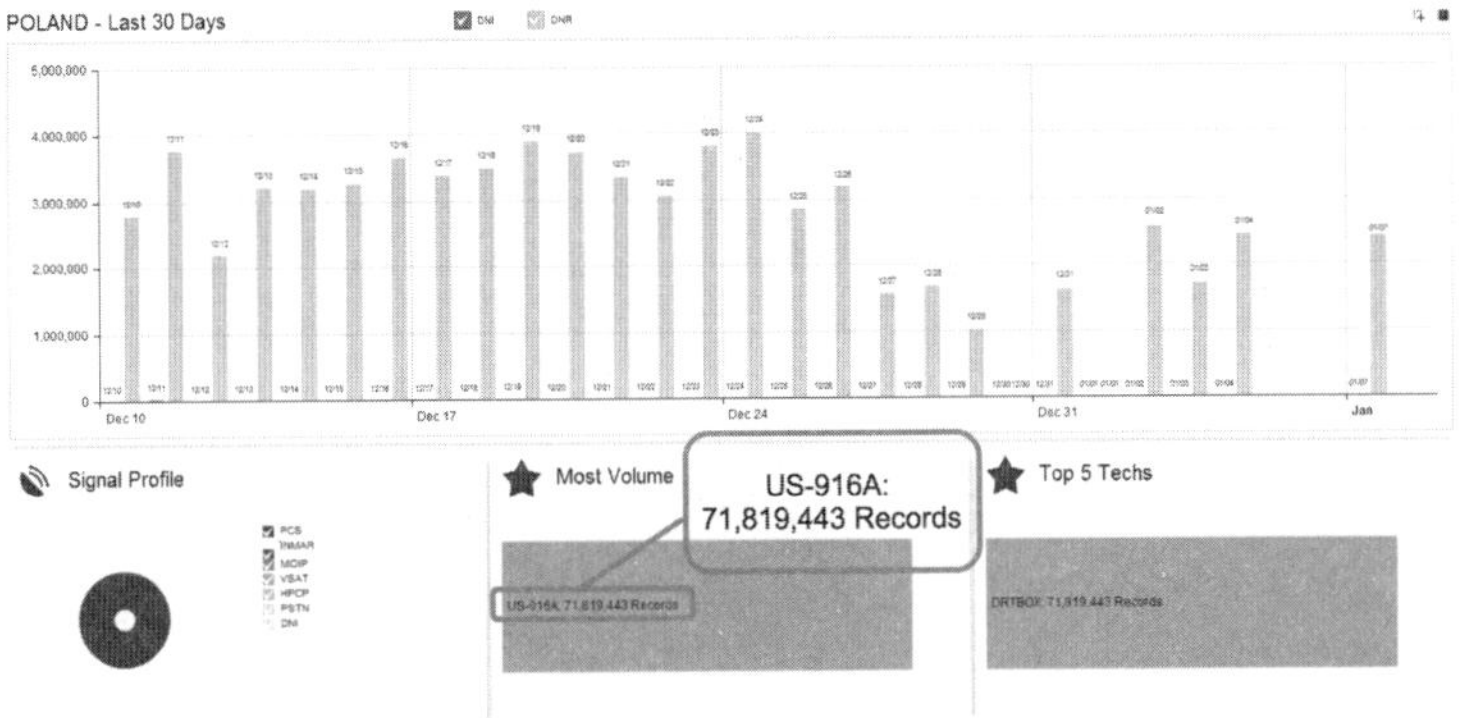

〈文書７〉バウンドレス・インフォーマント分析結果（ポーランドでの傍受件数グラフ）：ある年の12月10日から30日分の件数。下段中央の数字が総数

以降の一日あたりの収集件数は二百億件を超える。

ＮＳＡは各国ごとに収集した電話・メール件数の一日ごとの分析結果も作成している。上に挙げるのはポーランドでの情報収集件数を表わすグラフで、三十日間の総計は七千百万件超にのぼり、一日の傍受件数が三百万件を超える日があることを示している。

アメリカ国内での通信傍受件数の総計もまた驚くべきものだ。スノーデンのリーク以前、二〇一〇年に〈ワシントン・ポスト〉は次のように報じた。「日々、国家安全保障局（ＮＳＡ）の収集システムは、十七億件あまりのアメリカ国民のメール、通話、その他の電子通信を傍受・保管している」。また、三十年以上にわたって技術者としてＮＳＡに勤務した元職員ウィリアム・ビニー——９・11同時多発テロ直後、国内に対する監視強化に抗議して辞職——はデータの収集量について数々の告発をしてきた。たとえば、二〇一二年の『デモクラシー・ナウ！（訳注 非営利の独立報道番組）』のインタヴューに応じたビニーは次のように語った。「NSAによって傍受されたアメリカ国民同士の通信記録の総数は約二十兆件にのぼる」。スノーデンの暴露のあと、〈ウォール・ストリート・ジャーナル〉は〝NSAの傍受システムは外国の情報を収集するために、アメリカ人と外国人の幅広いコミュニケーションも含めて、すべての合衆国のインターネット・トラフィックのうち、ほぼ七五パーセントを傍受する能力を持っている〟と報じた。匿名ながら、NSA現職員、元職員数名が〈ジャーナル〉に語ったところによれば、「いくつかの事例に関しては、NSAはアメリカ国内におけるアメリカ市民間のメールのコンテンツも保持し、インターネット技術を用いた国内電話通話にはフィルターをかけて収集している」という。

イギリスのGCHQもまた、システムで保管できるかぎりの大量の通信データを収集している。次に示すのは、二〇一一年にイギリスが作成した機密文書だ。

〈文書8〉
（英国機密//ストラップ1//通信情報//配布先：イギリス、アメリカ、オーストラリア、カナダ、ニュージーランド）〔訳注　「ストラップ」は機密レベルを表わすイギリスの単位：1〜3があり、3が最高機密〕
今の私たちにできること——私たちを導くもの
・GCHQは全世界のあらゆるインターネット通信にアクセスすることが可能
・一日当たり五百億件以上の通信を傍受（その数は常に増加）

〝すべてを収集する〟を絶対的使命とするNSAの内部資料のあらゆるところから、目標の達成を大々的に周知するメモや書き込みが見つかった。次に例として挙げるのは、二〇一二年十二月にアップされた局内掲示板へのコメントである。特殊情報源工作部門《SSO》によるこの書き込みでは、〝SHELLTRUMPET《シェルトランペット》（訳注〝ホラ貝〟の意）〟プログラムで処理したメタデータが一兆件を超えたと誇らしげに報告している。

〈文書9〉

（極秘//特別情報//配布先：アメリカ、ファイヴ・アイズ）SHELLTRUMPETの処理データが一兆件突破

（執筆者名削除）

発信日時：二〇一二年十二月三十一日　〇七時三十八分

（極秘//特別情報//配布先：アメリカ、ファイヴ・アイズ）二〇一二年十二月二十一日、SHELLTRUMPETが一兆件目のメタデータ処理を記録。SHELLTRUMPETは、標準的な収集システム用の準リアルタイム・メタデータ分析プログラムとして二〇〇七年十二月八日に稼働を開始。それから五年間、SHELLTRUMPETが誇るさまざまな処理機能——パフォーマンス監視、ダイレクトEメール活動アラート、TRAFFICTHIEFの活動監視、リアルタイム・リージョナル・ゲートウェイ（RTRG）による収集・抽出——はNSA内の数多くのほかのシステムにも利用されてきた。一兆件に達するまでには五年かかったものの、そのうち

の約半数は二〇一二年の一月以降に処理されたもので、さらにそのうちの半数はSSOのDANCINGOASISの処理によるものである。SHELLTRUMPETは現在、次のような厳選されたプログラムから一日に集められる二十億件の情報を処理している――SSO運用システム（Ram-M、OAKSTAR、MYSTIC、国家《N》サイバー《C》・セキュリティ《S》・センター《C》の各システム）、MUSKETEER、およびファイヴ・アイズ諸国のシステム。二〇一三年には、SSOのほかのシステムにもさらに応用していく予定。また、処理された一兆件によって、三千五百万件以上の情報をTRAFFICTHIEFに蓄積した。

膨大な量の通信記録を傍受するため、NSAはあらゆる方法を駆使している。世界じゅうの光ファイバー網に直接侵入するのはもちろん、アメリカ国内のシステムを通過する情報をNSAのデータベースに転送することもある（国際間のインターネット通信はだいたいアメリカのシステムを通過する）。さらに、他国の諜報機関と協力して情報を得ることも多い。しかし、NSAがどこより頼りにしているのが、自前の顧客情報を提供してくれるインターネット企業や電話会社だ。

NSAは正式には公的機関ではあるものの、民間企業と幅広くパートナーシップ契約を結び、主力業務の多くを外部委託している。NSA自体の職員は約三万人だが、ほかに六万人あまりと業務契約を結んでおり、彼らはみな民間企業の社員としてしばしばNSAの重要な業務をおこなう。スノーデンの場合も、実際の雇用主は〈デル〉や防衛分野の大手請負い企業〈ブーズ・アレン・ハミルトン〉だったが、ほかの民間契約者と同様、彼はNSAのオフィスで主要業務に携わり、秘密へのアクセスを許されていた。

ＮＳＡと民間企業との関係を長年にわたって調査、報道してきた記者ティム・ショロックによれば、「わが国の諜報予算の七〇パーセントは民間企業に支払われている」という。元ＮＳＡ長官マイケル・ヘイデンがかつて「地球上でサイバーパワーが最も集結した場所は、ボルティモア＝ワシントン・パークウェイとメリーランド・ルート三十二号線の交差点だろう」と言ったことがあるが、この発言の真意についてショロックは次のように解説している。「ヘイデンが意味したのはＮＳＡそのものだけではない。メリーランド州フォートミードのＮＳＡ本部の巨大な黒いビルから一キロ半ほど離れた場所にあるビジネスパークも含めての発言だろう。そこには、〈ブーズ・アレン・ハミルトン〉、ＩＴ企業〈ＳＡＩＣ〉、軍需メーカー〈ノースロップ・グラマン〉などＮＳＡの主要請負い企業すべてが集まり、監視・諜報活動をおこなっている」

ＮＳＡの民間提携は、諜報・防衛分野の企業のみならず、世界最大級かつ最重要のインターネット企業や電話会社――まさに世界の電子情報の多くを扱う企業――にまで及ぶ。言うまでもなく、それらの企業は個人のやりとりへのアクセスを容易にしてくれるからだ。

次頁に示す機密文書では、ＮＳＡのふたつの使命――防御（アメリカの電気通信とコンピューター・システムを脅威から守る）と攻撃（国外の信号情報を傍受・利用する）――を説明するページのあとに、提携する民間企業名や協力分野が一覧としてまとめられている。

これら民間企業がＮＳＡの監視活動に欠かせないシステムとアクセスを提供している。そんな企業との提携を管轄するのが極秘部署〝特殊情報源工作部門《ＳＳＯ》〟で、スノーデンはこのＳＳＯこそ

〈文書10〉NSA 戦略的パートナーシップ
80社以上の世界的企業と協力／双方のミッションをサポート

がNSAの心臓部だと説明する。〝民間《C》企業パートナー《P》・アクセス《A》〟と呼ばれる枠組みでSSOは次のプログラムを運用して諜報活動をおこなっている――〝BLARNEY〟、〝FAIRVIEW〟、〝OAKSTAR〟、〝STORMBREW〟。

　こうしたプログラムの一環として、NSAは一部の電気通信会社――自分たちのネットワークを築き、維持し、改良するために外国の電気通信会社と契約している通信会社――が持つ国際システムへのアクセスを利用する。そして、アメリカの通信会社は相手国の通信データを得ると、NSAのデータベースに転送するのだ。

　そんなプログラムのひとつ〝BLARNEY〟の主な目的が、NSAの内部資料で次のように説明されている。

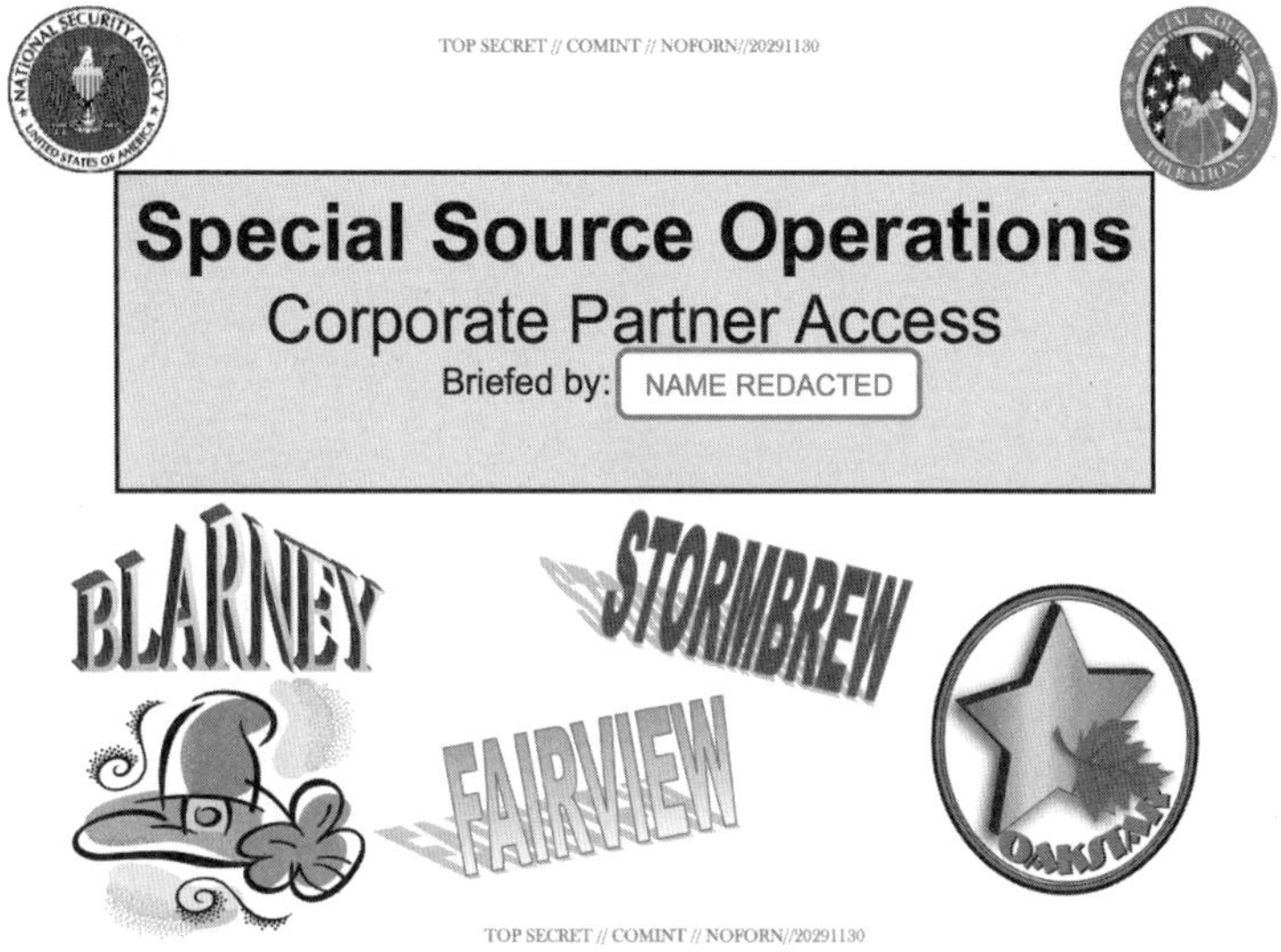

〈文書11〉SSO が管理するプログラム名を示す内部資料

〈文書12〉
（機密／／通信情報／／国外配布禁止／／20291130）
協力と権限
主要民間パートナー企業との特別な協力関係により、全世界に広がる大容量通信用光ファイバーケーブル網、スイッチおよび／またはルーターへのアクセスを確立。

スノーデンの暴露後に発表された〈ウォール・ストリート・ジャーナル〉の記事によれば、BLARNEYプログラムの開発には、ある特定の企業――アメリカ最大手の電話会社〈AT&T〉――との継続的な提携が欠かせなかったという。

NSA自身のファイル――二〇一〇年のリストによれば、BLARNEYの標的になったのは、ブラジル、フランス、ドイツ、ギリシャ、イスラエル、イタリア、日本、メキシコ、韓国、ベネズエラのほかEUと国連も含まれている。

次に挙げる内部資料からも明らかなとおり、FAIRVIEWプログラム（SSOの別のプログラム）では世界じゅうからの〝膨大な量のデータ〟を収集することができる。また、このプログラムでも――とりわけ外国の電話通信システムへのアクセスにおいて――ある民間パートナーに運用の大部分を頼っているという。NSAのFAIRVIEWの国内の概要はきわめて明確でシンプルだ。

〈文書13〉

（機密//通信情報//国外配布禁止）

独自の特色

・膨大な量のデータにアクセス

・さまざまな法的権限によってコントロール

・アクセスの大半はパートナー企業が管理

〈文書14〉

（機密//通信情報//国外配布禁止）

US-990　FAIRVIEW

（機密//特別情報）US-990（PDDG-UY）――全世界のケーブル、ルーター、スイッチにアクセスを持つ重要な民間パートナー（訳注 US-990とUYはFAIRVIEWを示すコード、PDDGは二文字のコードネームのまえに付ける決まり表現）

（機密//特別情報）主要ターゲット——全世界

また、ある内部資料ではFAIRVIEWを次のように説明している。「FAIRVIEWプログラムは〝シリアライズド・プロダクション〟（NSA用語で〝進行中の監視活動〟の意味）用の情報収集源としてはNSAでも屈指の高性能プログラムで、メタデータの供給源としては一、二を争うほどだ。分析結果の約七五パーセントはある単一のソースから提供され、その独自のアクセス方法によって、多種多様な通信情報を手に入れることができる」。つまり、FAIRVIEWプログラムはある電話会社一社のうしろ盾のもとに運用されているということだ。その電話会社こそ特定されていないが、次の内部文書によれば、企業側もこのプログラムに積極的に協力している様子がうかがえる。

〈文書15〉

FAIRVIEW——一九八五年から協力関係にあるパートナー企業は、外国のインターネット網、ルーター、スイッチにアクセスが可能。アメリカ国内で活動する企業ではあるが、国内を通過する海外の情報へのアクセスはもちろんのこと、海外協力企業を通じて他国の電話会社やプロバイダーにもアクセスすることができる。また、われわれが興味を持つ信号情報の収集量増加にきわめて協力的である。

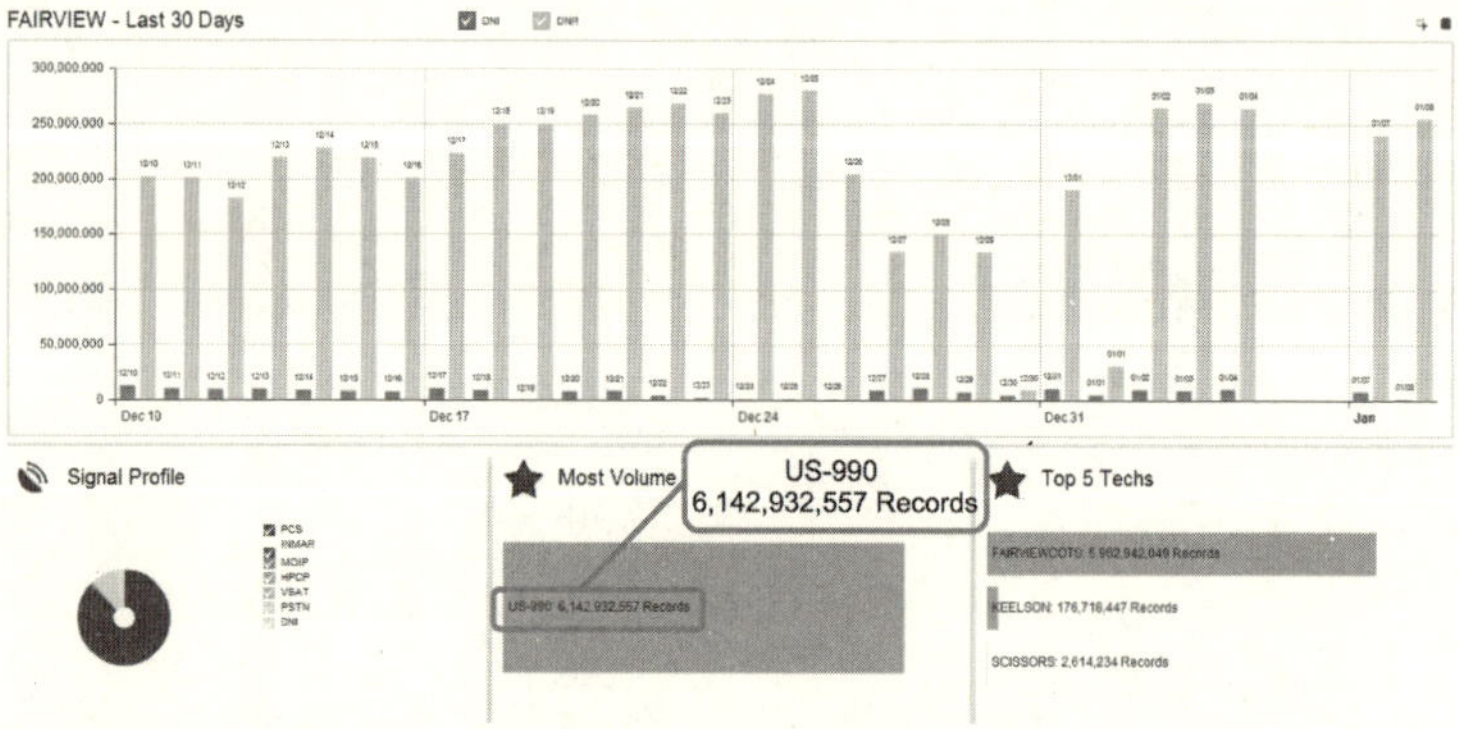

〈文書16〉 下段中央に総数が記載されている。〝US-990〟は FAIRVIEW を示すコード

こうした協力のおかげで、FAIRVIEWプログラムは日々膨大な量の通話情報を取得している。一例を挙げると、上のグラフは二〇一二年十二月十日からの三十日間、FAIRVIEWが取得した通信記録の件数を示すグラフである。

これを見ると、このプログラム単独で毎日二億件、三十日間で合計六十億件以上の通信記録を傍受したことがわかる（淡色はDNR［電話通話］、濃色はDNI［インターネット通信］を示す）。

これら何十億という通話記録を集めるために、SSOはNSAの提携企業だけでなく、たとえばポーランドの情報機関のような外国政府の組織とも協力している。

〈文書17〉

（機密//特別情報//国外配布禁止）官民共同プロジェクトのもと、SSOのOAKSTARプログラムの一部として開発されたORANGECRUSH（訳注 〝暴動鎮圧特別班〟の意）が、第三国の協力国（ポーランド）のサイトからNSAデータベース宛てにデータ送信を開始（メタデータは三月三日、コンテンツは三月二十五日より）。この計画は、以下の各部門・組織の協力で遂行される――SSO、NCSC、ETC、外交局《FAD》、NSA民間パートナー企業、ポーランド政府内部局。なお、ポーランド側に伝えてある計画名は〝BUFFALOGREEN〟のみである。二〇〇九年五月に始まったこの共同プロジェクトは、将来的にOAKSTARプログラム内ORANGEBLOSSOMのDNR傍受システムに編入される予定。この新たなアクセスが実現すれば、パートナー企業が持つさまざまな商業ネットワークからの通信情報を収集することが可能になる。さらに、アフガニスタン国軍、中東、アフリカ大陸の一部、ヨーロッパの情報傍受もできるようになると予想される。SPRINGRAYには通知済みで、収集結果はTICKETWINDOWプログラムを通してファイヴ・アイズ各国に提供される。

FAIRVIEWと同じように、〝OAKSTAR〟プログラムでも、NSAの民間パートナー一社――〝STEELKNIGHT《スティール・ナイト》（訳注 〝鋼鉄の騎士〟の意）〟――が持つ外国通信システムへのアクセスを利用し、データをNSAのデータベースに転送している。また、このOAKSTARプログラムに関する二〇〇九年十一月六日付けの内部文書には、別のパートナー企業――コードネーム〝SILVERZEPHYR《シルバー・ゼファー》（訳注 〝銀のそよ風〟の意）〟――が登場。SILVERZEPHYRの協力のもと、SSOがブラジルとコロンビアの国内通信を傍受したことが明らかになった。

〈文書18〉

SILVERZEPHYRがFAA（訳注　外国諜報活動監視法修正箇条のこと）準拠DNIアクセスをNSA本部に転送開始（機密//特別情報//国外配布禁止）（執筆者名削除）二〇〇九年十一月六日〇九時十八分

（機密//特別情報//国外配布禁止）二〇〇九年十一月五日（木）、SSO－OAKSTAR・SILVERZEPHYR（SZ）のアクセスが、SILVERZEPHYR側にインストールされたFAA準拠WealthyCluster2/Tellurianシステムを経由し、FAA準拠DNI情報をNSAワシントンに転送開始。SSOはデータ・フロー・オフィスと連携し、複数の見本ファイルをテスト環境に転送・検証したが、すべて成功。SSOは、フローと収集データをモニターし、異常の検知・修正が仕様どおり機能するか確認を続けている。SILVERZEPHYRは、法律で認められたトランジット・ネットワークのDNR情報の顧客への提供を継続する予定。また、SSOはパートナー企業との共同作業のもと、ピアリング・ネットワーク上のDNIデータについて、段階ごとに10GBずつ計80GB相当のアクセス増加を進めている。OAKSTARチームは、NSAテキサス支部《NSAT》とGNDAからの支援を受けながら、十二日間にわたるシギント調査を完了、新たに二百件以上の接続を確立した。その調査のあいだ、GNDAはパートナー企業と協力して、ACSシステムの出力をテスト。さらに、OAKSTARチームはNSATと共同で、ブラジルとコロンビアをカヴァーするパートナーから提供されたスナップショットを精査、両国の国内通信情報が含まれていないか確認中である。

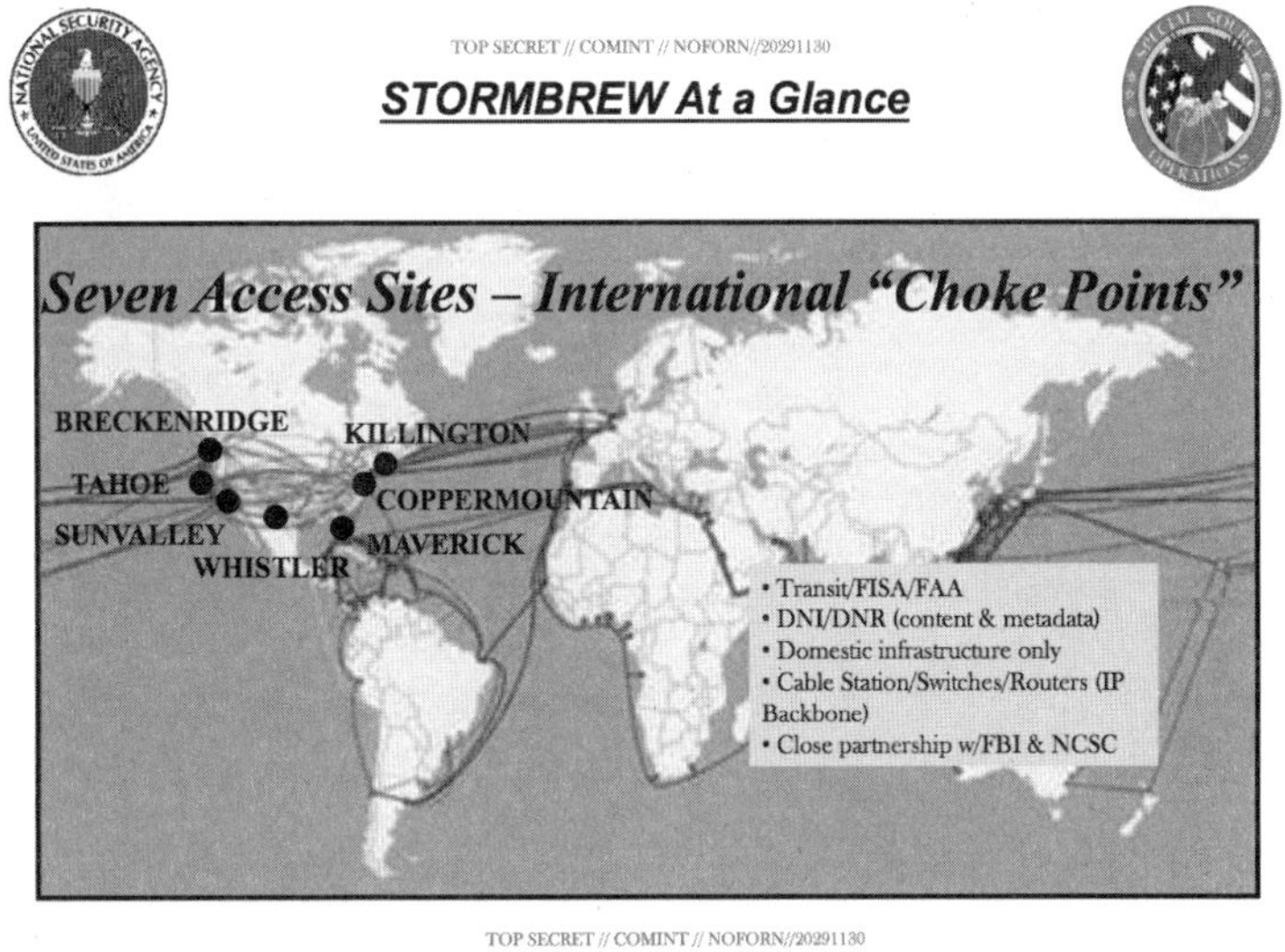
TOP SECRET // COMINT // NOFORN//20291130
STORMBREW At a Glance
Seven Access Sites – International "Choke Points"
BRECKENRIDGE
TAHOE
SUNVALLEY
WHISTLER
KILLINGTON
COPPERMOUNTAIN
MAVERICK
• Transit/FISA/FAA
• DNI/DNR (content & metadata)
• Domestic infrastructure only
• Cable Station/Switches/Routers (IP Backbone)
• Close partnership w/FBI & NCSC
TOP SECRET // COMINT // NOFORN//20291130

〈文書19〉 STORMBREW プログラムが監視する主要なチョークポイントの場所およびコードネーム

SSOの主要な諜報プログラムのもうひとつに、〝FBIと緊密な連携のもとに〟運用される〝STORMBREW（訳注「嵐の予感」の意）〟がある。このプログラムでは、アメリカ国内のさまざまな〝チョークポイント（訳注 海底ケーブル上陸地点などのネットワーク上の要衝）〟を経由して国内にはいるインターネットや電話通信情報を傍受する。世界のネットトラフィックの大半がどこかの時点で合衆国の通信インフラを通過するという事実――インターネット開発にアメリカが果たした中心的役割の副産物――を利用したものだ。主要なチョークポイントは上の地図のようにコードネームで呼ばれる。

NSAの資料によると、現在のSTORMBREWプログラムは、アメリカの電話会社の二社（コードネーム〝ARTIFICE（訳注〝狡猾〟の意）〟と〝WOLFP

ＯＩＮＴ（訳注 〝狼の町〟の意）〟との極秘裏の協力のもとに成り立っているという。また、アメリカ国内のチョークポイントへのアクセスのほかに、ＳＴＯＲＭＢＲＥＷは、海底ケーブルが上陸するランディング・ポイント二ヵ所も監視している——アメリカ西海岸の〝ＢＲＥＣＫＥＮＲＩＤＧＥ〟と東海岸の〝ＱＵＡＩＬＣＲＥＥＫ〟（どちらもコードネーム）だ。

コードネームが多用されていることからもわかるとおり、ＮＳＡは民間協力企業の社名を最も重要な秘密と位置づけ、企業にたどり着く手がかりが含まれる文書を厳重に保護している。しかしながら、スノーデンのリークによって協力会社のいくつかがすでに明らかになった。とりわけ注目を集めたのがＰＲＩＳＭ関連の文書で、世界最大級のインターネット企業——〈フェイスブック〉〈ヤフー〉〈アップル〉〈グーグル〉など——とＮＳＡのあいだに秘密協定が結ばれていたことがわかった。中でも〈マイクロソフト〉とＮＳＡの協力関係はとりわけ密接で、同社が〈スカイプ〉や〈アウトルック〉などの通信プラットフォームへのアクセスを提供していた事実も発覚した。

ＦＡＩＲＶＩＥＷ、ＳＴＯＲＭＢＲＥＷ、ＢＬＡＲＮＥＹ、ＯＡＫＳＴＡＲといったプログラムはどれも、光ファイバーケーブルやその他の通信インフラの情報を傍受する（この手法はＮＳＡ用語で〝アップストリーム監視〟と呼ばれる）。一方のＰＲＩＳＭは、インターネット最大手九社のサーバーからＮＳＡが直接データを入手できるという点で、ほかのプログラムとは種類が異なる。

前述のとおり、ＰＲＩＳＭ計画のスライドに名前が挙がった企業はどこも、ＮＳＡにサーバー

TOP SECRET//SI//ORCON//NOFORN
GMail
facebook
Hotmail
msn
YAHOO!
Google
skype
paltalk.com
YouTube
AOL mail
SPECIAL SOURCE OPERATIONS
(TS//SI//NF) FAA702 Operations
Two Types of Collection
PRISM
Upstream
• Collection of communications on fiber cables and infrastructure as data flows past.
(FAIRVIEW, STORMBREW, BLARNEY, OAKSTAR)
You Should Use Both
PRISM
• Collection directly from the servers of these U.S. Service Providers: Microsoft, Yahoo, Google Facebook, PalTalk, AOL, Skype, YouTube Apple.
TOP SECRET//SI//ORCON//NOFORN

〈文書20〉FAA 第702条に基づく工作活動　２種類の収集方法
アップストリームは光ファイバーケーブルと通信インフラを通過するデータから収集し（FAIRVIEW、STORMBREW、BLARNEY、OAKSTAR）、PRISM は米インターネット最大手９社のサーバーから直接データを収集する——〈マイクロソフト〉〈ヤフー〉〈グーグル〉〈フェイスブック〉〈パルトーク〉〈AOL〉〈スカイプ〉〈ユーチューブ〉〈アップル〉
両方を効率的に利用する

への無制限のアクセスを提供していた事実を否定した。たとえば、〈フェイスブック〉と〈グーグル〉は、令状が示された場合にかぎってデータを提供していると主張した。また、ＰＲＩＳＭは情報の受け渡し方法の些細な変更にすぎない——会社が法律に従って提出すべきデータをＮＳＡが受け取るための、少しだけアップグレードされた送信システムでしかない、というのが彼らの言い分だった。

　そんな彼らの主張はいくつもの点において矛盾するものだった。まず、〈ヤフー〉が裁判で堂々と異議を唱え、ＰＲＩＳＭ計画に参加するよう

NSAに強制されたと主張したのは、すでにわれわれのよく知るところだ――〝些細な変更が加えられた送信システム〟であれば、NSAが参加を強制する必要もなかっただろう（〈ヤフー〉の訴えは外国諜報活動監視裁判所によって却下され、PRISM計画への参加命令がくだされた）。次に〈ワシントン・ポスト〉のバートン・ゲルマンは――PRISMの影響力を誇張しすぎだと大きな批判を受けたのち――プログラムについて再調査をおこない、〈ポスト〉の主張にまちがいがないことを改めて表明した。「PRISMへのアクセス許可を持っている職員は、世界じゅうすべてのNSAワークステーションからシステムにアクセスでき、インターネット企業の介在なしに情報を直接受け取ることが可能だ」と。

インターネット各社の否定は組織的なただの言い逃れだ。物事を明確にするのではなく、むしろ曖昧にしようとしているにすぎない。この点について、アメリカ自由人権協会のテクノロジー専門家クリストファー・ソゴイアンは〈フォーリン・ポリシー〉誌上で次のような主張を繰り広げた――〈フェイスブック〉は〝ダイレクト・アクセス〟は提供していないと言い張り、〈グーグル〉はNSA向けの〝裏口《バックドア》〟など提供していないと否定している。しかし、どちらも高度な専門用語を用いて、情報提供の特定の手段を否定しているにすぎない。つまり突きつめれば、NSAと協力し、自社の顧客データに直接アクセスできるシステムを構築したこと自体を否定しているわけではないのだ。

最後に、NSA自体がこれまで何度も次のように宣してきた事実を覆すことはできない――PRISMは独自の収集能力を持ち、監視活動の強化には欠かせないプログラムだ、と。次に示すNSA内部資料の二枚のスライドには、PRISM独自の特別な監視能力――PRISMの使用

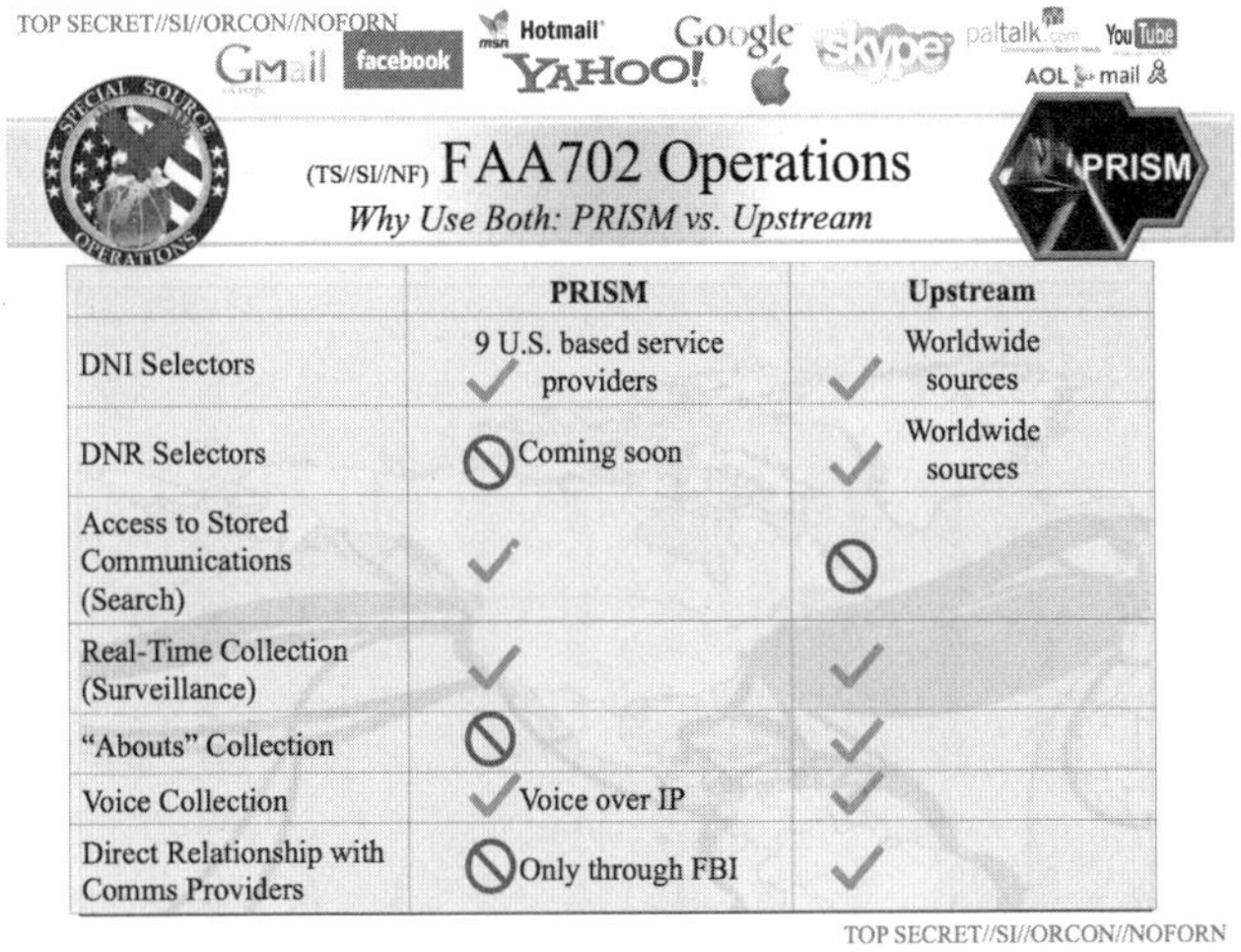
TOP SECRET//SI//ORCON//NOFORN
(TS//SI//NF) FAA702 Operations
Why Use Both: PRISM vs. Upstream
PRISM

	PRISM	Upstream
DNI Selectors	✓ 9 U.S. based service providers	✓ Worldwide sources
DNR Selectors	⊘ Coming soon	✓ Worldwide sources
Access to Stored Communications (Search)	✓	⊘
Real-Time Collection (Surveillance)	✓	✓
"Abouts" Collection	⊘	✓
Voice Collection	✓ Voice over IP	✓
Direct Relationship with Comms Providers	⊘ Only through FBI	✓

TOP SECRET//SI//ORCON//NOFORN

〈文書21〉 PRISM とアップストリームの能力を比較

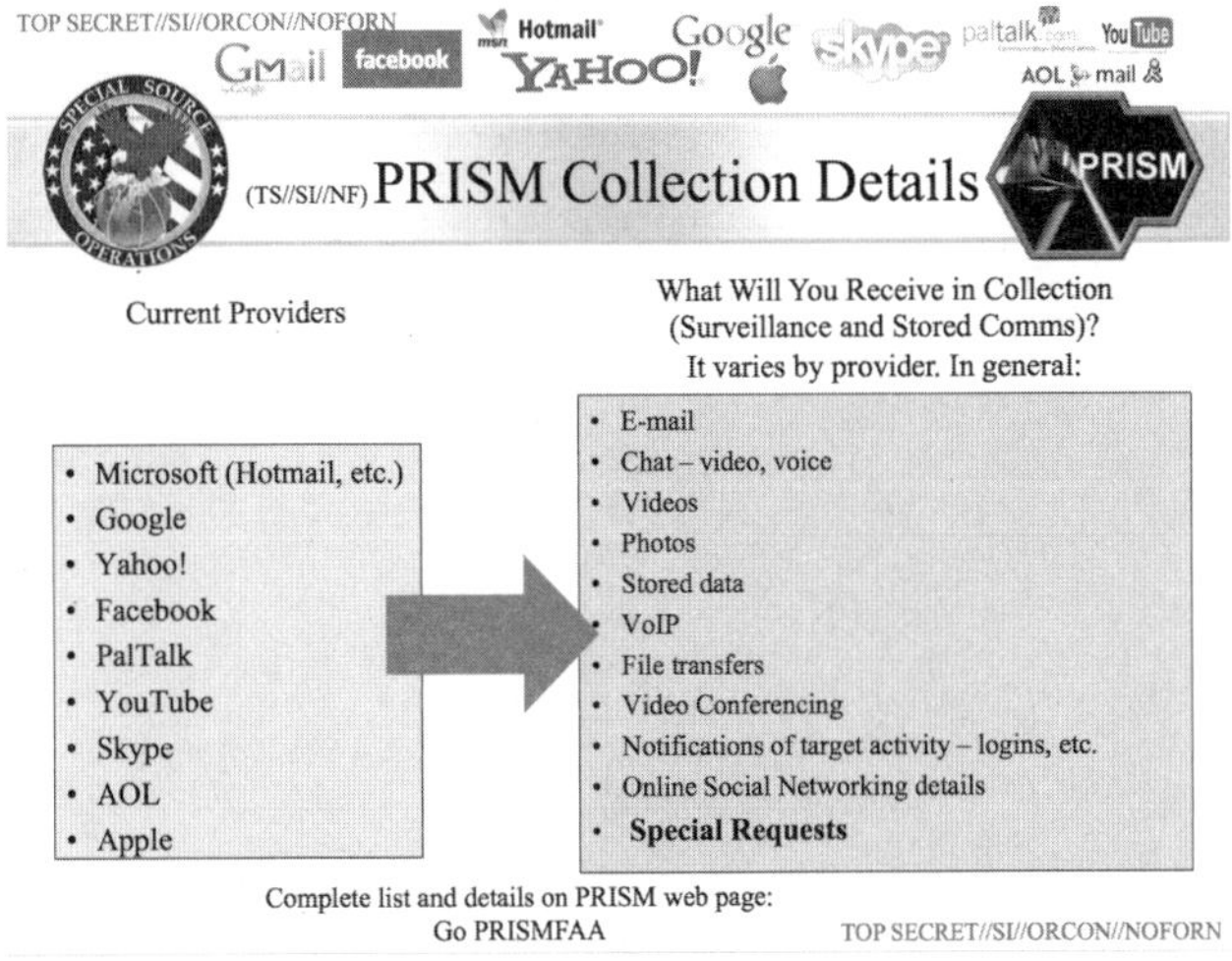
TOP SECRET//SI//ORCON//NOFORN
(TS//SI//NF) PRISM Collection Details
PRISM
Current Providers
What Will You Receive in Collection (Surveillance and Stored Comms)?
It varies by provider. In general:
• Microsoft (Hotmail, etc.)
• Google
• Yahoo!
• Facebook
• PalTalk
• YouTube
• Skype
• AOL
• Apple
• E-mail
• Chat – video, voice
• Videos
• Photos
• Stored data
• VoIP
• File transfers
• Video Conferencing
• Notifications of target activity – logins, etc.
• Online Social Networking details
• Special Requests
Complete list and details on PRISM web page:
Go PRISMFAA
TOP SECRET//SI//ORCON//NOFORN

〈文書22〉 各インターネット企業からどんな情報を収集できるかを示した一覧表

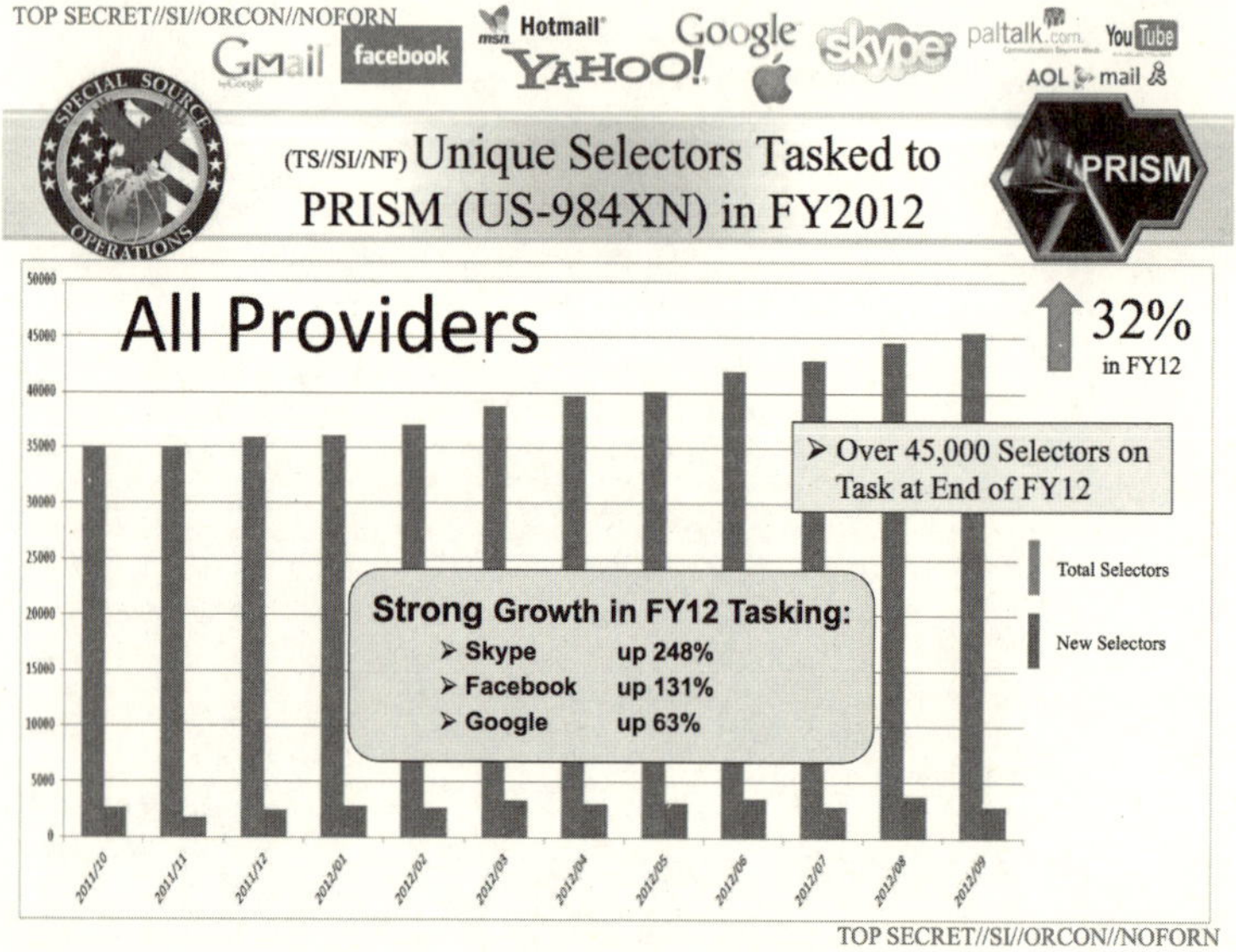

〈文書23〉PRISMプログラムによる情報の収集件数の推移。2012年度には、前年度比で32パーセント上昇。特に、〈スカイプ〉からの件数は250パーセント近く跳ね上がっている

によってNSAがアクセスできる幅広い通信網のリストを示している。

NSA内部資料の複数のスライドの内容を見ると、PRISMプログラムの運用によって傍受件数が大幅に増加した経緯がわかる。

PRISMがその広範な収集能力を発揮するたびに、SSOは局内の掲示板に結果を報告するのが慣例のようだ。二〇一二年十一月十九日、〝PRISMの性能がさらに向上——二〇一二年度測定値〟という件名で、次のような書き込みがあった。

〈文書24〉
(機密//特別情報//国外配布禁止)PRISM(US-984XN)はその

収集・操作性能の改善により、二〇一二年度のNSA諜報ミッションにてさらなる影響力を発揮した。ここに今年度のPRISMプログラムの成果のいくつかを紹介する。

　第一パーティ（訳注 合衆国を指す）による最終成果レポートにおいて、PRISMの情報は最も頻繁に引用されている。二〇一二年度に第一パーティ用レポートで使用された信号諜報活動識別子《SIGAD》のうち、全体の一五・一パーセントがPRISMのものである（前年度の一四パーセントから上昇）。また、PRISMの情報は第一、第二、第三パーティ用レポート全体の一三・四パーセントで引用された（昨年度は一一・九パーセント）。ここでも、全SIGADで最も利用されたのがPRISMだった。

　二〇一二年度、PRISMの情報をもとにしたレポート数は二万四千九十六件にのぼり、前年度から二七パーセント上昇。

　単一情報源によるレポートの割合は、二〇一一年度、二〇一二年度とおして七四パーセント。二〇一二年度「大統領日例指示（PDB）」で、PRISMの収集結果から派生または情報源として引用されたレポート数は千四百七十七件（PDBの情報源として引用された全シギント報告書の一八パーセントを占め、単一のSIGADとしてはNSAでトップ）。ちなみに、二〇一一年度は千百五十二件（PDBに情報源として引用された全シギント報告書の一五パーセントを占め、単一のSIGADとしては同じくNSAでトップ）。

　今年度の情報主要素（EEI）への貢献数は四千百八十六件（全情報ニーズのためのEEIの三二パーセント）。そのうち二百二十のEEIは、PRISM単独の情報をもとにしたもの。

二〇一二年度に設定されたセレクター数は、九月の時点で三二パーセント上昇し、四万五千四百六件となった。

〈スカイプ〉での情報収集・処理においても大きな成功をおさめ、ユニークかつ有益なターゲット情報を収集。

PRISMで情報収集可能なメールドメインはわずか四十から二万二千に増加。

このような自画自賛の声明は、インターネット各社が協力を否定している点や、PRISMが〝受け渡し方法の些細な変更〟だという発言と大きく矛盾するものだ。スノーデンのリーク後、〈ニューヨーク・タイムズ〉はPRISMについて改めて報じ、NSAとシリコンバレー間での無数の秘密交渉の末、各社が社内システムへの自由アクセスを提供したと伝えた。〈ニューヨーク・タイムズ〉の記事はこう訴える。「政府高官たちはシリコンバレーに乗り込み、秘密監視プログラムの一環として、ユーザーデータを今までより簡単に入手できる仕組みを構築するよう要求した。インターネット大手各社は最初こそ怒りをあらわにしたものの、最後にはどの会社も少なからず協力することを決めた」。記事はさらに続く。

交渉についてのいくつかの証言をまとめると、要求を拒んだのは〈ツイッター〉のみで、ほかの会社はほぼ政府の言いなりだったという。交渉は安全保障担当高官たちのこんな説明から始まった——法律に則った政府の要求に対し、外国人ユーザーの個人データをより効率的かつ安全に共有する技術的方法を構築したい。その実現のため、企業によってはコンピューター・

システムそのものを変更したという。

「これらの交渉は、政府とインターネット企業が緊密な協力関係にあり、秘密裏での取引がどれだけ根深いものかを示している」と〈ニューヨーク・タイムズ〉は断言する。さらには、令状が提示された場合のみアクセスを許可するという企業側の訴えを、その記事は真っ向から否定した。「外国諜報活動監視裁判所の命令に従ってデータを提供することに法的拘束力はあるが、政府機関が情報を入手しやすいシステムを構築することに法的拘束力はない。だからこそ〈ツイッター〉は要求を拒んだのだ」

そもそも〝法的プロセスを経て、必要な情報だけをNSAに渡した〟というインターネット企業の訴えにあまり大きな意味はない。というのも、個別の令状が必要なのは、特定のアメリカ国民をターゲットとする場合にかぎられるからだ。すなわち、国外にいる外国人の通信データを手に入れるには、その外国人の連絡相手がアメリカ人であったとしても特別な許可は必要ない。かわりに、二〇〇八年に改正された外国諜報活動監視法第七〇二条に基づき、NSAは外国諜報活動監視裁判所に一年に一度出向き、その年の諜報対象者を示す一般指針を提出するだけでいい。審査の基準は、その監視活動が〝合法的な外国の情報収集の助けになるかどうか〟という一点のみで、全面的許可が与えられることが慣例となっている。そんな法的根拠を武器に、NSAは電話会社とインターネット企業のサーバーに直接アクセスし、外国人の通信記録を自由に傍受するようになったのだ——通話、〈フェイスブック〉のチャット、〈グーグル〉の検索履歴、〈ヤフー〉のEメール。同様に、NSAのメタデータ大量収集についても、現状ではチェック機能や制限がまったく存在しない。これは政府による愛国者法の拡大解釈の恩恵によるものだが、この法律の起草者でさえそんな利用のされ方に衝撃を受けたという。

ＮＳＡと民間企業の蜜月ぶりは、〈マイクロソフト〉についての内部文書に最も顕著に表われている。数々の資料を調べていくと、最もよく利用されている〈マイクロソフト〉の〈スカイプ〉と〈スカイドライブ〉（訳注　二〇一四年二月に〈ワンドライブ〉と改称）と〈アウトルック〉へのＮＳＡのアクセスについて、同社が積極的に協力していた事実が浮かび上がってくる。

ユーザーがオンライン上にファイルを保存し、さまざまなデバイスからアクセスできる〈スカイドライブ〉は世界じゅうに二億五千万人以上のユーザーを抱えるサーヴィスだ。「われわれは、クラウドにおけるあなたの個人データに誰がアクセスできて誰ができないか、それを決めるのはあなたであることの重要性を信じるものです」。〈マイクロソフト〉は〈スカイドライブ〉ウェブサイトでそう宣言している。しかし、ＮＳＡの文書が示すとおり、〈マイクロソフト〉は〝何ヵ月も〟かけてＮＳＡがそのデータに容易にアクセスできる仕組みを構築していた。

〈文書25〉

（機密//特別情報//国外配布禁止）　ＳＳＯニュース――〈スカイドライブ〉の情報傍受がＰＲＩＳＭの標準蓄積通信収集システムの一部に

（執筆者名削除）　二〇一三年三月八日十五時

（機密//特別情報//国外配布禁止）　二〇一三年三月七日、ＰＲＩＳＭ標準蓄積通信収集パッケー

ジの一部として、〈マイクロソフト〉社の〈スカイドライブ〉のデータ収集を開始。改正外国諜報活動監視法第七〇二条（FAA702）に則って設定されたセレクターを使用するものであり、この情報傍受については、今後はSSOからの許可が不要となる（分析官によってはこの許可取りのプロセス自体知らない人もいるかもしれないが）。この新機能の導入によって、パートナー企業のサーバーからのより完全で迅速な情報収集が可能となった。このようなソリューションを構築することができたのは、数ヵ月にわたるFBIと〈マイクロソフト〉社の協力によるものだ。〈スカイドライブ〉はあらゆる種類のファイルの保存・アクセスを可能にしたクラウド・サーヴィスである。〈オフィス〉の無料ウェブ・アプリケーションが含まれており、〈オフィス〉がパソコンにインストールされていなくても、〈ワード〉〈パワーポイント〉〈エクセル〉ファイルを作成・編集・閲覧することができる。（ソース：S314 wiki）

二〇一一年、〈マイクロソフト〉は〈スカイプ〉――世界じゅうで六億六千三百万人以上が利用するインターネット電話・チャットサーヴィス――を買収し、その際、次のように宣した。「〈Ｓｋｙｐｅ〉はお客様のプライバシーの尊重と、個人データ、トラフィックデータ、通信内容などの機密性の保護に努めています」。しかし、実際のところ、〈マイクロソフト〉には、このデータも政府に利用されることがわかっていたはずだ。二〇一三年前半にはもう〈スカイプ〉ユーザーのやりとりへのアクセス機能が着実に向上していることを自画自賛するメッセージがＮＳＡのシステム上に山ほどあるのだから。

〈文書26〉
（機密//特別情報//国外配布禁止）ＰＲＩＳＭプログラムによる〈スカイプ〉の傍受能力が向上
二〇一三年四月三日　〇六時二十九分

（機密//特別情報//国外配布禁止）二〇一三年三月十五日以降、ＳＳＯ・ＰＲＩＳＭプログラムにおける〈マイクロソフト〉用ＰＲＩＳＭの全セレクターを〈スカイプ〉にも送信開始。これは、〈スカイプ〉がユーザーネームだけでなく、別アカウントでのログインを許可していることへの措置である。これまでユーザーが〈スカイプ〉のユーザーネーム以外でログインした場合、ＰＲＩＳＭではデータを収集することができず、多くの情報を見逃してきた。今回の対策によって、一部の問題は解決する。しかしながら、〈スカイプ〉のアカウント作成には、世界じゅうのいかなるドメインのメールでも使用することができる。現状のＵＴＴ（訳注　統一化された標的絞り込みツールの略で、ＰＲＩＳＭに採用されている通信情報検索ツール）では、〈マイクロソフト〉のＥメールアドレス以外でログインされたアカウントをＰＲＩＳＭで関連づけることはできない。しかし、ＳＳＯは今夏までにこの問題も解決する予定だ。そのあいだの打開策として、ＮＳＡ、ＦＢＩ、司法省は過去六ヵ月にわたって協議を重ね、ＰＲＩＮＴＡＵＲＡの利用許可を獲得した。よって、今後の〈マイクロソフト〉ＰＲＩＳＭセレクターによる検索は、ＰＲＩＮＴＡＵＲＡを通して〈スカイプ〉に送信される。すでに約九千六百のセレクターが〈スカイプ〉に送信され、以前ならば見逃すことになっていたであろう情報の収集に成功している。

この二者の協力関係には透明性がまったくないだけでなく、〈スカイプ〉のプライヴァシーに関する公式声明にも矛盾するものだ。アメリカ自由人権協会のテクノロジー専門家クリス・ソゴイアンは、この事実に多くの〈スカイプ〉ユーザーがショックを受けるだろうと語る。「〈スカイプ〉の会話は盗聴の心配がない、と同社は過去にユーザーに固く誓っていた。〈マイクロソフト〉とNSAのこの関係を、プライヴァシー保護に関して〈グーグル〉とことさら競い合ってみせている〈マイクロソフト〉の姿に重ねるには無理がある」

二〇一二年、〈マイクロソフト〉はメールソフト〈アウトルック〉をアップグレードし、世界じゅうで広く使用される〈ホットメール〉を含めたすべての通信サーヴィスをひとつのプログラムに集約した。同社は〝あなたのプライヴァシーは私たちの最優先事項《プライオリティ》〟というスローガンを掲げ、プライヴァシー保護のための高度な暗号化システムを新〈アウトルック〉に採用したことを大々的に宣伝した。当然NSAでは、〈アウトルック〉のこの新暗号化システムによって、通信傍受が困難になるのではないかという懸念が広がった。たとえば、二〇一二年八月二十二日付けのSSOの内部メモにはこうある。「このソフトでは、Eメールがデフォルトで暗号化されてしまう。また、双方のユーザーが〈マイクロソフト〉暗号化チャット・クライアントを使う場合、ソフト内でのチャット内容も暗号化されるだろう」

しかし、問題はすぐに解決した。数ヵ月のうちに〈マイクロソフト〉とNSAが結託し、その新たな暗号化システム――プライヴァシー保護のために不可欠だとうたったシステム――を回避する方法を構築してしまったのだ。

〈文書27〉
〈機密//特別情報//国外配布禁止〉〈マイクロソフト〉新サーヴィスがFAA702準拠工作活動に影響を及ぼす
〈執筆者名削除〉二〇一二年十二月二十六日　〇八時十一分

〈機密//特別情報//国外配布禁止〉七月三十一日、〈マイクロソフト〉社（MS）は、〈アウトルック〉の新サーヴィスの導入とともにウェブベース・チャットの暗号化を開始。この新たなセキュア・ソケット・レイヤー（SSL）暗号化システムによって、FAA702および〝インテリジェンス・コミュニティに関する大統領令一二三三三号〟に基づく情報収集が事実上（程度の差はあるが）できなくなる。MSはFBIとの協力のもと、この新しいSSLに適合する監視機能を開発。テストを経て、二〇一二年十二月十二日に運用を開始した。このSSLソリューションはFAA702およびPRISMの諸条件をすべて満たしており、UTTのプロシージャの変更は不要。しかし、サーバーベースの音声／ビデオまたは転送ファイルは傍受することができないため、そちらは旧システムでの監視を続ける。そのため、テキストベースのチャット情報については、新システムから送信されたのち、旧システムから重複した情報が送られてくることになる。今回の新システム導入によって情報傍受量が増えたことは、すでに収集情報評価システム《CES》で確認されている。

さらに別の文書を見ると、ＦＢＩが〈マイクロソフト〉と共同で、諜報活動用に〈アウトルック〉のさまざまな新機能を回避する仕組みをつくり上げようとしていたことがわかる。「ＦＢＩのデータ傍受技術班《DITU》は、〈マイクロソフト〉と協力し、〈アウトルック〉のメール・エイリアス（訳注　別名のメールアドレス）追加システムについて調査を進めている。この新機能は、われわれの諜報プロセスに影響を及ぼす可能性が高い……現在、これらの問題を軽減するため、極秘行動を含むさまざまな計画が進行中である」。スノーデンによって暴かれたＮＳＡの内部文書の中にこのＦＢＩの監視に関する言及が見られたのはただ一度のたまさかのことではない。ＮＳＡが集めた情報にはすべての情報機関がアクセスできるのだ。ＦＢＩもＣＩＡも含めて、彼らは日常的に情報を共有している。つまり、ＮＳＡの取り憑かれたようなデータ収集の大きなひとつの目的は、情報機関全体の情報量を増やすことだったのだ。実際、さまざまな収集プログラム文書には、ほかの情報機関と協力した旨が書き添えられている。この二〇一二年のＳＳＯの報告――ＰＲＩＳＭの収集データ共有に関する報告――のタイトルは嬉しそうに次のように宣している――「ＰＲＩＳＭはスポーツだ！」

〈文書28〉

（機密//特別情報//国外配布禁止）ＦＢＩ、ＣＩＡとのＰＲＩＳＭ情報共有を拡大

（執筆者名削除）二〇一二年八月三十一日〇九時四十七分

（機密//特別情報//国外配布禁止）特殊情報源工作部門（ＳＳＯ）は目下、ＰＲＩＳＭについてふたつのプロジェクトを実行し、連邦捜査局（ＦＢＩ）および中央情報局（ＣＩＡ）との情報共

有拡大に努めている。このような活動をとおし、SSOはインテリジェンス・コミュニティ各組織の垣根を越えた情報共有とチームワークを高める環境づくりを目指している。ひとつ目のプロジェクトとして、SSOのPRINTAURAチームはPRISMのセレクター・リストを自動生成するソフトウェアを開発。これは信号情報部（SID）が抱えていた問題を解決するためのもので、二週間おきにFBIとCIAにリストを提供するシステムを確立した。これによって、両機関は国家安全保障局（NSA）がどんなセレクターを使ってPRISMから情報を得たかを事前に知ることができ、そのリストを見たうえで、（二〇〇八年の改正外国諜報活動監視法修正箇条が許諾するとおり）任意のセレクターから収集された情報だけをリクエストすることが可能になる。このプロジェクト以前、SIDは不完全かつ不正確なリストしか提供することができず、FBIとCIAはPRISMプログラムをフル活用できる状況にはなかった。今回、PRINTAURAチームはみずから進んでプロジェクトを立ち上げ、各セレクターに関連した詳細データを複数のロケーションから集めて、使用可能な形式にまとめることに成功した。

ふたつ目のプロジェクトは、ミッション・プログラム・マネジャー（MPM）による、PRISMプログラム運用についてのニュースやガイダンス情報の発信だ。CIAとFBIの分析官がPRISMを最大限に活用できるよう、正しい操作方法、ネットワーク障害や修正箇所などの情報を発信。現在、SID外国諜報活動監視法修正箇条（FAA）チームの許可を得たうえで、MPMが情報を週に一度CIAとFBIに送っているが、評判は上々のようだ。これらのふたつのプロジェクトは、PRISMがチームスポーツであるという点をまさに強調するものだ！

〝アップストリーム〟による傍受（光ファイバーケーブル経由）と、インターネット企業サーバーからの直接収集（ＰＲＩＳＭ）が一番の収集方法だが、これに加えてＮＳＡは〝コンピューター・ネットワーク利用〟（ＣＮＥ）と呼ばれる方法も利用する。これは、対象ユーザーのパソコンにマルウェア（訳注 悪意のある不正ソフトウェアやプログラム）を混入させて監視下に置くという手法で、いったんマルウェアに感染させてしまえば、そのコンピューターを――ＮＳＡ用語で言うところの――〝所有《オウン》〟することが可能になり、すべてのキーストロークや閲覧画面を監視できるようになる。このプログラムの開発担当部署は〝特別アクセス工作《TAO》〟部隊と呼ばれているが、早い話、ＮＳＡのハッカー部門である。

内部資料によると、マルウェアを利用したこの〝クワンタム〟と呼ばれる計画はすでに大々的におこなわれており、ＮＳＡはこれまでに五万台以上のコンピューターをマルウェア感染させることに成功したという。次頁の世界地図は、工作がおこなわれた場所と成功した感染数を示すものである。

スノーデンのリーク文書をもとにした〈ニューヨーク・タイムズ〉紙の報道によると、ＮＳＡは「世界じゅうの十万台近くのコンピューターに、この特定のソフトウェアを忍び込ませている。また、ネットワーク経由で感染させるのが一般的だが、インターネットに接続していない状態でもコンピューター内に侵入し、データを書き換えることができる秘密の技術も徐々に開発している」という。

民間企業との協力のほかにも、ＮＳＡは他国の政府と共同で情報傍受システムを構築してきた。

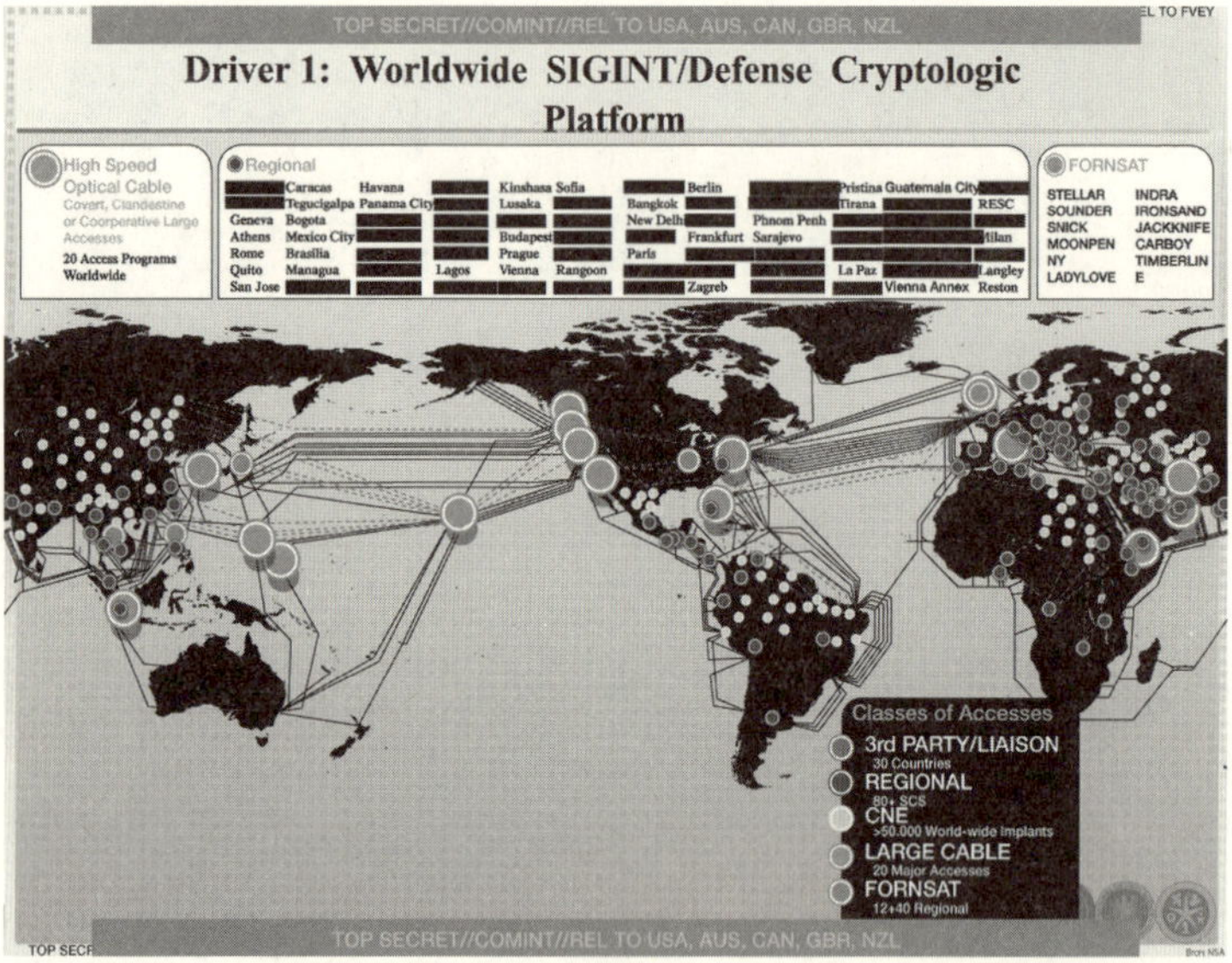

〈文書29〉マルウェアの感染に成功した場所と件数

大きく分けてＮＳＡと諸外国との関係には三つのカテゴリーが存在する。ひとつ目のカテゴリーに属すのは〝ファイヴ・アイズ〟同盟国で、これらの国とは一緒にスパイ活動をおこなうものの、自国の官庁からの要請がないかぎり、互いに監視することはめったにない。次の二層目に属す国々に対しては、特定の諜報活動については協力を求めつつ、同時に相手国への大規模なスパイ活動もおこなう。第三のグループは、アメリカが日常的に監視し、協力関係がほとんどない国で構成される。

ファイヴ・アイズの中でも、ＮＳＡと最も緊密な関係にあるのがイギリスのＧＣＨＱだ。スノーデンのリーク文書をもとにした〈ガーディアン〉の記事によれば、「合衆国政府は過去三年間に少なくとも一億ポンドをＧＣＨＱに支払い、英国の情報傍受プログラムへのアクセスと影響力を保っている」という。この支払いは、NSAが取り決めた諜報活動へのバックアップをGCHQに要求する一種のインセンティヴでもあった。それを裏づけるように、GCHQの戦略会議の議事録には次のように書かれていた。「GCHQは求められた役割を果たすだけでなく、アメリカにその成果を認めてもらう必要があった」

ファイヴ・アイズの同盟各国は、ほとんどの監視活動を共同でおこない、さらに一年に一度開かれる信号開発会議で一堂に会し、諜報技術開発の進捗と前年の成功を自慢し合う。NSAの元副長官ジョン・イングリスは、ファイヴ・アイズ同盟の関係について次のように語った。「われわれはインテリジェンスのあらゆる面に関して、ひとつに結束して行動する——お互いの持つ能力を活《い》かしつつ、相互利益に結びつけることが最大の目的である」

侵略的な諜報プログラムの多くはファイヴ・アイズ同盟国によって実行され、そのほとんどにGCHQが関わっている。中でも特筆すべきなのがGCHQとNSAが共同で進めたあるプロジェクトだ。そのプロジェクトとは、一般的な暗号——オンライン・バンキングや医療記録の閲覧といった個人的なインターネット処理を保護するために使用される——を解読するプログラムを開発するものだった。暗号化システム自体に〝裏口《バックドア》〟を埋め込むことで、個人の取引をのぞき見することはもちろん、さらにはシステム自体を脆弱化《ぜいじゃくか》させ、悪玉のハッカーやほかの外国諜報機関の侵入の危険にさらそうというのだ。ふたつの情報機関はそんなプログラムの開発にも成功する。

GCHQはまた、世界じゅうの海底光ファイバーケーブルの通信データも大量に傍受している。〝TEMPORA〟という名のプログラムのもと、GCHQは「光ファイバーケーブルの情報を傍受し、最大三十日分のデータを保管・抽出・分析できる」と〈ガーディアン〉は伝える。「結果、GCHQとNSAは、無実の一般市民のあいだで取り交わされる膨大な量の通信情報を日々、傍受・処理している。そのような個人データには、ありとあらゆる種類のオンライン活動が含まれる——通話内容の録音、メールの文面、〈フェイスブック〉の書き込み、ウェブサイトの閲覧履歴だ」

GCHQが抱く諜報活動はNSAと同様に広範囲に及び、その多くは闇に包まれたままだ。〈ガーディアン〉の記事はこう訴える。

> GCHが抱く飽くなき野望は、ふたつの主要プロジェクトの名前に反映されている——〝Mastering the Internet（訳注 〝インターネットを征服せよ〟の意）〟と〝Global Telecoms Exploitation（訳注 〝全世界電子通信利用〟の意）〟。このふたつのプロジェクトは、オンラインおよび電話通信の記録を可能なかぎり大量収集することが目的で、さらに活動はすべて極秘裏におこなわれ、詳細が公表されたこともなければ、公の場でその是非について討論されたこともない。

カナダもまたNSAの親密なパートナーであり、きわめて強力な諜報能力を持つ国のひとつだ。二〇一二年の信号開発会議では、カナダ通信安全保障局《CSEC》がブラジル鉱業・エネルギー省——カナダ企業の利権に大きくからむ産業分野の管轄官庁——への諜報活動の実績を誇示した。

スノーデンのリーク文書には、CSECとNSAの密接な協力関係を裏づける文書がほかにも

AND THEY SAID TO THE TITANS: « WATCH OUT OLYMPIANS IN THE HOUSE! »
CSEC – Advanced Network Tradecraft
SD Conference June 2012
Overall Classification: TOP SECRET//SI

〈文書30〉タイタンへの警告――〝OLYMPIA〟に気をつけろ！

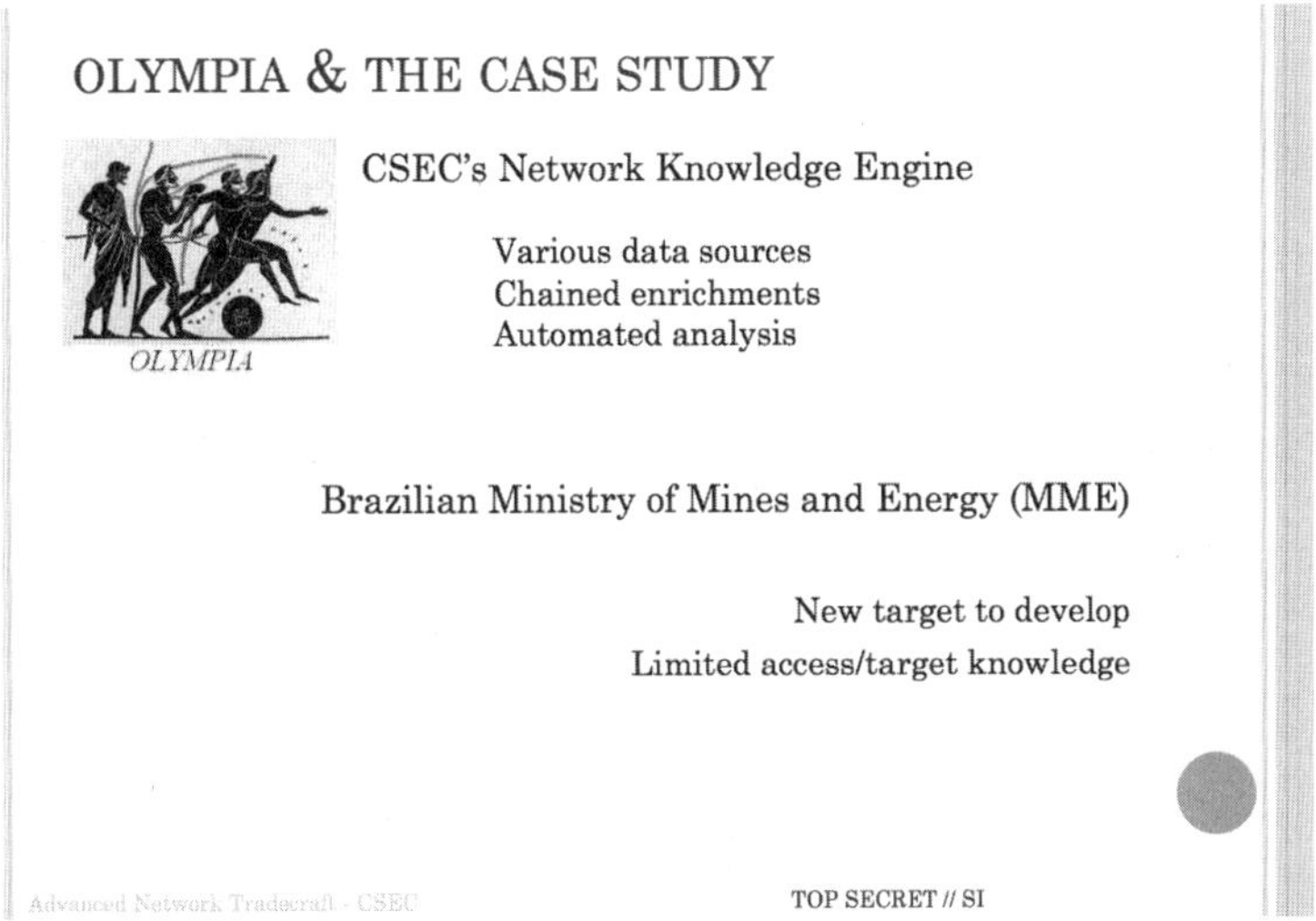
OLYMPIA & THE CASE STUDY
CSEC's Network Knowledge Engine
Various data sources
Chained enrichments
Automated analysis
OLYMPIA
Brazilian Ministry of Mines and Energy (MME)
New target to develop
Limited access/target knowledge
Advanced Network Tradecraft - CSEC
TOP SECRET // SI

〈文書31〉CSECのネットワーク・ナレッジ・エンジン
さまざまなデータ情報源　継続的強化　自動分析
ブラジル鉱業・エネルギー省（MME）
新ターゲットへの活動　アクセスと知識が限られている場合

多く含まれていた。そのうちのひとつの文書を見ると、NSAからの強い要請を受けたCSECが世界じゅうに通信傍受施設を設置、NSA指定のターゲットに対するスパイ活動をおこなっていたことがわかる。

〈文書32〉
（機密//特別情報//配布先：アメリカ、ファイヴ・アイズ）
二〇一三年四月三日
国家安全保障局／中央保安部

インフォメーション・ペーパー

主題：（非機密／私用禁止）諜報活動におけるNSAとカナダ通信安全保障局（CSEC）の関係

〈文書33〉
（非機密）NSAがCSECに提供するもの：
（極秘//特別情報//配布先：アメリカ、カナダ）シギント：NSAとCSECは約二十の優先監視国に対する諜報活動において協力関係にあり、[redacted] NSAは技術開発、暗号化技術、傍受・処理・分析のための最先端ソフトウェアとリソース、情報機器をCSECと共有。また、世界各国および複数国にまたがるターゲットに関する情報を交換。統合暗号解読プログラム（CCP）の予算は組まれていないが、共同プロジェクトにおいてNSAが研究・技術開発費用をCSECに支払うこともある。

〈文書34〉
（非機密）CSECがNSAに提供するもの：
（機密//特別情報//配布先：アメリカ、カナダ）CSECは高度な情報収集・処理・分析のためのリソースを提供し、NSAの依頼によって秘密傍受施設を設置。また、アメリカがカヴァーできていないエリアでも、独自の地理的アクセスを使って情報をNSAに提供。[redacted]して、暗号化製品、暗号解析、情報機器、ソフトウェアを提供。近年、CSECは相互利益につながるプロジェクト開発のための予算を増やしている。

ファイヴ・アイズ同盟国は非常に密接な関係にあり、自国の市民のプライヴァシーよりNSAの要請を重要視している。これに関連して、二〇〇七年の内部資料をもとに、〈ガーディアン〉はNSAとGCHQのある合意に関する記事を掲載した。「それまでのルールを変更し、GCHQは英国民の個人情報を〝公開〟、NSAがその情報を保持することを認めた。さらに、諜報網で収集された携帯電話・ファックス番号、Eメール・IPアドレスなどの全英国民の情報について、NSAの分析と保持を許可した」
二〇一一年、オーストラリア政府は、自国民に対するさらなる監視強化を目的として協働態勢を〝拡大〟することをNSAに依頼する。当時のオーストラリア政府参謀本部・国防信号局《DSD》の副局長は、二月二十一日付の文書でNSA信号情報部《SID》に明確にこう訴えた。「オーストラリアは現在、〝国内出身《ホームグロウン》の〟過激派による国内外でのテロ活動によって、かつてない脅威にさらされている」。さらに彼は、テロ容疑のかかるオーストラリア国民への通信傍受強化をNSAに要請した。

〈文書35〉

オーストラリアは、有益な情報を特定して利用するための分析・収集能力の開発に膨大な労力を注ぎ込んできた。しかし今、そのような通信情報への継続的かつ安定的なアクセスを確保することがむずかしい状態になりつつある。結果、テロ活動の発見や防止にも悪影響が及び、オーストラリア国民だけでなく友好国・同盟国の国民の生活と安全を守るための能力までもが低下している。

われわれとNSAは長年きわめて生産的な協力関係を保ってきた。近年では、われわれの最重要ターゲットであるインドネシア組織への諜報活動を、NSAが令状を取って遂行し、情報を提供してくれた。この情報へのアクセスは、地域でのテロリズム抑制に努めるDSDの活動には欠かせないものである。その最大の成果がバリ爆破テロの逃走犯ウマル・パテックの最近の逮捕だろう。

今後もNSAとの協力がさらに拡大することをわれわれは切に願っている。国際的な過激派活動に関わるオーストラリア人は年々増えつつあり、監視強化を急ぎたい。とりわけ、アラビア半島のアルカイダ（AQAP）系オーストラリア人への対応は喫緊の課題である。

これらファイヴ・アイズ各国に次いで、ＮＳＡと協力関係にあるのが〝Ｂ層〟という階層に属す国々だ。前述のとおり、これらの国々は、特定の活動に協力する国であると同時に、求めてもいない監視をされている国でもある。ＮＳＡは次のようにＡ層とＢ層の同盟国を区分している。

〈文書36〉

（秘//国外配布禁止//20291123）

Ａ層（包括的協力国）——オーストラリア、カナダ、ニュージーランド、イギリス

Ｂ層（限定的協力国）——オーストリア、ベルギー、チェコ共和国、デンマーク、ドイツ、ギリシャ、ハンガリー、アイスランド、イタリア、日本、ルクセンブルク、オランダ、ノルウェー、ポーランド、ポルトガル、韓国、スペイン、スウェーデン、スイス、トルコ

さらに最近の内部文書、二〇一三年度『海外協力国総括』によると、北大西洋条約機構《NATO》といった国際機関との協力関係を構築するなど、ＮＳＡの協力国・機関が急速に増えていることがわかる（訳注　次頁の資料では、Ａ層を〝Second Parties（第二パーティ）〟、Ｂ層を〝Third Parties（第三パーティ）〟と区分。組織・多国間協定のうち、ＳＳＥＵＲは〝シギント・シニア・ヨーロッパ〟の略で、フランスやドイツを含むヨーロッパ九ヵ国にファイヴ・アイズ各国を加えた十四ヵ国を指す）。

ＧＣＨＱの場合と同様、ＮＳＡは相手国に技術開発・活動資金を提供し、スパイ活動のノウハウを教えながら協力関係を維持することも多い。二〇一二年度『海外協力国総括』では、ＮＳＡ

〈文書37〉NSAの承認ずみシギント・パートナー一覧

からの資金援助を受けた国として、カナダ、イスラエル、日本、パキスタン、台湾、タイなど、いくつもの国が挙げられている。

中でもＮＳＡとイスラエルとの協力関係の歴史は長く、ときにファイヴ・アイズ同盟国と同程度、またはそれ以上の緊密さでこの二ヵ国は結ばれている。イスラエル諜報機関とＮＳＡで取り交わされたある覚書によれば、ＮＳＡとしては異例なことに、アメリカ国民の通信記録を含む生の情報を日常的にイスラエル側に提供している事実が発覚した。イスラエルに提供されているその情報とは次のようなものだ――「評価されもせず、最小化もされていない文書、ファックス、テレックス、音声、ＤＮＩメタデータとそのコンテンツ」。

この情報の共有に関して、なによりひどいのは法律で求められている〝最小化〟もすることなく、情報がイスラエルに送られている点だ。情報の最小化というのは、ＮＳＡのゆるいガイドラインでさえ収集を禁じている通信データを巨大な監視シ

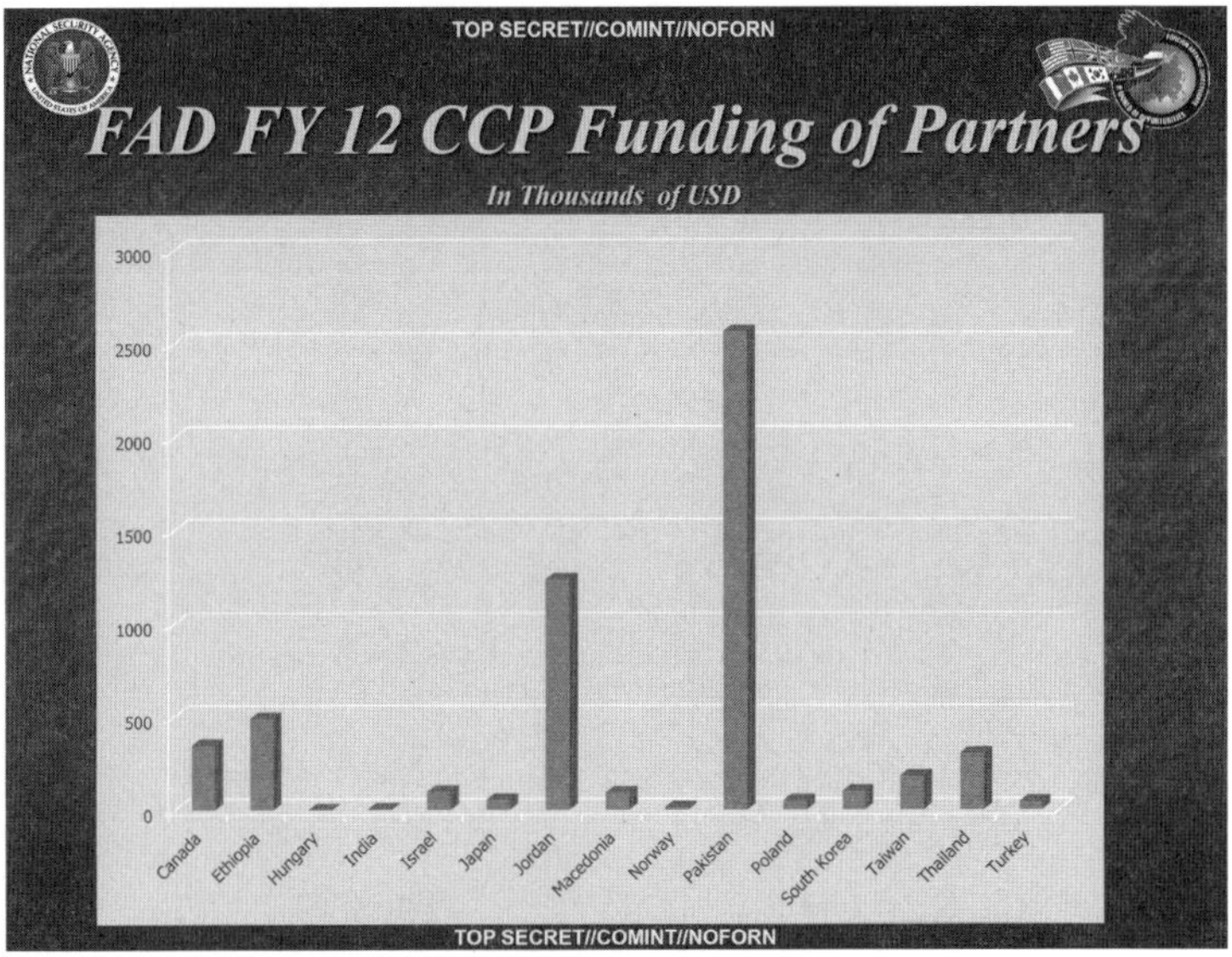

〈文書38〉 NSAの資金提供先の国名（横軸）とその額（縦軸、単位は千ドル）

ステムが拾ってしまった際、できるだけ速やかにそのデータを破棄し、ほかに広まるのを防ぐためのものだ。そんな最小化義務ながら、法が示すとおり、〝重要な外国情報機関の情報〟や〝犯罪を示すすべての証拠〟は除外するといった抜け穴がすでにいくらもあったにしろ、イスラエルの情報機関に情報を広めているとは、ＮＳＡは明らかにそうした適法性さえまったく放棄してしまっているのだ。覚書にはこともなげに次のように書かれている。「ＮＳＡはイスラエル通信情報国民部隊（ＩＳＮＵ）に最小化されている情報も最小化されていない情報も生の情報を定期的に送る」

しかし、イスラエルとの協力関係の歴史を説明するＮＳＡの内部資料を読み解くと、両国が協力国でありながら、同時に諜報活動の標的同士でもあるという微妙な関係性が浮き彫りになってくる。「以前のイスラエルの諜報活動には、常に信頼の問題がつきまとっていた」と書かれた内部資料では、合衆国に対して最も敵対的な諜報組織としてイスラエルが名指しされている。

〈文書39〉
（機密//特別情報//配布先変更なし）

さらにいくつか驚きもある……フランスは技術情報収集においてアメリカ国防総省をターゲットにし、イスラエルもわれわれを標的とする。イスラエルはすばらしいシギント・パートナーである一方、彼らはアメリカの情報を傍受し、中東問題におけるわれわれの立場を見きわめようとしている。『国家情報評価（NIE）』では、アメリカに対して最も敵対的な諜報活動をおこなっている国として、イスラエルが第三位にランキングされている。

この内部レポートによれば、両国の諜報機関はきわめて親密な関係にあったものの、アメリカ側が広範にわたる通信データを提供しても、その見返りがほとんど得られなかった事実が見えてくる。レポート内でNSAは非難する――イスラエル諜報部は自分たちに役立つデータを収集することにしか興味がなく、協力関係はほぼ完全にイスラエル側のニーズに傾いていた。

アメリカとイスラエルのニーズに沿って信号情報の交換を平等に保つことは、常に大きな課題だったが、ここ十年ほどはイスラエル側に有利な方向に大きく偏っていた。9・11以降、テロ対策におけるＮＳＡとイスラエルの唯一無二の関係は、ほぼ完全に彼らのニーズによって決まることになった。

ＮＳＡとの協力関係では、これまでに説明したファイヴ・アイズ（イスラエルを含むA層、または第二パーティ）とB層（第三パーティ）の下に第三の階層が存在する。ここに属すのは、アメリカの諜報活動のターゲットとなる国で、協力を仰ぐことはほぼ皆無と言っていい国――中国、ロシア、イラン、ベネズエラ、シリアといった一般的に敵対国とみなされる国々である。同時に、概して友好的な関係を保っている国や中立的な国もこの階層に含まれることがある――ブラジル、メキシコ、アルゼンチン、インドネシア、ケニア、南アフリカなどだ。

スノーデンがリークした当初、アメリカ政府はこう弁明した――ＮＳＡによる令状抜きの監視活動の対象は外国人のみであり、アメリカ国民は安全だ、と。二〇一三年六月十八日、オバマ大統領はジャーナリストのチャーリー・ローズのインタヴューで次のように語った。「私にははっきり言えるのは、もしあなたがアメリカ合衆国の国民であれば、ＮＳＡがあなたの電話を盗聴することなどありえません……法律と規則でそう決まっています。アメリカ国民に諜報活動をおこなう場合、裁判所に行って、妥当な理由を主張し、令状を取らなくてはいけません……このプロセスには昔からなんの変化もありません」。共和党の米下院情報委員長マイケル・ロジャースも〈ＣＮＮ〉のインタヴューにこう答えた。「ＮＳＡがアメリカ国民の通話内容を傍受するなど考えられない。しているとしたら、それは違法行為であり、法律を破っていることになる」

これはいささか奇妙な弁明と言える。合衆国政府は全世界に向けてこう宣言したようなものなのだから――NSAは外国人にかぎってプライヴァシーを侵害します。プライヴァシー保護はアメリカ国民のみの特権です、と。合衆国政府のメッセージはしっかりと世界に伝わり、またたくまに世界じゅうで非難の声が沸き上がった。プライヴァシー保護の最大の擁護者とはいえない〈フェイスブック〉CEOマーク・ザッカーバーグでさえ、NSAスキャンダルの対処について、合衆国政府は「完全にしくじり」、国際的なインターネット企業の利益を脅威にさらしたと非難した。「これじゃあ、心配しなくていいよ、アメリカ人の盗聴はしていないから、と言っていることと同じだ。すばらしい！　世界じゅうの人たちと一緒になって働こうとする、ぼくたちみたいな会社にとっては最高の発言だ！　わざわざテレビに出て、はっきり表明してくれてありがとう。ああ、ほんとうにひどい話だ」

不可思議な策略に加えて、政府のこの発表は、明らかな虚偽でもある。オバマ大統領や政府高官のたび重なる否定に反して、監視を正当化する令状なしに、NSAが継続的にアメリカ一般市民の通信内容を傍受しているのは明らかな事実だ。前述のとおり、二〇〇八年の外国諜報活動監視法改正により、外国籍の諜報対象者とのやりとりであれば、NSAは令状なしにアメリカ国民の通信内容を傍受できるようになった。NSAはこれを〝偶発的〟情報収集だと主張する。外国人を追跡していたら、たまたま許可なくアメリカ人の会話を盗聴してしまったのだ、と。しかし、こんな論理はまったく通用しない。アメリカ自由人権協会の法務副部長ジャミール・ジャファーは次のように解説する。

「政府はよく、NSAによるアメリカの一般市民の電話やメール傍受は〝偶発的〟なものであり、あたかも故意ではないかのような主張をする。まるで残念な出来事だとでも言いたげだ。

しかし、ブッシュ政権が監視活動強化を連邦議会に求めたとき、合衆国の一般市民の通信情報こそが最も貴重な情報である、と政府高官が自ら断言したのだ。たとえば、二〇〇六年、第一〇九回上院司法委員会での外国諜報活動監視法についての審議で、元NSA長官マイケル・ヘイデンは、次のように述べている。〝片方がアメリカにいる〟通信を傍受することが、われわれにとって最も重要な意味を持つ、と。

二〇〇八年の法改正の大きな目的は、アメリカ国民の国際通信を傍受し、違法行為に加担しているかどうかに関係なく情報を収集できるようにすることだった。これを深く読み解くと、ある決定的な事実が浮かび上がってくるのだが、政府はなんとかこの点を曖昧にしようと努めてきた――法改正によって、政府はアメリカ国民をターゲットに設定することなく、膨大な量の自国民の通信を手に入れることができるようになったのだ。

イエール大学ロースクールのジャック・バルキン教授も同じように警鐘を鳴らす。「以前ジョージ・ブッシュが令状なしの盗聴計画をひそかに強行したが、二〇〇八年の外国諜報活動監視法改正は、大統領にそれに類する計画を実行できる権限を与えた。これによって、テロリズムやアルカイダにまったく関係のない合衆国の一般市民の多くの通話が傍受されてしまうことになる」

〝アメリカ国民のプライヴァシーは保護されている〟というオバマ発言がその信憑性をさらになくす理由に、外国諜報活動監視裁判所のNSAへの盲従がある。これまで、監視活動の許可を求める申請に対して、裁判所はほぼすべてを承認してきた。そんな外国諜報活動監視裁判所の承認を得るプロセスこそ、NSAが法の監督下にある証拠だ、とNSA擁護者はよく強弁する。しかし、そもそも外国諜報活動監視裁判所は、政府権力を純粋に監督する機関として設立されたわけではない。一九七〇年代に発覚した不法監視活動への市民の怒りを鎮めるため、見せかけの改革として設立されたものだ。

いきすぎた監視へのチェック機能が働いていないことは、次の点からも明らかだろう――この外国諜報活動監視裁判所は、われわれが社会一般で考える司法制度の最低限の条件さえ何ひとつ満たしていない。すべては極秘裏に遂行され、判決文は自動的に〝機密〟扱いに指定され、裁判に参加して言い分を述べるのは一者、つまり政府のみ。さらに、今でこそほかの場所に移ったが、設立から長年にわたって司法省内に設置されており、法の番人としての独立した裁判所というよりは、行政機関内の一部署とずっと見られてきた。

そんな経緯で設立された外国諜報活動監視裁判所がたどる道は、誰もが予想したとおりだった――これまで、アメリカ人をターゲットとする諜報活動への申請が却下された事例はほとんどない。外国諜報活動監視裁判所はまさに〝自動スタンプ〟と化した。設立された一九七八年から二〇〇二年の二十四年間、無数に及ぶ政府の請求を許可した一方で、却下した数はゼロ。続く二〇一二年までの十年間では、二万件以上の承認に対し、却下は十一件のみだった。

二〇〇八年の外国諜報活動監視法改正によって、裁判所は、受け取った電子監視の請求数、および承認・修正・却下した件数を連邦議会に年に一度開示することが義務づけられた。二〇一二年の情報開示によると、裁判所は千七百八十八件すべての請求を承認、その内の四十件を〝修正〟している――つまり、法の権限によって諜報活動が制限されたのは、全体の三パーセントにも満たないということだ。

二〇一二年に外国諜報活動監視裁判所に提出された請求の総件数（外国諜報活動監視法第一〇七項、合衆国法典第五〇編第一八〇七条）

二〇一二年、合衆国政府は外国諜報活動監視裁判所に合計千八百五十六件の請求をおこない、外国諜報活動のための電子監視および所持品検査を実施する許可を求めた。この千八百五十六件という数字には、電子監視のみ、所持品検査のみ、電子監視と所持品検査の両方を求める請求の件数が盛り込まれている。これらのうち、千七百八十九件が電子監視の請求である。

この千七百八十九件のうち、一件は合衆国政府により取り下げられたが、外国諜報活動監視裁判所によって全部または一部が棄却された請求は一件もない。

これは二〇一一年においても同様で、この年、NSAは千六百七十六件の請求をおこない、外国諜報活動監視裁判所はそのうち三十件を修正したものの、ほかのすべての請求については一部にしろ棄却しなかった。

NSAに対する外国諜報活動監視裁判所のこの盲従の姿勢は、ほかの統計にも表れている。たとえば、NSAが愛国者法に基づいてアメリカ国民の業務記録（通話、財務、医療に関する記録）の取得を請求した場合の、この裁判所の七年間の反応は次頁のようになっている。

Gov't surveillance requests to FISA court

Year	Number of business records requests made by U.S. Gov't	Number of requests rejected by FISA court
2005	155	0
2006	43	0
2007	17	0
2008	13	0
2009	21	0
2010	96	0
2011	205	0

[Source: Documents released by ODNI, 18/Nov/2013]

〈文書40〉 合衆国政府による業務記録の請求件数及び裁判所が棄却した請求の件数
（出典：2013年11月18日に国家情報長官室により開示された文書）

以上に示したのはほんの一例だが、ターゲットの通信を監視する際に外国諜報活動監視裁判所の承認が必要となる場合であっても、この裁判所はNSAに対するチェック機関としては機能しておらず、むなしい茶番劇でしかないことがわかる。

また、やはり一九七〇年代の監視スキャンダルを受けて結成された議会の情報委員会も、表向きはNSAを監督することになっているが、彼らはどうやら外国諜報活動監視裁判所よりさらに怠惰であったようだ。インテリジェンス・コミュニティに対する〝議会の油断なき監督〟の名目のもとに設立されたこれらの委員会は、ワシントンでも随一のNSAの忠臣、民主党のダイアン・ファインスタイン上院議員と共和党のマイケル・ロジャース下院議員が長を務めている。ファインスタインやロジャース、それに彼らが率いる委員会は、NSAの監視活動に対して厳正なチェックをおこなうどころか、基本的にNSAのやることなすことすべてを擁護、正当化しているだけなのだ。

〈ニューヨーカー〉の記者ライアン・リッザが二〇一三年十二月の記事で報道したように、「委員会は監視するかわりに、諜報機関の高官を二枚目俳優のように崇拝して」いる。NSAの活動に関する上院委員会の聴聞会に立ち会った者は、上院議員たちが眼のまえのNSA高官たちに〝質疑〟する姿に衝撃を受けたはずだ。質疑とは名ばかりで、上院議員たちは9・11の同時多発テロを回想し、将来の攻撃を防ぐことの重要性について滔々《とうとう》と語るだけだったからだ。彼らはNSA高官たちへの質疑と監督責任を放棄し、あろうことかNSAの弁護にまわったのだ。これこそ過去十数年にわたる委員会の真の姿を如実に物語っている。


それだけではない。この議会委員会の委員長たちは、場合によってはNSAの高官本人たちより精力的にNSAを弁護しさえした。二〇一三年八月、フロリダ州選出の民主党議員アラン・グレイソンとヴァージニア州選出の共和党議員モーガン・グリフィスが、個別に私に接触してきた。ふたりとも同じ不満を抱えていた。この委員会が彼らやほかの委員を妨害して、NSAに関するもっとも基本的な情報にもアクセスできないようにしており、そのせいでNSAをまともに監督することができないのだという。ふたりはそれぞれが書いた手紙を私に渡した。どちらもマイケル・ロジャース委員長のスタッフに宛てたもので、メディアで報じられているプログラムについての情報を要求する内容だった。が、その要求は再三にわたって拒否された。

スノーデンによる暴露を受けて、いきすぎた監視活動にかねてから懸念を示していた民主・共和両党の議員から成るグループが、NSAの権力を〝ほんとうの意味で〟制限できる法律を起草しようと動いた。が、オレゴン州選出のロン・ワイデン民主党上院議員が率いるこの改革グループはすぐに障害にぶつかり、上院のNSA擁護者たちの反対運動によってうわべだけの改革に終わってしまう。それだけならまだしも、これによってNSAの権力は増大しさえした。オンラインマガジン〈スレート〉の記者デイヴ・ウィーゲルが十一月にこう報じている。

NSAによる大量データ収集や監視プログラムを批判する者も、連邦議会の怠惰さにまではまるで眼が向いていない。彼らは議会による改革を期待していた。が、議会が実際に何をしたのかと言えば、すでに暴露され、非難の対象となっていたNSAの行為を成文化、正当化しただけのことだ。こういったことは常に起きている。二〇〇一年の愛国者法に対する修正や再承認は、壁よりも多くの裏口をつくってきたということだ。

オレゴン州選出のロン・ワイデン上院議員は先月、「私たちが立ち向かうべき相手は、旧態依然とした軍団だ。その軍団は政府の諜報機関の大物、シンクタンクや学会に身を置く彼らの盟友、引退した政府高官、彼らに同調する立法者たちだ」と警告を発した。「彼らの狙いは、監視活動に関する改革をうわべだけのもので終わらせることだ……プライヴァシーを実際には少しも守ってくれないプライヴァシー保護など、なんの意味もない」

〝いかさま改革〟一派を主導したのが、NSAの監督に誰より責任を負うはずのダイアン・ファインスタイン上院議員だった。彼女は長いあいだアメリカの国家安全保障という大義に忠実に仕えてきた。イラク戦争を熱烈に支持し、ブッシュ政権下のNSAによる尋問プログラムを強力に支援した。夫がさまざまな軍事請負い契約と利害関係のある人物ということもあり、彼女が諜報機関を監督するとされる委員会――実際には何年にもわたり、まったく逆の職務を果たしてきた委員会――を指揮することになったのは自然のなりゆきだった。

政府は全否定しているものの、誰をどのように監視するかについて、NSAは実質的にはほとんど制限を受けていない。明らかに制限されてしかるべきケース――たとえば、アメリカ国民がターゲットになるケース――でさえ、その手続きは形骸化している。透明性も説明責任もなく好き勝手に振る舞えるNSAはまぎれもない〝ならず者機関〟だ。

ごく大ざっぱに分類すると、NSAは二種類の情報を収集している。コンテンツとメタデータだ。ここでの〝コンテンツ〟とは文字通り人々の電話通話を聞くことだ。あるいは、閲覧履歴や検索履歴といった一般的なインターネット活動を含めて、メールやオンラインチャットを読むことだ。〝メタデータ〟はこれらの通信に付随して蓄積されるデータで、NSAはこれを「コンテンツについての情報（ただし、コンテンツそのものではない）」と説明している。

Eメールのメタデータにはメールの送受信者、件名、送信者の位置などの情報が記録され、電話のメタデータには発信者と受信者の身元、通話時間のほか、しばしば位置情報と通信機器の種類が含まれる。以下の文書では、NSAがアクセス、保管していたメタデータの概要が述べられている。

〈文書41〉

ⅠＣＲＥＡＣＨ信号情報データベース内のメタデータの種類

（極秘／／国外配布禁止）ＮＳＡは以下の項目をＰＲＯＴＯＮ信号情報データベースに追加。受信者番号、発信者番号、日時、通話時間

（極秘／／特別情報／／配布先変更なし）ⅠＣＲＥＡＣＨユーザーは以下の項目の電話メタデータを閲覧できる。

日時　通話時間　受信者番号　発信者番号　受信ファックス番号　送信ファックス番号
国際移動電話加入者識別番号《IMSI》　臨時移動電話加入者識別番号《TMSI》　国際移動体装置識別番号《IMEI》
携帯電話番号《MSISDN》　着信携帯電話番号《MDN》　発信者電話番号《CLI》　ショートメッセージ受信者《DSME》
ショートメッセージ送信者《OSME》　加入者位置レジスタ《VLR》

合衆国政府は、スノーデンの文書で暴露された監視活動の大半はあくまでも〝メタデータの収集〟であって、〝コンテンツの収集〟ではないと主張し、この種のスパイ活動はプライヴァシーの侵害にはあたらないと示唆している。少なくとも、コンテンツの傍受ほどの侵害にはあたらない、と。ダイアン・ファインスタインも〈ＵＳＡトゥデイ〉で「いかなる通信コンテンツも収集していないため、全アメリカ国民の電話メタデータ収集は監視活動にはあたらない」と断言している。

これらの反論はもっともらしく聞こえるが、実のところ、メタデータの監視はむしろコンテンツそのものの傍受より深刻にプライヴァシーを侵害する。彼らはその事実を隠そうとしているだけのことだ。あなたが電話をかけたり、あなたに電話をかけたりする人物、Eメールをやりとりする相手、あなたのEメールが送信される場所の位置情報、通話時間といった情報を把握されてしまえば、あなたの生活、交友関係、活動に関する情報といった、もっとも繊細でプライヴェートな情報が驚くほど筒抜けになってしまう。

NSAのメタデータ収集プログラムの正当性をめぐってアメリカ自由人権協会が提出した供述書の中に、プリンストン大学でコンピューター・サイエンスの教授を務めるエドワード・フェルテンによる説明がある。これを見れば、メタデータ監視によって多くの情報が明らかになってしまう理由がわかるだろう。

次のようなケースを想定してみるといい。ある女性が、かかりつけの婦人科医に電話をする。それからすぐに母親に電話し、その後、ある男性に電話をする。この男性は、過去数ヵ月間、この女性が午後十一時以降にしばしば電話をしていた相手だ。それから中絶の斡旋をしている家族計画センターに電話をしたとしたら、どうだろう。一本の通話の記録を調べるだけでは明らかにならないような、おおまかな筋が把握できるはずだ。

ただ一度の電話通話でさえ、そのメタデータは実際の電話の中身——コンテンツ——より多くの情報源になることがある。ある女性が中絶クリニックにかけた電話の中身を聞いても、ごく一般的に聞こえる施設（〝イーストサイド・クリニック〟にしろ〝ジョーンズ診療所〟にしろ）に誰かが診察予約の電話を入れたこと以外、何もわからないかもしれない。一方、メタデータはそれよりはるかに多くのことを示す可能性がある。受信者の身元まで明らかにするのだから。

デートサーヴィスやゲイ・センターやレズビアン・センターや麻薬中毒クリニックやＨＩＶの専門家や自殺防止ホットラインにかけた場合にも同じことが言える。メタデータは人権活動家と抑圧的な政権下にいる情報提供者とのやりとりも、秘密の情報源がハイレヴェルの不正を告発しようとしてジャーナリストに知らせる一報も白日のもとにさらしてしまう。あなたがもし夜遅くにあなたの配偶者ではない誰かに頻繁に電話をしていたら、メタデータはそういうことも暴いてしまう。メタデータからわかるのは、あなたが連絡を取る相手や、その頻度だけではない。あなたのその友人や知り合いが連絡を取る相手全員まで明らかになり、あなたの交友関係の全体像が把握されてしまうのだ。

フェルテン教授の指摘のとおりだ。電話の盗聴には、会話で使用される言語のちがい、スラング、とりとめのない雑談、暗号、故意または偶然による婉曲な表現といった難題がつきまとう。教授のことばを借りれば、「通話内容はそもそも体系化されていないので、自動的に分析することははるかにむずかしい」のだ。一方、メタデータは数理的だ。余分な要素がなく、正確なため、分析しやすく、しばしば「コンテンツの代用品《プロキシ》」となる。

――電話のメタデータによって……われわれの習慣や人間関係について、膨大な量の情報が暴露されかねない。電話をする時刻のパターンからは起床や就寝の時間がわかるし、安息日に電話を使わなかったり、クリスマスの日に多くの電話をかけたりしていたら、信仰している宗教も判明してしまう。また、業務習慣や社交性、友人の数のほか、関わっている民間の活動、政治活動などもわかってしまう。

最後にフェルテン教授は、「メタデータの大量収集により、政府はより多くの人々についての情報を得られるようになった。それだけでなく、以前であれば特定の個人に関する情報を集めるだけでは知るべくもなかった、新しい種類のプライヴェートな情報さえ収集できるようになった」と結んでいる。

この手の繊細な情報の利用法などいくらでも考えられ、そういうことを心配しないほうがおかしい。なぜなら、オバマ大統領とＮＳＡのたび重なる主張に反して、ＮＳＡの大規模な監視活動はテロ対策とも国家安全保障とも関係がなかったのはもうすでに明らかだからだ。スノーデンの文書の多くが明らかにしたのは、〝経済スパイ〟としか呼びようのないものだった。彼らはブラジルの石油業界の巨人〈ペトロブラス〉、ラテンアメリカの経済会議、ベネズエラやメキシコのエネルギー関連企業に対して盗聴やＥメール傍受をおこない、カナダ、ノルウェー、スウェーデンをはじめとするＮＳＡの協力国も、ブラジルの鉱業・エネルギー省やさまざまな国家のエネルギー関連企業に対してスパイ活動をおこなっていたのだ。

ＮＳＡとＧＣＨＱが作成した以下の驚くべき文書には、明らかに経済的な理由から監視されていたと思われるターゲットの詳細が記されている。そこに並んでいるのは、〈ペトロブラス〉、グーグルのインフラ、国際銀行間通信協会《SWIFT》のバンキングシステム、ロシアの石油企業〈ガスプロム〉と航空会社〈アエロフロート〉といった名前だ。

〈文書42〉
（機密//特別情報//配布先：アメリカ、ファイヴ・アイズ）
プライヴェート・ネットワークの重要性
多くのターゲットがプライヴェート・ネットワークを使用。
グーグルのインフラ　SWIFTネットワーク　アエロフロート　ガスプロム　フランス外務省
ワリッド・テレコム　ペトロブラス
（ほか七項目の名称を削除）
調査から得られた事実：BLACKPEARL《ブラックパール》プログラム内の三〇〜四〇パーセントにあたるトラフィックで、少なくともひとつのエンドポイントがプライヴェート・ポートに割り当てられている。

にもかかわらず、オバマ大統領と政府高官は、経済的な優位を得るために監視能力を使っているとして、何年にもわたって中国政府を猛烈に非難してきた。その一方、アメリカとその同盟国は絶対にそんな真似はしないと力説してきた。〈ワシントン・ポスト〉はNSAの報道官の発言を引用して、次のように報道した。「国防総省（NSAもこの機関の一部）は〝コンピュータ

〈文書43〉 NSAの〝顧客〟リスト（農務省、司法省、財務省、商務省が囲まれている）

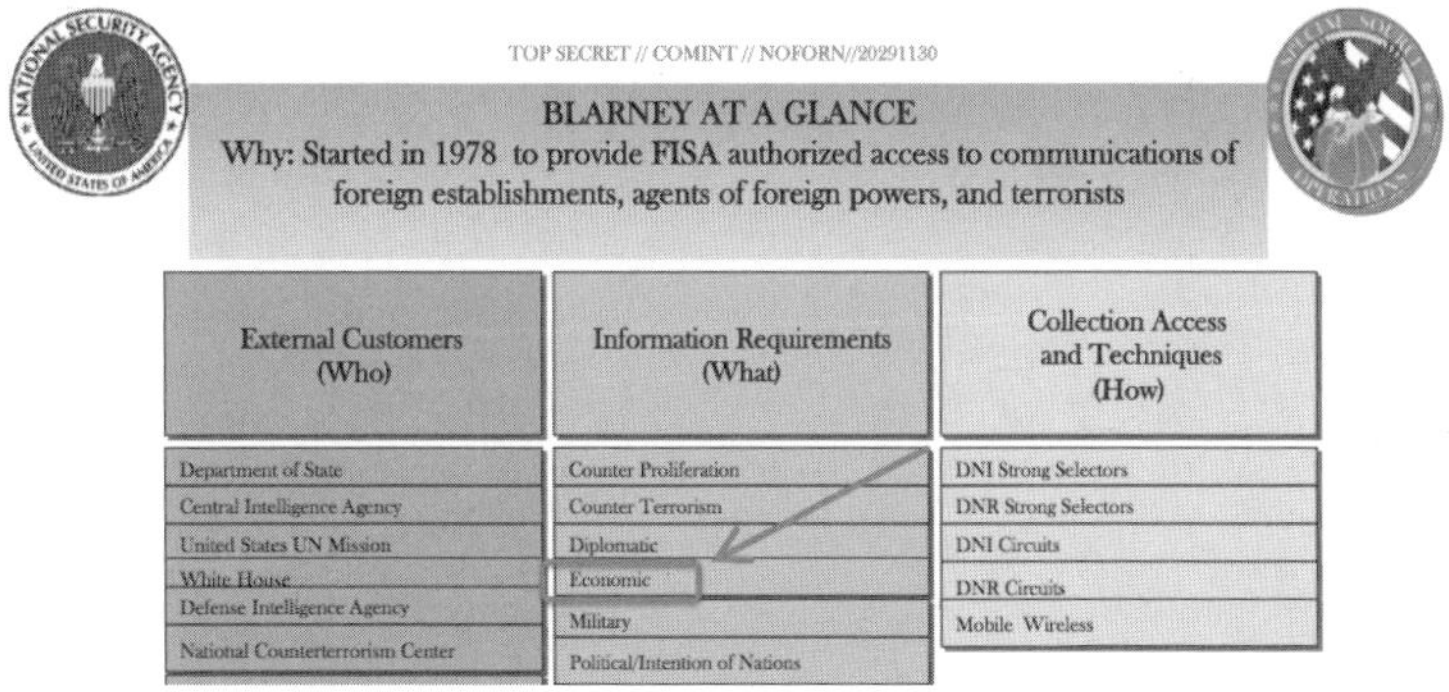

〈文書44〉 BLARNEYの概要：外国諜報活動監視裁判所の許可を得た上で、外交施設、外国勢力、テロリストの通信にアクセスするため、1978年より運用

ー・ネットワーク利用〟に取り組んではいるが、サイバー分野を含め、いかなる分野においても経済スパイ活動には従事していない」

NSAはこのように否定しているが、彼らがまさしくその経済的な動機からスパイ活動をしていることは、NSAの文書が自ら証明している。NSAは、彼らが〝顧客〟と呼ぶ人々の利益のために活動しており、この〝顧客〟には、ホワイトハウス、国務省、CIAのほか、経済に特化した機関である米通商代表部、農務省、財務省、商務省などが含まれている。

また、BLARNEY《ブラーニー》プログラムの説明の中で、NSAは〝顧客〟らに提供しなければならない情報の種類をカテゴリー別に分けているが、そのカテゴリーには「テロ対策」「外交」のほか「経済」も含まれている（いずれも前頁参照）。

〈文書45〉

（機密//特別情報）US-984（PDDG：AX）は、外国諜報活動監視裁判所命令により承認された通信のDNRとDNIを収集する。

（機密//特別情報）主要なターゲット：外交施設、テロ対策、外国政府、経済

NSAが経済情報に関心を持っているという証拠は、PRISMの文書中にも存在している。二〇一三年二月二日から八日の週における「報告トピックのサンプル」欄がそれだ。このリスト

にはさまざまな国から収集された情報の種類が示されている。その中に「経済」と「財務」のカテゴリーがあり、さらに小区分として「エネルギー」と「貿易」と「石油」が含まれている。

〈文書46〉
(機密//特別情報//国外配布禁止) PRISMの一週間分の報告
二〇一三年二月二日から八日における報告トピックのサンプル

メキシコ＝麻薬／エネルギー／治安／政治問題
日本＝貿易／イスラエル
ベネズエラ＝軍備調達／石油

国際《I》安全保障《S》問題《I》を担当するNSAのグローバル・ケイパビリティ・マネジャーが二〇〇六年に作成した連絡票にも、ベルギー、日本、ブラジル、ドイツといった国々に対する経済および貿易スパイ活動のことが明確に記されている。

〈文書47〉
(非機密) NSAのワシントン・ミッション
(非機密) 地域限定
(機密//特別情報) ISIは三つの大陸の十三の国家を担当している。これらの国家はおしなべて、アメリカの経済、貿易、防衛面で大きな意味を持っている。西ヨーロッパ戦略的提携部門の主要な監視対象は、ブラジル、日本、メキシコのほか、ベルギー、フランス、ドイツ、イタリア、スペインの外交政策、貿易活動である。

（機密//特別情報）エネルギー資源部門は世界経済に影響を与えるエネルギーの生産・開発状況に関して、貴重な情報を提供している。現時点での主要ターゲットは[redacted]である。報告内容には対象国のエネルギー部門がおこなっている国際投資の状況や、電子機器、監視制御・データ収集《SCADA》のアップグレード状況、エネルギー計画に関するCADデータなどが含まれる。

〈ニューヨーク・タイムズ〉は、スノーデンがリークしたGCHQの文書の一部に関する記事で、監視対象には金融機関が多く、「国際的援助団体や外国のエネルギー企業のトップ、独占禁止法をめぐってアメリカのテクノロジー業界と対立しているEUの職員などが含まれている」と報じている。さらに、「アメリカとイギリスの諜報機関はEUの高官、アフリカの首脳を含む各国の指導者（場合によってはその家族も）、ユニセフなどの救済プログラムや国連の重要人物、石油や財務を担当する省庁の監督官も監視していた」としている。

経済スパイをする理由は明確だ。貿易会議や経済会議の際、他国が計画している戦略を秘密裏に入手できれば、自国の産業に計り知れないほどの恩恵がある。二〇〇九年、国務次官補のトーマス・シャノンはキース・アレキサンダー宛てに手紙を書いた。経済協定をめぐる交渉の場である第五回米州首脳会議に向け、国務省はＮＳＡから多大な信号諜報支援を受けており、それに対する感謝と祝いのことばを述べるためだった。手紙の中で彼は、監視活動のおかげで他国との交渉を有利に運ぶことができた点にとりわけ注目している。

ＮＳＡから提出された百以上の報告書により、首脳会議参加国の計画や意図について、深い洞察を得られた。これらの情報のおかげで、キューバなどのむずかしい問題やベネズエラのチャベス大統領をはじめとする難物にどう対処すればいいか、オバマ大統領とクリントン国務長官に適切な助言ができた。

ＮＳＡは外交スパイ活動にも同様に力を傾けている。これまでに引用した文書に「政治問題」という項目があることからも、その事実は明らかだ。中でも悪質な例をここに挙げよう。ＮＳＡはブラジル大統領ジルマ・ルセフと彼女の主要顧問ら、それにメキシコの二〇一一年選挙における大統領有力候補（現大統領）エンリケ・ペニャ・ニエトと九名の盟友をターゲットにして、彼らの権利を著しく侵害する監視活動をおこなっていたのだ。以下の文書には、ニエトと盟友とのあいだでやりとりされたメールの傍受内容が記されている。

〈文書48〉
（非機密）結果
（極秘//特別情報//配布先：アメリカ、イギリス、オーストラリア、カナダ、ニュージーラン

ド）八万五千四百八十九件のメール・メッセージ
興味深いメッセージ
（機密／／特別情報／／配布先：アメリカ、イギリス、オーストラリア、カナダ、ニュージーランド）ホルヘ・コロナ――ニエトの盟友

〈文書49〉

（非機密）結論
（極秘／／配布先：アメリカ、イギリス、オーストラリア、カナダ、ニュージーランド）

グラフを改良したフィルター機能を使うのはシンプルで効果的な手法である。これにより、以前は入手不可能だった情報を得られ、分析能力が強化される。

（機密／／特別情報／／配布先：アメリカ、イギリス、オーストラリア、カナダ、ニュージーランド）S2C、SATCが力を合わせることで、セキュリティ運用専門家、ブラジル、メキシコのターゲットなどの要人に対して、この技術を適用することができた。


ブラジルとメキシコの政治的指導者がNSAのターゲットになった理由は容易に察しがつく。どちらの国も石油資源が豊富で、どちらも大国で、地域で大きな影響力を持っている。アメリカにとっての敵対国というわけではないが、もっとも近しい、信頼できる同盟国というわけでもないからだ。「課題の特定：二〇一四年から二〇一九年までの地政学的傾向」と題されたNSAの

TOP SECRET//COMINT//REL TO USA, GBR, AUS, CAN, NZL

(U//FOUO) S2C42 surge effort

(U) Goal

(TS//SI//REL) An increased understanding of the communication methods and associated selectors of Brazilian President Dilma Rousseff and her key advisers.

TOP SECRET//COMINT//REL TO USA, GBR, AUS, CAN, NZL

〈文書50〉 ブラジル大統領ジルマ・ルセフと主要顧問らの通信手段、関連セレクターについて、さらなる理解が得られた

TOP SECRET//COMINT//REL TO USA, GBR, AUS, CAN, NZL

(U//FOUO) S2C41 surge effort

(TS//SI//REL) NSA's Mexico Leadership Team (S2C41) conducted a two-week target development surge effort against one of Mexico's leading presidential candidates, Enrique Pena Nieto, and nine of his close associates. Nieto is considered by most political pundits to be the likely winner of the 2012 Mexican presidential elections which are to be held in July 2012. SATC leveraged graph analysis in the development surge's target development effort.

TOP SECRET//COMINT//REL TO USA, GBR, AUS, CAN, NZL

〈文書51〉 NSA のメキシコ指導者担当チーム（S2C41）はメキシコの大統領有力候補エンリケ・ペニャ・ニエトと９名の盟友に対し、２週間の集中的なターゲット特定をおこなった。大方の専門家によると、ニエトは2012年７月に実施される大統領選挙での最有力候補である。SATC はグラフ分析官を投入し、集中的なターゲット特定に取り組んでいる

計画書には、「友、敵、はたまた頭痛の種か？」との見出しがあり、その下に両国の名前が記されている。ほかにもエジプト、インド、イラン、サウジアラビア、ソマリア、スーダン、トルコ、イエメンが列挙されている。

しかし、つまるところ、ほかのほとんどの場合と同様、ターゲットにされる国は虚偽の前提に基づいて決められている。そして、ＮＳＡは個人の私的な通信を侵害するにあたり、明確な理由も論拠も必要としない。機関としての彼らの使命は「すべてを収集する」ことなのだから。

むしろＮＳＡが外国の指導者に対してスパイ行為をおこなっていたという事実より、あらゆる一般市民に対して令状なしの大量監視がおこなわれていたことのほうがはるかに深刻だ。数世紀前から、国家というものは同盟国を含む他国の首脳をスパイしてきた。ＮＳＡが長年にわたってドイツのアンゲラ・メルケル首相の個人携帯電話をターゲットにしてきたことが判明したあと、激しい抗議運動が起きたが、こうしたスパイ行為自体はよくあることだ。

ほんとうに注目すべきなのは、ＮＳＡが億単位の一般市民に対してスパイ活動をおこなっていたことが明らかになったにもかかわらず、どの国の政治的指導者もおざなりの抗議しかしなかったことだ。彼らがほんとうに腹を立てたのは、自国民だけでなく、自身もターゲットにされていたことが判明したあとだった。

ＮＳＡが実践している外交スパイ活動の規模は異常なほど大きく、特筆に値する。アメリカは外交上優位に立つため、国連のような国際的組織さえ大々的に監視してきた。その代表的な証拠が、二〇一三年四月に作成された特殊情報源工作部門《SSO》の報告書だ。この報告書には、ＳＳＯが各種プログラムを使って、オバマ大統領と国連事務総長との会談に備え、国連事務総長の発言内容に関する情報を入手したことが記されている。

〈文書52〉

(非機密) 作戦のハイライト

(機密//特別情報//国外配布禁止) BLARNEYチームのサポートを受けて、XKeyscoreのフィンガープリントを実装したS2C52の分析官は、アメリカ大統領との対話に先立ち、国連事務総長の発言内容にアクセスした。

当時の国連大使にしてオバマ政権の現・国家安全保障問題担当補佐官のスーザン・ライスは、幾度となくNSAにスパイ行為を要請し、主要加盟国の内輪の議論に関する情報を手に入れさせていた。その事実は多くの文書に克明に記されている。二〇一〇年のSSOの報告書には、国連で議論された決議――イランへの新たな制裁も含みかねない決議――と関連して、このプロセスの内容が記されている。

〈文書53〉

(極秘//特別情報) BLARNEYチームの活躍により、国連安保理から情報を収集

(執筆者名削除) 二〇一〇年五月二十八日十四時三十分

(機密//特別情報//国外配布禁止) 直近の対イラン制裁決議をめぐって各国が投票の意思決定を

進める中、スーザン・ライス国連大使は戦略を立てるためにNSAに接触し、各国の信号情報を要求した。この任務はすばやく、われわれの法的権限内で完了させる必要があったため、BLARNEYチームがNSA内外の組織、パートナーとの協同作業に取りかかった。

（機密//特別情報//国外配布禁止）法律顧問室《OGC》、監督室《SV》、主要関心ターゲット室《TOPI》は法律文書業務に積極的に取り組み、ガボン、ウガンダ、ナイジェリア、ボスニアに対する外国諜報活動監視裁判所の新たな命令書四件を処理した。一方、BLARNEYの工作部員はどのような調査情報が入手可能かを調べ、併せて、長年のつき合いがあるFBIの連絡役からどのような情報が入手可能かを洗い出した。ニューヨークの国連ミッションとワシントンの大使館ミッションに関する情報が集まる中、ターゲット特定チームはデータフロー人員とともに順調に作業を進め、すみやかにTOPIにデータを渡す準備が整えられた。法律チームとターゲット特定チームの人員が五月二十二日（土曜日）に招集され、二十四時間体制で法律文書業務に取り組み、命令書は五月二十四日の朝に記入されるNSA長官の署名を待つばかりとなった。

（極秘//特別情報）OGCとSVは四件の命令書の処理を迅速に進め、記録的な短時間でNSA長官の署名、国防長官の署名、外国諜報活動監視裁判所経由による司法長官の署名を得るにいたった。四件の命令書は五月二十六日（水曜日）に裁判官が署名をおこなう。これらの命令書がBLARNEYの法律チームのもとに届くと、彼らは即座に行動に移り、四件の命令書の処理と〝日常〟の更新業務を一日で終えた。つまり、一日で五件の命令書を処理したことになる。これはＢＬＡＲＮＥＹチームの新記録だ。ＢＬＡＲＮＥＹの法律チームが命令書の処理に追われるあいだ、ＢＬＡＲＮＥＹアクセス管理チームはＦＢＩと力を合わせて、与えられた情報を伝達し、通信業者の協力を取りつけた。

二〇一〇年八月に作成された類似の監視文書からも、その後の対イラン制裁決議について、アメリカが国連安保理の八ヵ国にスパイ行為をおこなったことがわかる。このときの監視対象国にはフランス、ブラジル、日本、メキシコが含まれている。いずれも友好国と見なされている国だ。このスパイ行為によって、合衆国政府は各国の賛否の意図に関する貴重な情報を入手し、安保理のほかの理事国との対話で有利な地位を確保した。

〈文書54〉
（非機密//私用禁止）静かなる成功：信号諜報が合衆国政府の外交政策に助け舟

（機密//特別情報//国外配布禁止）
長期にわたる交渉の開始にあたり、ＮＳＡはフランス、ブラジル、日本、メキシコの情報収集活動を継続した。

二〇一〇年晩春、五つの情報処理班の十一の部門がＮＳＡと協力し、対イラン制裁決議に関する国連安保理の理事国の投票意図について、最新かつ正確な情報をアメリカ国連使節やほかの顧客に対して提供できるようになった。イランは核開発計画について、前回の国連安保理決議に対する不服従の姿勢を貫いている。国連はさらなる制裁措置を二〇一〇年六月九日に科す予定。国連安保理のほかの理事国が賛成・反対のどちらに投票するかについて、アメリカ国連使節は最新の情報を入手しつづけることができたが、これは信号諜報の力によるところが大である。

この決議は賛成十二票、反対二票（ブラジル、トルコ）、レバノンが棄権する形で採択された。アメリカ国連使節によると、信号諜報のおかげでほかの常任理事国が真実を語っているのかどうか……反対・賛成のどちらに投票するつもりなのかがわかり……また、他国の〝許容限度〟を知ることができたため、交渉を有利に運ぶことができたとのこと。

外交的スパイ活動のために、NSAはアメリカにもっとも近しい同盟国の多くの大使館や領事館にもさまざまな形でアクセスしていた。二〇一〇年に作成された以下の文書（ここではいくつかの特定の国名は削除した）には、NSAが盗聴・傍受したアメリカ国内の外交施設の一覧があり、その一覧からさまざまな監視法が用いられていたことがわかる。

〈文書55〉
二〇一〇年九月十日
近接アクセスSIGAD

SUFFIX	TARGET/COUNTRY	LOCATION	COVERTERM	MISSION
BE	Brazil/Emb	Wash, DC	KATEEL	LIFESAVER
SI	Brazil/Emb	Wash, DC	KATEEL	HIGHLANDS
VQ	Brazil/UN	New York	POCOMOKE	HIGHLANDS
HN	Brazil/UN	New York	POCOMOKE	VAGRANT
LJ	Brazil/UN	New York	POCOMOKE	LIFESAVER
YL *	Bulgaria/Emb	Wash, DC	MERCED	HIGHLANDS
QX *	Colombia/Trade Bureau	New York	BANISTER	LIFESAVER
DJ	EU/UN	New York	PERDIDO	HIGHLANDS
SS	EU/UN	New York	PERDIDO	LIFESAVER
KD	EU/Emb	Wash, DC	MAGOTHY	HIGHLANDS
IO	EU/Emb	Wash, DC	MAGOTHY	MINERALIZE
XJ	EU/Emb	Wash, DC	MAGOTHY	DROPMIRE
OF	France/UN	New York	BLACKFOOT	HIGHLANDS
VC	France/UN	New York	BLACKFOOT	VAGRANT
UC	France/Emb	Wash, DC	WABASH	HIGHLANDS
LO	France/Emb	Wash, DC	WABASH	PBX
NK *	Georgia/Emb	Wash, DC	NAVARRO	HIGHLANDS
BY *	Georgia/Emb	Wash, DC	NAVARRO	VAGRANT
RX	Greece/UN	New York	POWELL	HIGHLANDS
HB	Greece/UN	New York	POWELL	LIFESAVER
CD	Greece/Emb	Wash, DC	KLONDIKE	HIGHLANDS
PJ	Greece/Emb	Wash, DC	KLONDIKE	LIFESAVER
JN	Greece/Emb	Wash, DC	KLONDIKE	PBX
MO *	India/UN	New York	NASHUA	HIGHLANDS
QL *	India/UN	New York	NASHUA	MAGNETIC
ON *	India/UN	New York	NASHUA	VAGRANT
IS *	India/UN	New York	NASHUA	LIFESAVER
OX *	India/Emb	Wash, DC	OSAGE	LIFESAVER
CQ *	India/Emb	Wash, DC	OSAGE	HIGHLANDS
TQ *	India/Emb	Wash, DC	OSAGE	VAGRANT
CU *	India/EmbAnx	Wash, DC	OSWAYO	VAGRANT
DS *	India/EmbAnx	Wash, DC	OSWAYO	HIGHLANDS
SU *	Italy/Emb	Wash, DC	BRUNEAU	LIFESAVER
MV *	Italy/Emb	Wash, DC	HEMLOCK	HIGHLANDS
IP *	Japan/UN	New York	MULBERRY	MINERALIZE
HF *	Japan/UN	New York	MULBERRY	HIGHLANDS
BT *	Japan/UN	New York	MULBERRY	MAGNETIC
RU *	Japan/UN	New York	MULBERRY	VAGRANT
LM *	Mexico/UN	New York	ALAMITO	LIFESAVER
UX *	Slovakia/Emb	Wash, DC	FLEMING	HIGHLANDS
SA *	Slovakia/Emb	Wash, DC	FLEMING	VAGRANT
XR *	South Africa/UN & Consulate	New York	DOBIE	HIGHLANDS
RJ *	South Africa/UN & Consulate	New York	DOBIE	VAGRANT
YR *	South Korea/UN	New York	SULPHUR	VAGRANT
TZ *	Taiwan/TECO	New York	REQUETTE	VAGRANT
VN *	Venezuela/Emb	Wash, DC	YUKON	LIFESAVER
UR *	Venezuela/UN	New York	WESTPORT	LIFESAVER
NO *	Vietnam/UN	New York	NAVAJO	HIGHLANDS
OU *	Vietnam/UN	New York	NAVAJO	VAGRANT
GV *	Vietnam/Emb	Wash, DC	PANTHER	HIGHLANDS

国内のあらゆる近接アクセス情報収集にはUS－3136のS－GADが使われ、ターゲットの位置とミッションに応じて、二文字の固有接尾辞が付与される。GENIEプログラムによる海外の近接アクセス情報収集にはUS－3137のS－GADが使われ、二文字の固有接尾辞が付与される。

（注意：＊印のついたターゲットはリストから除外されたか、近い将来に除外される予定である。管理状態についてはTAO／RTD／ROS［961－1578s］に確認すること）

S－GAD：US－3137

用語解説
HIGHLANDS：埋め込み装置からの情報収集
VAGRANT：コンピューター画面の情報収集
MAGNETIC：磁気放射センサーからの情報収集
MINERALIZE：LANの埋め込み装置からの情報収集
OCEAN：走査線式モニター用の光学情報収集システム
LIFESAVER：ハードドライブのイメージ化
GENIE：エアギャップなどを飛び越える複数の段階のオペレーション
BLACKHEART：FBIの埋め込み装置からの情報収集
PBX：構内電話交換スイッチ

ＣＲＹＰＴＯ　ＥＮＡＢＬＥＤ：アクセス工作部門の暗号化作業により抽出された情報収集
ＤＲＯＰＭＩＲＥ：アンテナを使った受動的収集
ＣＵＳＴＯＭＳ：税関での情報収集（ＬＩＦＥＳＡＶＥＲは該当しない）
ＤＲＯＰＭＩＲＥ（訳注　重複している）：レーザープリンターからの情報収集。近接アクセスによる収集のみ（埋め込み装置は含まない）
ＤＥＷＳＷＥＥＰＥＲ　ＵＳＢ：ホスト機能を持つＵＳＢハードウェアを接続し、対象のネットワークとのあいだに秘匿ＵＳＢリンクを作成する。
ＣＯＶＥＲＴ：無線アクセスポイントを確立する中継サブシステムとともに運用される。
ＲＡＤＯＮ：ホスト機能を持つ双方向装置を接続し、同一ターゲットにイーサネットのフレーム（訳注　イーサネットのケーブルを流れる信号）を流し込む。これにより、インターネット上の一般的なツールを使って、接続を拒否されたネットワークを双方向で利用できるようになる。

さらに、ＮＳＡの監視手段の中には、「経済」「外交」「安全保障」「世界における多目的優位性を獲得する」というすべての要求を満たすものもある。それはＮＳＡの持つ能力の中でもことさらプライヴァシーを侵害する偽善的なものだ。過去何年にもわたり、合衆国政府は中国製のルーターやインターネット機器が〝脅威〟になると警告してきた。そうした機器には裏口《バックドア》監視装置が仕込まれており、使用者は例外なく中国政府の監視対象となりうるから、というのがその理由だった。しかしながら、委員会が非難したまさに同じことをアメリカも自らおこなっていた。その事実がＮＳＡの文書に記されている。

中国のインターネット機器製造会社に対するアメリカの告発には容赦がなかった。たとえば二〇一二年、マイケル・ロジャース率いる下院情報委員会はこう報告した。中国の二大電気通信機器製造業者である〈華為《ファーウェイ》〉と〈中興通訊《ZTE》〉は「米国法に抵触している可能性があり、アメリカの定める法的義務、もしくは企業行為の国際基準に則っていない」と。さらに、「中国の電気通信業者がアメリカ市場に進出を続けていることについて、疑念の眼を持ったほうがいい」と警告した。

ロジャース委員会は、これらの業者が中国政府の監視網を広げているとの危惧を表明したのだ。が、中国製のルーターやその他の機器に監視装置が埋め込まれているという確証を得ていたわけではなかった。にもかかわらず、彼らはこれらの業者が協力を拒んだということで、彼らの製品を購入しないようアメリカ企業に呼びかけた。

〈ZTE〉および〈ファーウェイ〉の機器やサーヴィスを商業利用することで、長期的なセキュリティ・リスクが発生するおそれがある。アメリカ国内の民間企業に対し、この危険性を考慮することを強く進言する。また、アメリカのネットワーク提供業者およびシステム開発者に対し、プロジェクト推進にあたっては別の業者と取引することも推奨する。機密情報、非機密情報から判明した事実によると、〈ZTE〉ならびに〈ファーウェイ〉は外国政府の干渉を受けている可能性があり、国家およびシステムの安全にとって脅威となりうる。

こうした非難の高まりを受け、二〇一三年十一月、〈ファーウェイ〉の創業者兼CEOである六十九歳の任正非《レン・ツェンフェイ》は、アメリカ市場から撤退することを表明した。任正非はフランスの新聞社にこのときの心境を語っている。以下は〈フォーリン・ポリシー〉が引用した彼の発言である。「もし〈ファーウェイ〉がアメリカと中国のあいだに問題を生じさせているのだとしたら、われわれはまったく割に合わない努力をしていることになる」

しかし、信用できないということで、アメリカの企業は中国製のルーターを使わないほうがいいというなら、外国の企業に向けてはアメリカ製品には気をつけたほうがいいと注意すべきだ。二〇一〇年六月に作成されたNSAの〝アクセスおよびターゲット特定〟部門責任者の報告書は、ショッキングというよりほかない。なんと、NSAは国外に輸出されるルーター、サーバー、その他のネットワーク機器を定期的に受領、押収しているというのだ。そして、それらの機器に裏口《バックドア》監視ツールを埋め込んだうえでふたたび梱包し、未開封であることを示すシールを貼って、何事もなかったかのように出荷する。NSAはこうして世界じゅうの全ネットワークと全ユーザーに対するアクセス手段を得ていたのだ。この報告書には冗談まじりに「信号諜報《シギント》の秘訣――それは文字どおり〝手づくり〟(!)」と書かれている。

〈文書56〉
（非機密）隠密技術により、困難きわまるターゲットの信号情報もクラック可能に
（非機密//私用禁止）（執筆者名削除）アクセスおよびターゲット特定部門責任者（S３２６１）

（機密//特別情報//国外配布禁止）信号情報収集とは、何も数千キロも離れた場所から信号やネットワークにアクセスすることだけではない。むしろ、文字どおり〝手づくり〟(!)がものを言う場合もある。種明かしはこうだ。世界じゅうに出荷されるコンピューター・ネットワーク機器（サーバー、ルーターなど）をわれわれが押収する。次に、リモート・オペレーションズ・センター（S321）の手を借り、これらの機器を特別アクセス工作部門（アクセス工作部門、AO-S326）の職員がいる秘密の場所に送る。これにより、ターゲットの電子機器に直接ビーコンを埋め込むことが可能になる。機器は再梱包され、本来の宛先に出荷される。これはインテリジェンス・コミュニティのパートナーと特別アクセス工作部門の専門家の力があってこそ為せる業だ。

〈文書57〉
（機密//特別情報//国外配布禁止）こうした供給プロセスへの介入は、特別アクセス工作部門の業務の中でももっとも生産的なものだ。なぜなら、世界じゅうのアクセス困難なネットワークにあらかじめアクセスポイントを設置できるのだから。

ここで仕込まれた装置は、最終的にＮＳＡのインフラに接続されることになる。

（機密//特別情報//国外配布禁止）最近、供給プロセスへの介入によって数ヵ月前に埋め込まれたビーコンがＮＳＡの秘密インフラにコールバックしてきたケースがあった。このコールバックにより、当該機器のさらなる利用およびネットワーク調査が可能になった。

ＮＳＡはとりわけ〈シスコ〉製のルーターやサーバーに不正工作を仕掛け、大量のインターネット・トラフィックをＮＳＡのデータベースに送信させている。ただし、〈シスコ〉がこうした工作を察知していたという証明はこの文書ではなされていない。そんな中、二〇一三年四月、ＮＳＡは押収した〈シスコ〉製スイッチに関して、ある技術的な問題に取り組んだ。このスイッチがＢＬＡＲＮＥＹ、ＦＡＩＲＶＩＥＷ、ＯＡＫＳＴＡＲ、ＳＴＯＲＭＢＲＥＷといった

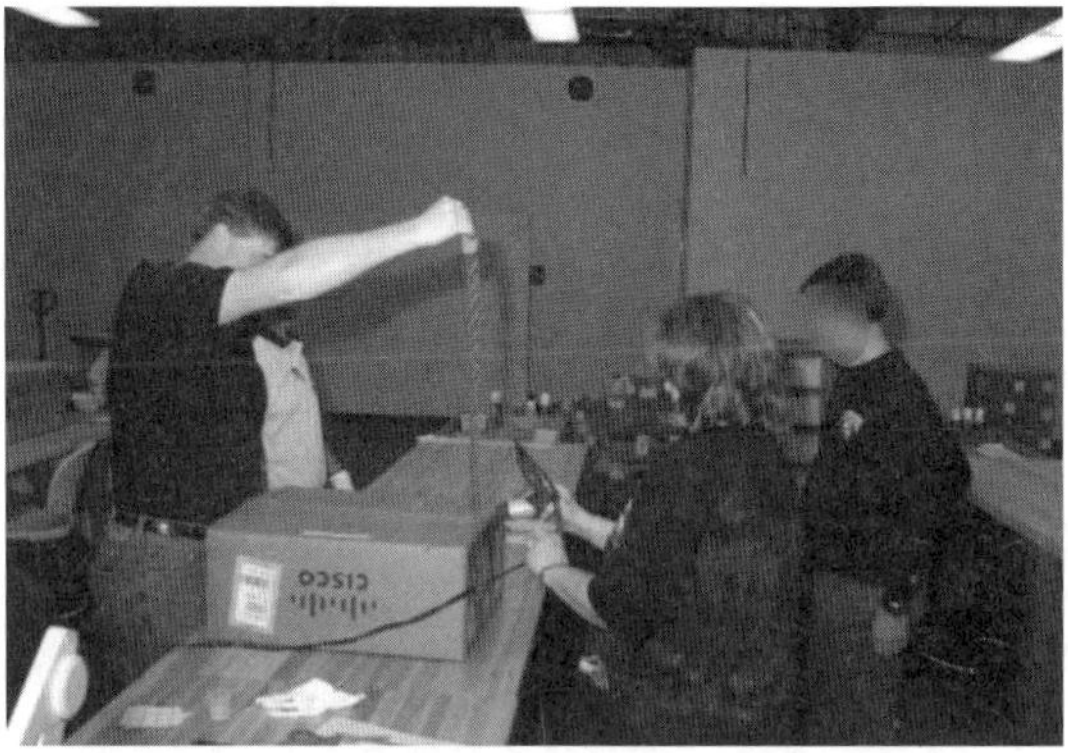

押収された貨物は慎重に開封される

ビーコンを埋め込む〝ロード・ステーション〟

TOP SECRET//COMINT//REL TO USA, FVEY
(Report generated on:4/11/2013 3:31:05PM)

NewCrossProgram		**Active ECP Count:**	1
CrossProgram-1-13	New	**ECP Lead:**	NAME REDACTED
Title of Change:	Update Software on all Cisco ONS Nodes		
Submitter:	NAME REDACTED	**Approval Priority:**	C-Routine
Site(s):	APPLE1 : CLEVERDEVICE : HOMEMAKER : DOGHUT : QUARTERPOUNDER : QUEENSLAND : SCALLION : SPORTCOAT : SUBSTRATUM : TITAN POINTE : SUBSTRATUM : BIRCHWOOD : MAYTAG : EAGLE : EDEN :	**Project(s):**	**No Project(s) Entered**
System(s):	Comms/Network : Comms/Network : Comms/Network : Comms/Network :	**SubSystem(s):**	**No Subsystem(s) Entered**
Description of Change:	Udate software on all Cisco Optical Network Switches.		

〈文書58〉シスコ製スイッチのバグについての説明

プログラムに影響を及ぼすことがわかったのだ。

変更理由――シスコ製ONS SONETマルチプレクサーのソフトウェアバグにより、機器が断続的に落ちてしまうため。

ミッションへの影響――このバグがミッションに与える影響は不明。既存のバグはトラフィックに影響を与えていないようだが、新しいソフトウェア・アップデートを適用した場合に影響が発生する可能性がある。残念ながら、これを確認する手段はない。われわれのラボではバグを再現できなかったため、アップデートを適用した際にどのような状況になるかは予測できない。最初にNBP-320内のノードのひとつをアップデートし、問題がないかどうか試してみるのがいいだろう。

最近、HOMEMAKERノードにあるスタンバイマネジャー・カードをリセットしようとしたところ、失敗し、物理的な手段による復旧を試みた。スタンバイ・カードが問題を惹き起こすとは予想もしていなかったが、カード復旧時にONS全体がクラッシュし、このボックスを通過したトラフィックがすべて失われてしまった。この状態からの回復には一時間以上がかかった。

最悪の場合、設定をすべて消し、一からやり直す必要がある。ボックスの設定がやり直しになる事態に備え、アップグレードをおこなうまえに設定を保存しておく予定である。そうすれば、保存してある設定を読み込むことができる。システムの各ノードは一時間以内に復旧する見通し。

追加情報——二〇一三年三月二十六日〇八時十六分十三秒（執筆者名削除）
ラボでのアップグレードを試したところ、うまくいった。バグの再現はできなかったため、このバグの影響を受けたノードでアップグレードを試みた場合に問題が発生するかどうかは不明。

設定管理委員による最後の記入——二〇一三年四月十日十六時八分十一秒（執筆者名削除）
四月九日、BLARNEY設定管理委員、BLARNEY技術変更提案委員により承認。
技術変更提案委員責任者：（氏名削除）

影響を受けたプログラム——BLARNEY、FAIRVIEW、OAKSTAR、STORMBREW

中国企業が自社のネットワーク機器に監視装置を埋め込んでいる可能性は大いにある。しかし、繰り返すが、アメリカもまさに同じことをしているのだ。
中国製品は信用できないという合衆国政府の非難の背景には、中国が監視をおこなっているという事実について世界に警告を発したいという思いがあったのだろう。しかし、中国製機器にアメリカ製機器のシェアを奪われてしまえば、NSAの監視網が狭まってしまうというのも大きな動機としてあったはずだ。言い換えれば、中国製のルーターやサーバーは経済的な競合相手というだけではなく、監視の手段としても競合していたということだ。ユーザーひとりがアメリカ製品ではなく中国製品を買うだけで、NSAは大量の通信に対するスパイ行為の決め手を失ってしまうことになる。

明らかになっているデータ収集量だけでも仰天するような量だが、「いつなんどきでもあらゆる信号を収集する」というNSAの使命感は、監視の手をより広く伸ばそうと彼らを駆り立てた。その結果、地球全体から収集されたこのデータ量があまりに膨大なので、NSAはもっぱら情報の保管場所に頭を悩ませている。ファイヴ・アイズの信号開発会議に向けて作成されたNSAの文書内で、この大きな課題のことが説明されている。

〈文書59〉
(機密//通信情報//配布先：アメリカ、ファイヴ・アイズ)
課題
データの収集速度はわれわれの咀嚼《そしゃく》、処理、保管の平常スピード(ノルマ)を上まわっている。

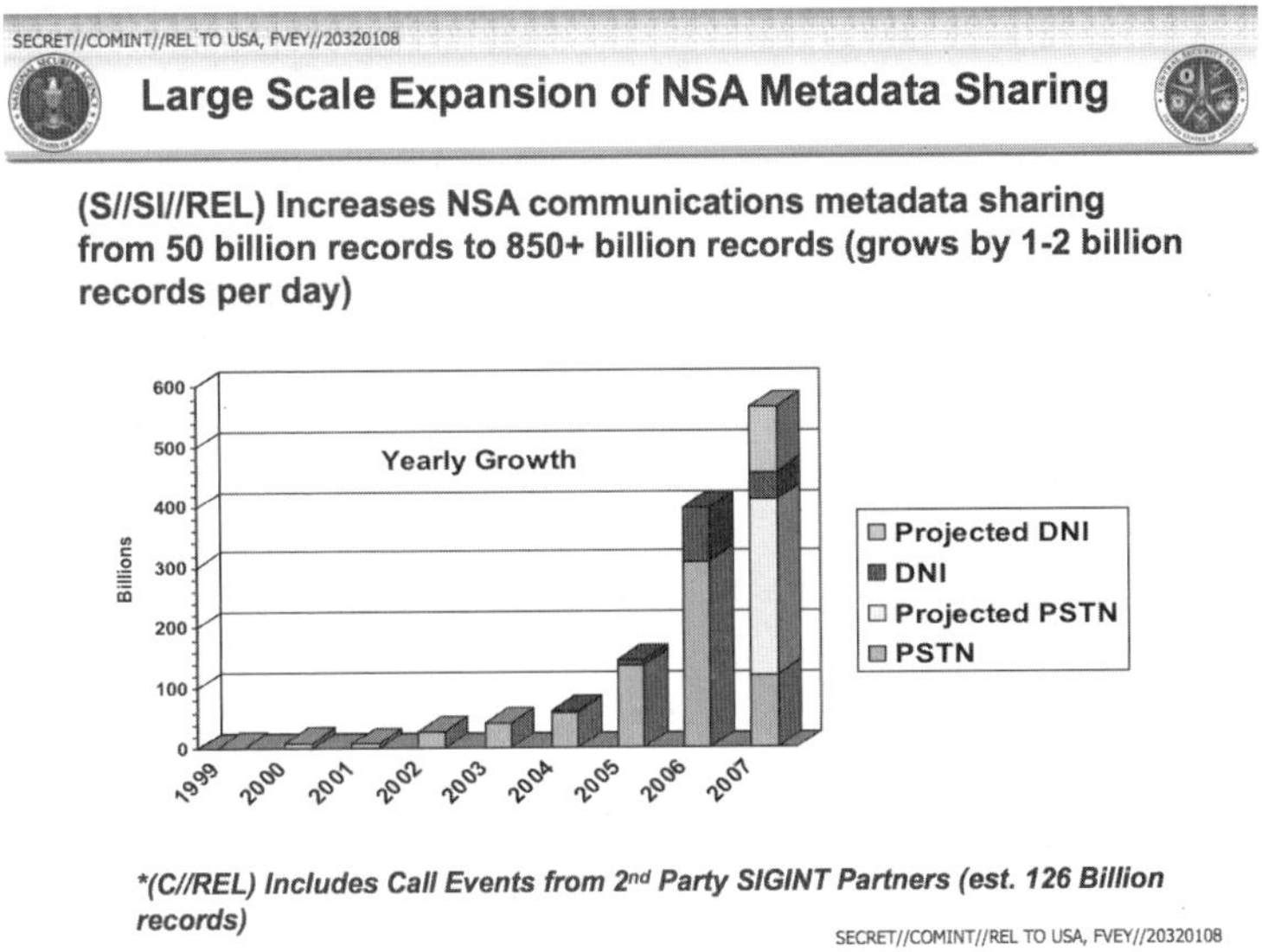

〈文書60〉 NSAによるメタデータ共有の大規模拡大計画
NSAの通信メタデータ共有量は500億件から8500億件以上（1日あたり10億から20億件）にまで増加
（上から）予測されるDNIのデータ量　DNIのデータ量　予測される公衆交換電話網《PSTN》のデータ量　PSTNのデータ量
＊第二パーティのパートナーから提供される通話事象を含む（推定1260億件）

これは今に始まった話ではなく、二〇〇六年の時点でNSAは「メタデータ共有の大規模拡大」と銘打った計画に着手している。NSAはこのとき、メタデータの収集量が毎年約六千億件ずつ増加すると予測していたのだ。この予測は、通話記録の収集量が一日あたり十億から二十億件増加するという見込みに基づいていた。

二〇〇七年五月、この拡大計画は見事に実を結んだ。NSAが保管している通話メタデータ量——Eメール、その他のインターネット・データ、および保存領域不足でＮＳＡが削除したデータを除外した量――が千五百億件に達したのだ。

〈文書61〉
（極秘／／国外配布禁止）　ＰＲＯＴＯＮデータベース内の通話事象　約千四百九十億件
これらのうち
ＮＳＡ以外の全通話事象数　約千十億件
ＮＳＡ以外、国外配布禁止以外、人的諜報管理システム以外の全通話事象数　約九万二千件
ファイヴ・アイズと共有不可能なＮＳＡ以外の事象（国外配布禁止、人的諜報管理システム）九九パーセント
ファイヴ・アイズと共有可能なＮＳＡ以外の事象（国外配布禁止以外、人的諜報管理システム以外）　一パーセント
二〇〇〇年～二〇〇六年のデータ。二〇〇六年七月上旬現在、いくつかのデータはシステムから削除されている。

この数値に、インターネットを利用した通信のデータ量を加えると、保存されている通信事象の総件数は一兆にも及ぶ（ひとことつけ加えるなら、それほどのデータをＮＳＡはその他の機関と共有していたのだ）。

この膨大な量のデータを保管するため、ＮＳＡはユタ州ブラフデールに巨大な新施設の建設を始めた。この施設の主な目的は、こうしたデータをすべて保管することである。二〇一二年にジャーナリストのジェームズ・バムフォードが報じたように、この施設には「二千三百平方メートルの面積を持つフロアが四つあり、それぞれのフロアはサーバーで埋め尽くされ、ケーブルとストレージ用の二重床が完備され、さらにテクニカルと管理用に八万三千平方メートルのスペースまで用意される」という。この施設によってＮＳＡの監視能力は大幅に強化されるはずだ。建物の規模もさることながら、「今では小指ほどの大きさのフラッシュドライヴにテラバイト級のデータを格納できる」というバムフォードの指摘も考え合わせると、保管されるデータはとてつもない量になる。

ＮＳＡが現在、全世界のオンライン活動に対しておこなっている侵害行為を考えると、この巨大施設が意味するところは明らかだ。ＮＳＡはメタデータの収集のみならず、Ｅメール、閲覧履歴、検索履歴、チャットの収集にまで手を伸ばしているのだ。二〇〇七年、こうしたデータを収集、管理、検索するための要となるプログラムが導入される。XKeyscoreだ。このプログラムにより、ＮＳＡの監視能力は飛躍的に高まった。彼らはこれを電子データ収集のための「もっとも遠くまで手が届く」システムと呼んでいるが、それは誇張でもなんでもない。

分析官のための訓練マニュアルには、このプログラムはＥメールのコンテンツ、ウェブサイトの閲覧履歴、グーグルの検索履歴など、〝一般的なユーザーがインターネット上でおこなうほとんどすべての活動〟をカヴァーできると書かれている。それどころか、Ｅメールの作成やサイトの閲覧といった個人のオンライン上の活動を〝リアルタイム〟で監視することすら可能なのだ。

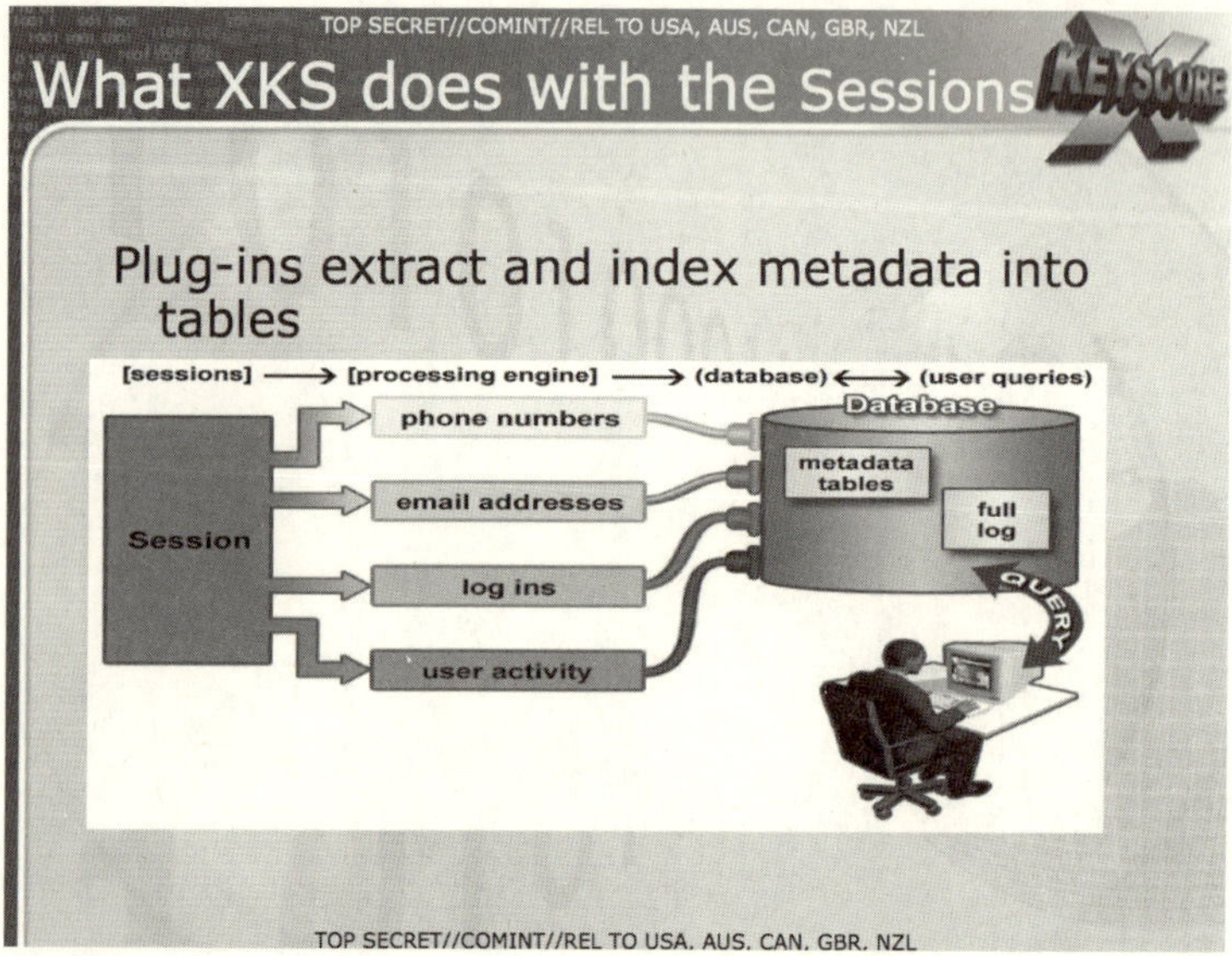

〈文書62〉 XKeyscore の概要：プラグ・インによりメタデータが抽出、インデックス化（訳注　データベース用の索引を作成すること）され、テーブルに流し込まれる

問題は、数億人の市民のオンライン活動に関するデータが大量に収集されているということだけではない。あろうことか、NSAの分析官であれば誰でも、Eメールのアドレス、電話番号、その他の識別属性（IPアドレスなど）をもとに、システムのデータベースを検索できるのだ。XKeyscore で入手可能な情報とそれを検索する方法が上のスライドにまとめられている。

XKeyscore に関する別の文書には、プログラムの〝プラグ・イン〟によって検索できる情報の種類が数多く記されている。この中には「一セッション（訳注　システムに一度接続してから切断されるまでの一連の通信のこと）中に発見されたすべてのEメールアドレス」「一セッション中に発見されたすべての電話番号（アドレス帳の電話番号も含む）」「ウェブメールとチャット活動」が含まれる。

〈文書63〉XKeyscoreのプラグ・イン一覧

（機密//通信情報//配布先：アメリカ、オーストラリア、カナダ、イギリス、ニュージーランド）

プラグ・イン　説明

Eメールアドレス：一セッション中に発見されたすべてのEメールアドレスをユーザー名とドメイン名でインデックス化。

抽出ファイル：一セッション中に発見されたすべてのファイルをファイル名と拡張子でインデックス化。

完全なログ：収集したすべてのDNIセッションをインデックス化。このデータはIPアドレス、ポート番号、PRISM用の特殊なシリアル番号など、標準的なタプル（訳注　数字を組み合わせたもの）でインデックス化される。

HTTP構文解析プログラム：クライアント側のHTTPトラフィックをインデックス化（例は後述）。

電話番号：一セッション中に発見されたすべての電話番号（たとえば、アドレス帳や署名欄にある電話番号）をインデックス化。

ユーザー活動：ウェブメールやチャット活動（ユーザー名、友達リスト、マシン固有のクッキーなどを含む）をインデックス化。

また、このプログラムを使えば、作成、送受信されたドキュメントや画像に埋め込まれたデータの検索、呼び出しも可能だ。

〈文書64〉

高度なプラグ・インの一例

（機密//通信情報//作成者管理//配布先：アメリカ、オーストラリア、カナダ、イギリス、ニュージーランド//20291123）

プラグ・イン　説明

ユーザー活動：ウェブメールやチャット活動（ユーザー名、友達リスト、マシン固有のクッキーなどを含む）をインデックス化（AppProc がこの仕事をしてくれる）。

ドキュメントのメタデータ：マイクロソフトのオフィスファイルやアドビのＰＤＦファイルに埋め込まれた作成者、組織、作成日などの情報を抽出。

　別のスライドでは、XKeyscore を使って世界のすべてを監視するという彼らの野望が声高に宣されている。

大半のウェブブラウザがＨＴＴＰを使用している。

・インターネット・サーフィン

〈文書65〉なぜわれわれはHTTPに興味を持つのか？　一般的なユーザーがインターネット上でおこなうほとんどすべての活動にはHTTPが使われているからだ

・ウェブメール（〈ヤフー〉〈ホットメール〉〈Gメール〉など）
・オンライン・ソーシャル・ネットワーク（〈フェイスブック〉〈マイスペース〉など）
・インターネット検索（〈グーグル〉〈Bing〉など）
・オンライン地図（〈グーグルマップ〉〈マップクエスト〉など）

このプログラムでは非常に具体的な検索が可能で、ＮＳＡの分析官は、ある人物が訪問したウェブサイトを突き止めることができるばかりか、特定のウェブサイトを訪問した者全員のリストを作成することもできる。

ほかにもよくあるのが、特定のＩＰアドレス（複数のＩＰアドレスも可）から特

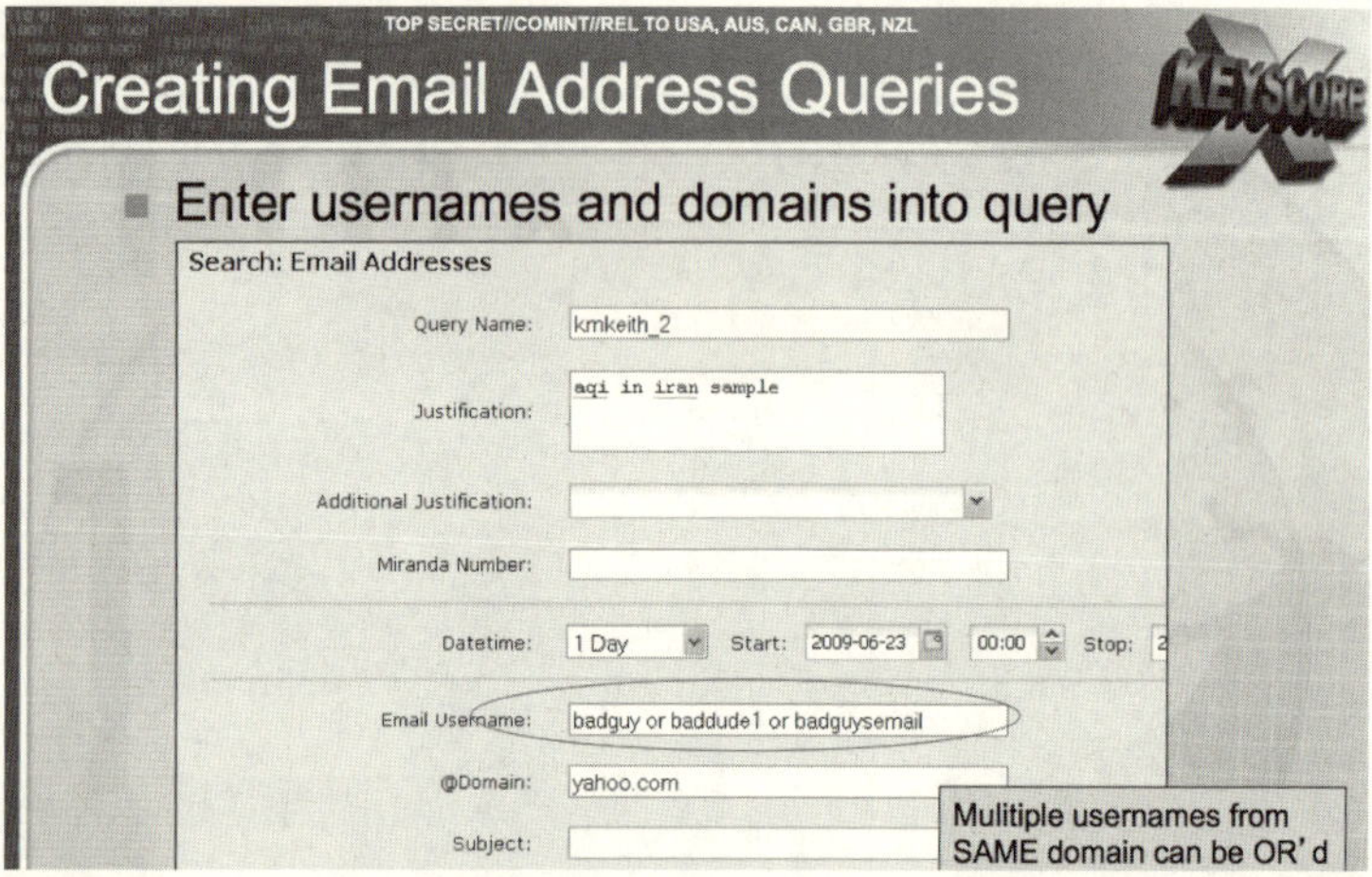

〈文書66〉 Eメールアドレスのクエリー作成：同じドメインの複数のユーザー名をOR検索できる

定のウェブサイトへのトラフィックを監視したいと要求するクエリーである。

たとえば、1.2.3.4というIPアドレスからwww.website.comというウェブサイトへの全トラフィックを観察したいとする。

IPアドレスとホスト名を検索フォームに入力できるが、特定のウェブサイトでは複数のホスト名が使われていることは前述のとおりである。

ここで強調しておきたいのは、分析官はどんな情報であれ、誰からの監督も受けることなく、いとも容易に検索ができるということだ。XKeyscoreにアクセスできる分析官は、管理者の許可も上官の許可も必要としない。監視する理由を基本的なフォームに入力しさえすれば、要求された情報をシステムが返してくれるのだ。

TOP SECRET//COMINT//REL TO USA, AUS, CAN, GBR, NZL//20320108

Email Addresses Query:

One of the most common queries is (you guessed it) an **Email Address Query** searching for an email address. To create a query for a specific email address, you have to fill in the name of the query, justify it and set a date range then you simply fill in the email address(es) you want to search on and submit.

That would look something like this…

〈文書67〉 Eメールアドレスのクエリー：もっとも一般的なのが、（察しのとおり）メールアドレス検索クエリーである。特定のEメールアドレスのクエリーを作成するには、クエリー名、監視理由、日付の範囲、検索したいEメールアドレス（複数可）の欄に入力し、送信ボタンを押すだけだ

香港での最初のインタヴュー動画で、エドワード・スノーデンはこう暴露した。「私は自分のデスクから一歩も離れずとも、Eメールアドレスさえわかればどんな人間でも監視対象とすることができました。相手が誰であってもです。あなたやあなたの会計士から、連邦判事や大統領にいたるまで」。しかし、これは真実ではないと当局者は猛烈に否定した。マイケル・ロジャースはスノーデンを公然と「嘘つき」と罵り、「彼ができると言ったような真似などできるわけがない」と言った。

しかし、XKeyscoreを使えば、分析官にはまさにスノーデンが言ったとおりのことができるのだ。あらゆるユーザーを対象に包括的な監視をおこなうことができ、Eメールのコンテンツさえ傍受できる。それどころか、監視対象のユーザーのアドレスがCCや本文中に含まれているEメールを検索することもできる。
メールの検索方法を説明したNSAの解説書にも、相手が誰であろうとアドレスさえわかれば、きわめて容易に監視できると書かれている。

そして、NSAにとってきわめて重要なのが、〈フェイスブック〉や〈ツイッター〉といったオンライン・ソーシャル・ネットワーク（OSN）上の活動を監視する能力だ。彼らは、ソーシャル・ネットワークは情報の宝庫であり、標的の私生活の実態を把握できる場と考えている。

〈文書68〉
インテリジェンス・コミュニティはOSNからどんな情報を得られるか？
（極秘//特別情報//配布先：アメリカ、ファイヴ・アイズ）ターゲットの私生活を把握できる要素となるもの
（非機密）通信
（非機密）毎日の活動
（非機密）連絡先およびソーシャル・ネットワーク
（非機密）写真
（非機密）動画
（非機密）住所、電話番号、Eメールアドレスなどの個人情報

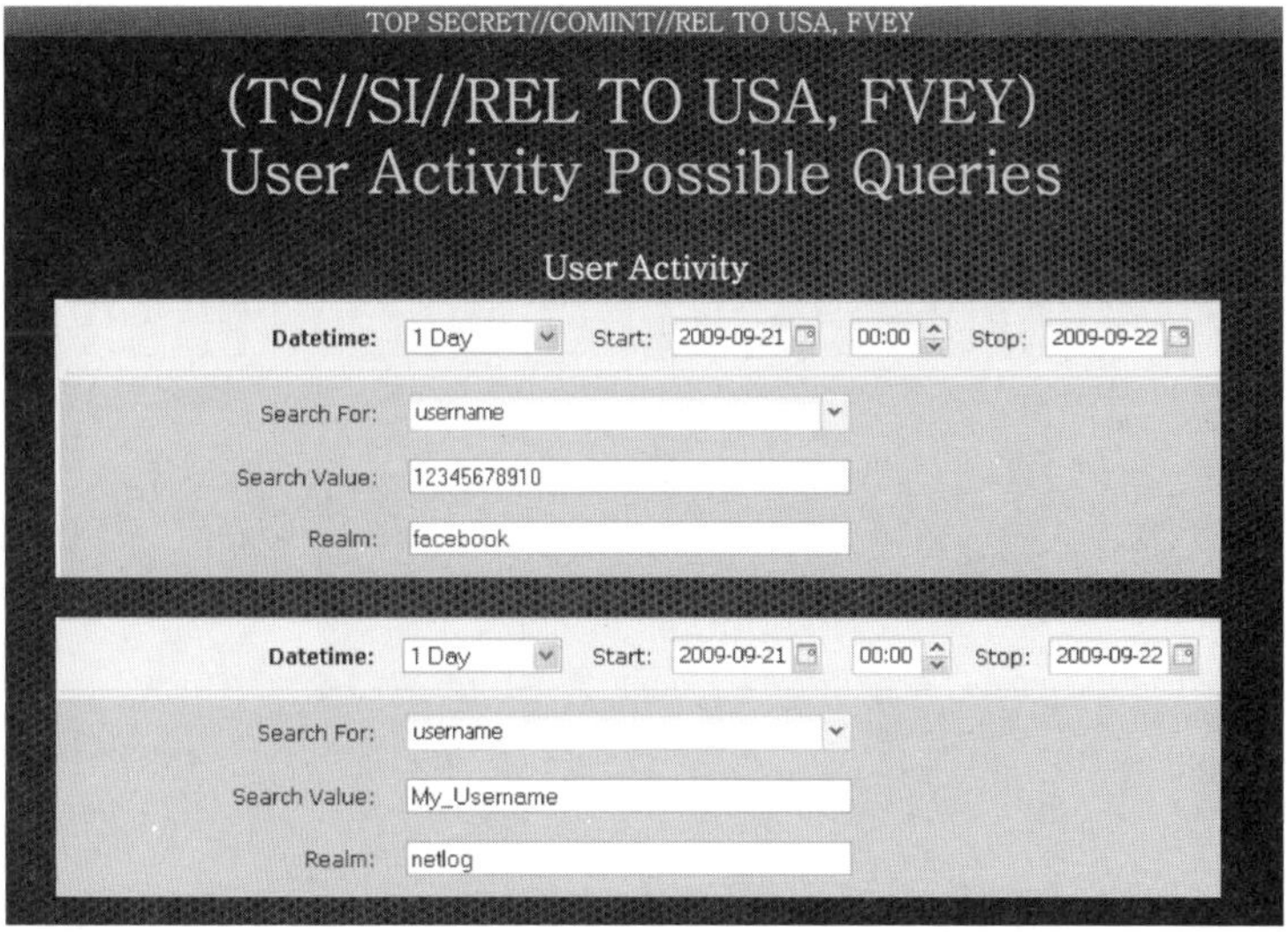

〈文書69〉クエリー可能なユーザー活動

（非機密）現在地と旅行に関する情報

ソーシャル・メディア上の活動を検索する方法は、Eメールの検索に負けず劣らずシンプルだ。分析官は、たとえば対象となる〈フェイスブック〉のユーザー名と活動の日付の範囲を入力する。それに対し、XKeyscoreはメッセージ、チャット、その他のプライヴェートな投稿といったすべての情報を返す。

XKeyscoreに関してもっとも注目すべきなのは、このプログラムによって収集され、世界じゅうの数多《あまた》の収集サイトで捕捉され、保管されているデータの量だろう。ある報告によると、「いくつかの施設では、一日あたりに受信する量のデータ（二十テラバイト以上）は、現時点で利用可能なリソースではたったの二十四時間しか保管できない」とのことだ。XKeyscoreによって二〇一二年十二月某日からの三十日間で収集された記録の量は、SSO部門だけで四百十億件を超えている。

XKeyscoreは完全な状態のコンテンツを三日から五日間保管できる。これには事実上、〝インターネット世界の時間の進み方を遅くする〟効果がある。言ってみれば、〝分析官は時間を遡ってセッションを回収できる〟のだ。そして、〝興味深い〟コンテンツはXKeyscoreから抽出され、PINWALEなどのデータベースに長期間保存されることになる（次頁参照）。

前述のように、XKeyscoreは〈フェイスブック〉やその他のソーシャル・メディアにアクセスできるが、この能力はBLARNEYをはじめとするその他のプログラムの力を借りてさらに増大する。これにより、NSAは監視と検索活動を通じて、〈フェイスブック〉のデータを広範囲にわたって監視できるのだ。

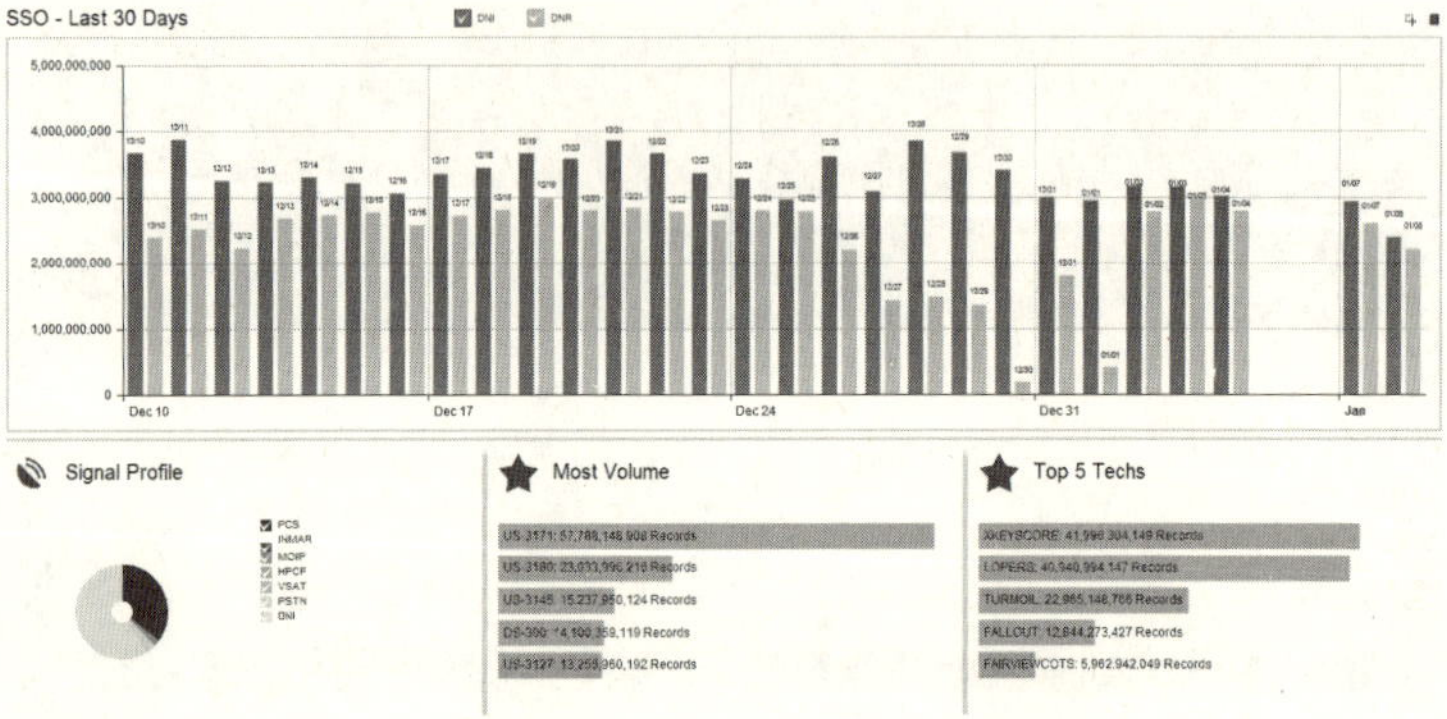

〈文書70〉XKeyscoreによって収集された記録の量：41,996,304,149件

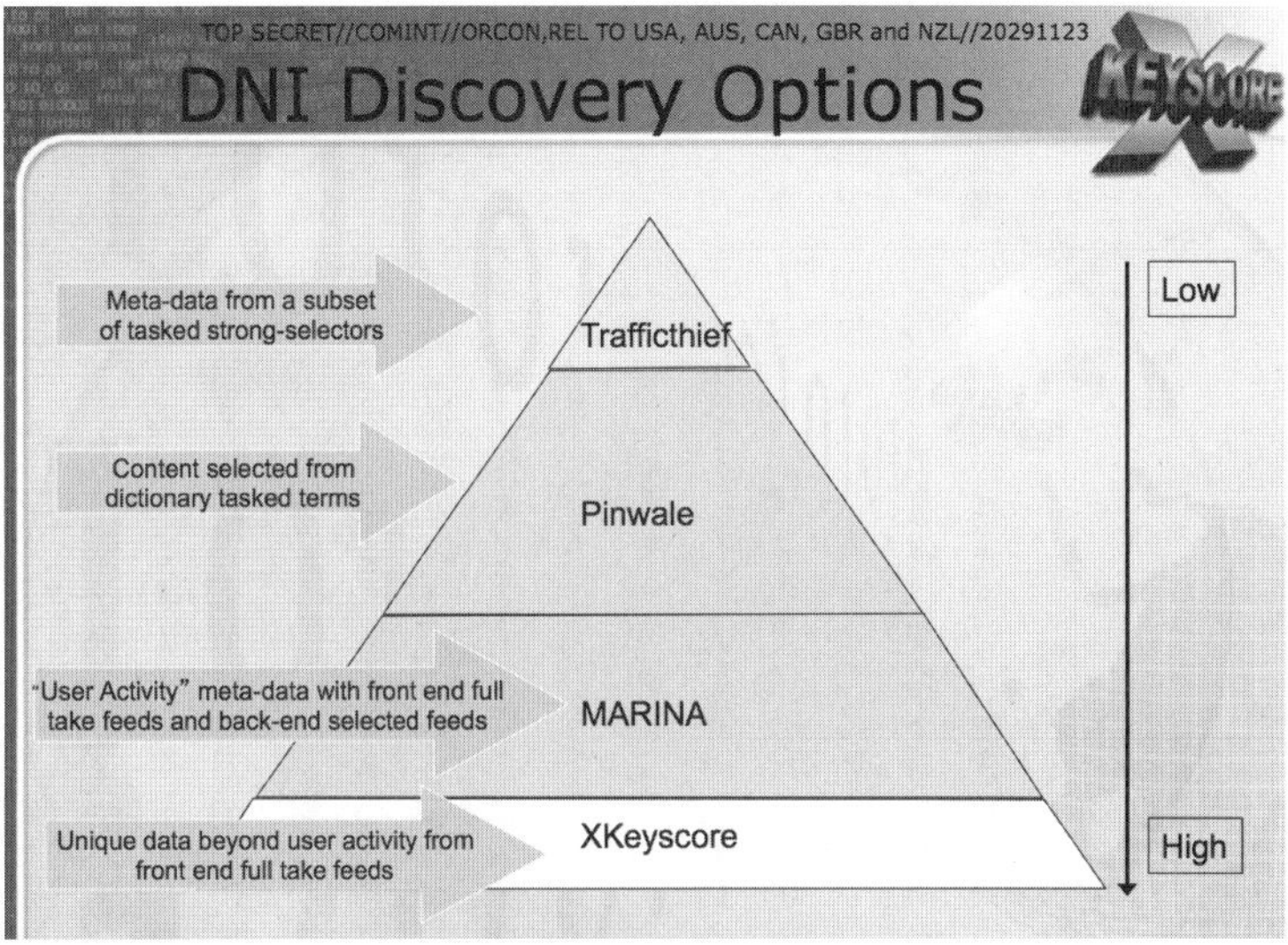

〈文書71〉DNI（インターネット通信）の発見物に関するオプション
Trafficthief：指定されたストロング・セレクターの小集団から集められたメタデータ
Pinwale：辞書に割り当てられた用語から選択されたコンテンツ
MARINA：フロントエンド（訳注　ユーザーの操作受付などを担当する仕組み）の完全なフィード（訳注　ウェブサイトの更新情報やページの一覧などのこと）とバックエンド（訳注　ユーザーに見えないところでデータの処理などをおこなう仕組み）の一部のフィードを持つユーザー活動のメタデータ
Xkeyscore：フロントエンドの完全なフィードから収集されたユーザー活動以外の固有データ

〈文書72〉
（機密//特別情報//国外配布禁止）BLARNEYによって〈フェイスブック〉のデータ収集量を拡大し、ソーシャル・ネットワークを利用
（執筆者名削除）二〇一一年三月十四日〇七時三十七分

（機密//特別情報//国外配布禁止）二〇一一年三月十一日、BLARNEYにより、大幅に改善され、より完全な状態になった〈フェイスブック〉のコンテンツが収集されはじめた。これはNSA

の能力が大きく向上したことを意味しており、外国諜報活動監視法と二〇〇八年の改正外国諜報活動監視法によって付与された権限のもと、〈フェイスブック〉をきわめて有効に活用できるようになった。FBIの協力を得てこの取り組みが始まったのは六ヵ月前のことで、目的は〈フェイスブック〉の情報を収集する不安定で不完全なシステムの改善だった。今やNSAは監視、検索活動によって〈フェイスブック〉の広範なデータにアクセスできるようになり、チャットをはじめとする多数のコンテンツを収集できるようになったのはOPIにとって喜ばしい。長いあいだ、こうした情報はめったに手にはいらなかったからだ。利用者の動画をはじめとするいくつかのコンテンツは、今回初めて入手できたコンテンツである。この改善により、IPアドレス、ユーザー・エージェント（訳注　ウェブサイトのアクセスなどに使用されるプログラム）に基づく位置情報特定、あらゆる個人メッセージやプロフィール情報の収集などが可能になり、ターゲットに対する信号諜報活動の機会は大幅に増えるものと思われる。こうした収集活動が可能になったのは、NSAの多部門の協力があってこそである。FBIに派遣されているNSAの局員は、この収集システムの迅速な開発に協力し、SSOのPRINTAURAチームは新しいソフトウェアのプログラムを作り、設定を変更した。また、収集情報評価システム《CES》はプロトコル利用システムを修正し、テクノロジー・ディレクターはデータ表示ツールの処理速度を向上させた。これにより、OPIはデータを申し分なく閲覧できるようになった。

二〇一一年のファイヴ・アイズ年次総会のプレゼンテーション資料に詳しく書かれているが、GCHQの国際電信部門《GTE》も、この活動にかなりの資金を注ぎ込んでいる。

〈文書73〉
（機密//特別情報//配布先：ファイヴ・アイズ）
パッシヴ環境にある〈フェイスブック〉のトラフィックを利用し、特定の情報を入手する
（執筆者名削除）
GCHQ　GTE機能開発部門責任者

〈文書74〉
（機密//特別情報//配布先：ファイヴ・アイズ）
なぜオンライン・ソーシャル・ネットワークなのか？
・ターゲットが〈フェイスブック〉〈Bebo〉〈マイスペース〉などを使用する機会が増えた
・ターゲットに関する情報の宝庫
　・個人の詳細
　・生活パターン
　・交友関係
　・メディア

GCHQは〈フェイスブック〉のセキュリティ・システムの脆弱性に着目し、〈フェイスブッ

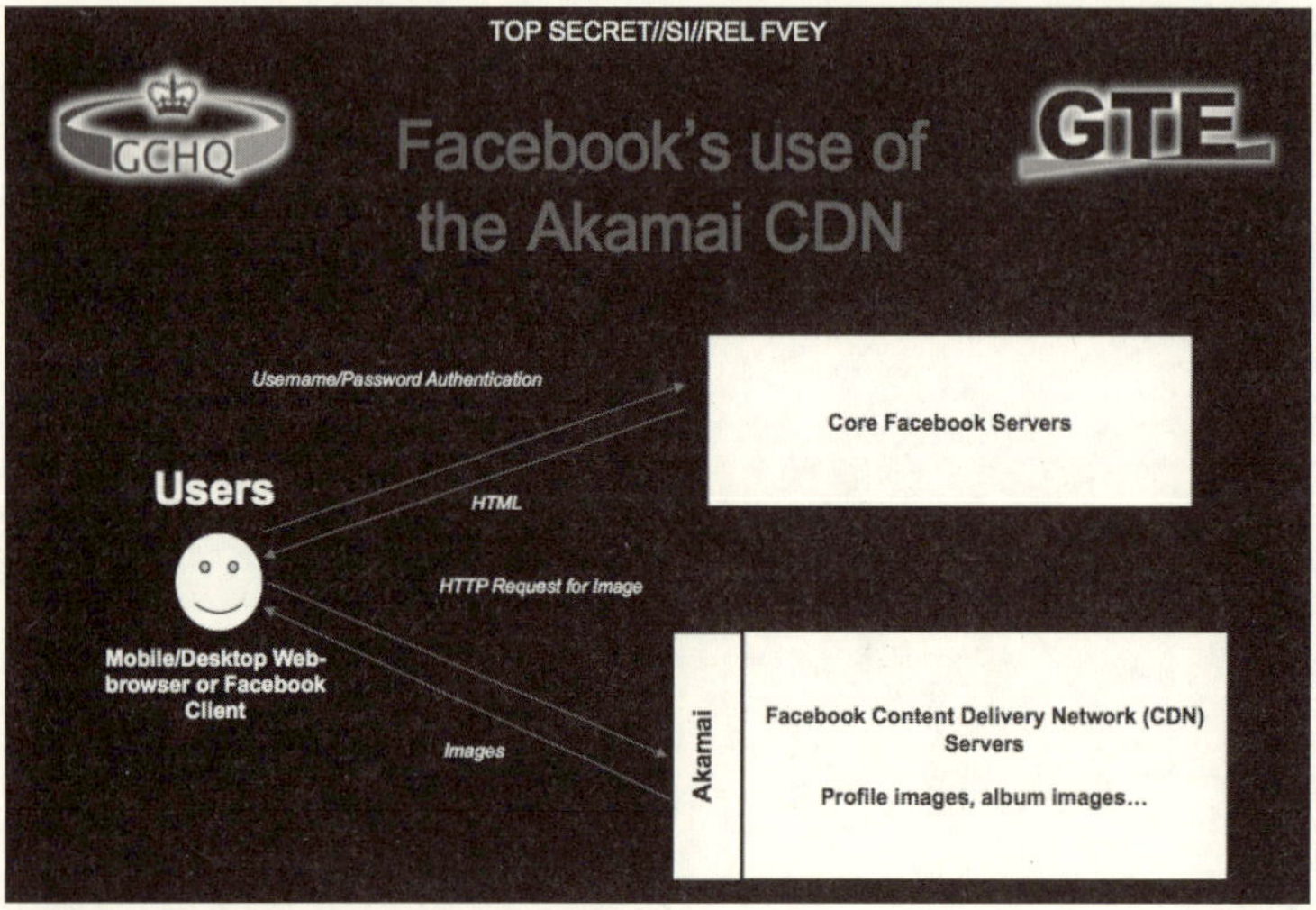

〈文書75〉〈フェイスブック〉は〈アカマイ・テクノロジーズ〉のコンテンツ・デリバリー・ネットワーク（CDN）を使用

ク〉の利用者が隠したがる類いのデータを収集することに力を注いできた。

〈文書76〉
（機密//特別情報//配布先：ファイヴ・アイズ）
パッシヴ環境を狙う

多くのターゲットが〈フェイスブック〉のプロフィールに鍵をかけている。そのため、すべての情報を閲覧することはできない。
しかし、〈フェイスブック〉のセキュリティ特有の脆弱性を利用することで、パッシヴ環境からこうした情報を収集できる。

さらに、GCHQは画像の保存に使われるネットワーク・システムに抜け穴を発見し、〈フェイスブック〉のIDとアルバム画像にアクセスする手段を発見した。

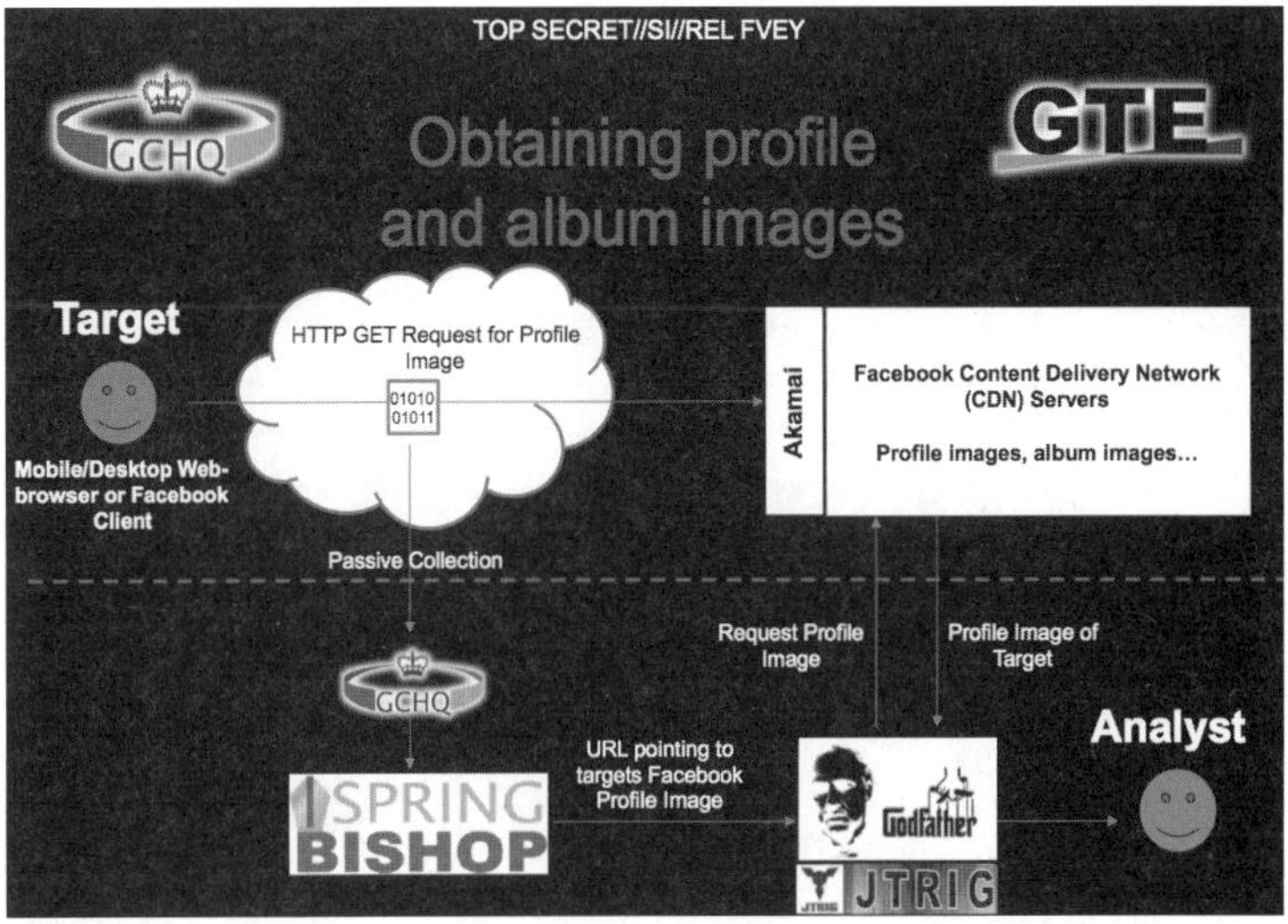

〈文書77〉〈フェイスブック〉のプロフィールとアルバム画像を取得する方法

〈文書78〉
（機密//特別情報//配布先：ファイヴ・アイズ）
〈フェイスブック〉のCDNを利用する弱点
うわべだけの認証
曖昧なセキュリティ・システム
〈フェイスブック〉が作成したCDNのURLを解析することで、そのファイルに付随する写真を投稿した〈フェイスブック〉のユーザーIDを抽出することが可能。

NSAとGCHQは自らの手が届かない〝溝〟や通信を探しつづけ、それを見つけると、NSAの油断なき監視の下に置くことができるプログラムを開発する。一見曖昧なこのプログラムがそれを証明している。

GCHQ
THIEVING MAGPIE
Using on-board GSM/GPRS services to track targets
NAME & CONTACT INFORMATION REDACTED
TOP SECRET//COMINT//REL TO USA, FVEY STRAP1
This information is exempt from disclosure under the Freedom of Information Act 2000 and may be subject to exemption under other UK information legislation. Refer disclosure requests to GCHQ on
CONTACT INFORMATION REDACTED

〈文書79〉〝泥棒かささぎ〟：機内のGSMおよびGPRS（訳注　ともにデータ通信規格の名称）を使い、ターゲットを追跡する

また、NSAとGCHQは自らが生み出した必要性に追い立てられるようにして、民間航空機のフライト中のインターネット通信や通話さえも監視しようと躍起になっている。こうした通信は独立した衛星システムを通じてやりとりされており、ピンポイントで探知することがきわめてむずかしいからだ。たとえ数時間であれ、誰かが監視の眼を逃れ携帯電話を通じてインターネットを使っているということが、彼らにとっては我慢ならないのだ。この問題に対処するため、フライト中の通信を傍受できるシステムの開発に相当の資金が投じられている。

二〇一二年のファイヴ・アイズの年次会議で、GCHQはTHIEVING MAGPIE（訳注　〝泥棒かささぎ〟の意）と呼ばれる傍受プログラムを提案した。増加しつつあるフライト中の携帯電話通信をターゲットにしたプログラムだ。

〈文書80〉機内でのGSMサーヴィス
（機密//通信情報//配布先：アメリカ、ファイヴ・アイズ//ストラップ1）
多くの航空会社が機内での携帯電話サーヴィスを提供している。とりわけ長距離便とビジネスクラスではこの傾向が顕著で、対応する航空会社は増え続けている。
少なくとも〈ブリティッシュ・エアウェイズ〉はこのサーヴィスをデータ通信とメールのみにかぎっている（通話は不可能）。

求められる解決方法は、〝地球全体を覆う〟完全なシステムだ。

〈文書81〉アクセス
（機密//通信情報//配布先：アメリカ、ファイヴ・アイズ//ストラップ1）
通信はインマルサット社のBGAN衛星の端末を経由し、グローバル・ネットワークに〝帰って〟くる。
もしフライトがインマルサット社の規定するヨ《E》ーロッパ《M》、中東《E》、アフリカ《A》地域の場合、SOUTHWINDSプロジェクトにより完全なアクセス（コンテンツを含む）が得られるはずである。
SOUTHWINDSによる〝地球全体を覆う〟システムは来年から運用される予定。

ジェット旅客機内に存在している特定の機器の監視については、かなりの前進があった。

〈文書82〉 GPRSの事象
（機密//通信情報//配布先：アメリカ、ファイヴ・アイズ//ストラップ1）
現時点では、少なくとも機内のブラックベリーの携帯電話に対して特定の事象を発生させることができる。
ブラックベリー端末のPINコード、関連するEメールアドレスを特定可能。
対象コンテンツを蓄積したり、XKeyscoreで任意抽出したりすることが可能。利用手段については別途詳述。

〈文書83〉 フライト追跡
（機密//通信情報//配布先：アメリカ、ファイヴ・アイズ//ストラップ1）
特定のフライトについてはターゲットのセレクターが機内にあることを、ほぼリアルタイムで確認可能。これにより、監視もしくはまえもって逮捕部隊を派遣しておくことができる。
ターゲットがデータ通信をした場合、Eメールアドレス、〈フェイスブック〉ID、〈スカイプ〉アドレスなどを収集できる。特定の便については、フライト中の約二分ごとに追跡可能。

この会議でNSAが提出したHOMING　PIGEON（訳注　"伝書鳩"の意）と題された関連文書においても、やはりフライト中の通信を監視する取り組みが説明されており、NSAはGCHQと協力して、全システムをファイヴ・アイズが共有できるプログラムを開発することになった。

〈文書84〉

（非機密）分析ドライバ（承前）

（極秘／／特別情報／／配布先：ファイヴ・アイズ）分析における疑問

GSM規格の携帯電話がすでにわかっているフライトで検出された場合、その携帯電話の加入者は誰である可能性が高いのか？（あるいは低いのか？）

（機密／／特別情報／／配布先：ファイヴ・アイズ）提案されたプロセス

GSM規格の携帯電話を自動的に加入者と相関させる動作が二件以上のフライトで見られた。

〈文書85〉

（非機密）今後の進行

（機密／／特別情報／／配布先：ファイヴ・アイズ）SATCはTHIEVING MAGPIEのデータフィードが安定して確立され次第、開発を完了させる。

（機密／／特別情報／／配布先：ファイヴ・アイズ）品質機能展開《QFD》が完了次第、ファイヴ・アイズのユーザーにも利用可能になる。これは安定したウェブサーヴィス、〝共同事業のモデリング・分析《JEMA》〟コンポーネント、動作の軽いウェブページとして使用できる。

（機密／／特別情報／／配布先：ファイヴ・アイズ）S2のQFD調査委員会がHOMING PIGEONプロジェクトを今後も継続してほしいと言った場合、FASTSCOPEに統合されることになる。

ＮＳＡ内の一部では、この大規模な秘密監視システムを構築することの真の目的がきわめて率直に語られている。複数の諜報機関の職員のためにつくられた、あるパワーポイントのプレゼンテーション資料には、「インターネットを支配する国際的な基準をつくることができれば、〝遮られることのない視野〟を得られる」と書かれている。この資料を執筆したのは科学技術を担当するＮＳＡの信号情報国家情報官《SINIO》で、〝経験豊富な科学者にしてハッカー〟を自任している。

彼の作成した資料のタイトルは、単刀直入に「国益、金、エゴの果たす役割」と銘打たれている。彼の弁に従えば、この〝国益、金、エゴ〟の三要素のすべてが、地球規模の監視を独占しつづけようとするアメリカの大きな動機になっているのだそうだ。

〈文書86〉
（非機密//私用禁止）
そのとおり……
金、国益、エゴ――これらすべてを組み合わせることは、すなわち世界を大規模に形作ることになる。
世界のどの国も……自国のために世界をよりよい場所にしたいと考えている。

ここでは、インターネットの支配によって、アメリカに大きな権力と影響力が与えられているばかりか、莫大な利益も生み出されていることが語られている。

〈文書87〉

（極秘//配布先：アメリカ、ファイヴ・アイズ）

何が脅威なのか？

率直に言うと、西洋世界（特にアメリカ）は既存の基準の骨組みをつくったことにより、影響力と莫大な利益を得ている。

アメリカは今日のインターネットを生み出した立役者である。その結果、アメリカの文化とテクノロジーは世界のいたるところに行き渡った。またアメリカという存在自体が大金を生み出している。

こうして生まれた利益と権力は、当然のごとく監視産業そのものにも波及し、その広がりが新たな広がりを生み、9・11以降は監視活動に莫大な費用が注入されている。こうした資金の大半は一般財源（つまり、アメリカの納税者の懐）から捻出され、プライヴァシーを監視する防衛関連企業に流れ込んでいる。〈ブーズ・アレン・ハミルトン〉や〈AT&T〉といった企業は多数の元政府高官を雇い入れており、また、現職の防衛関連の高官の多くはこうした企業の元従業員（そしておそらく、将来の従業員）である。監視体制を強化しつづけることによって、まるで回転ドアがまわりつづけるように、とどまることのない資金流入が可能になっているのだ。このやり方で、NSAとその関連機関は、組織としての重要性とワシントン内部での影響力を保ちつづ

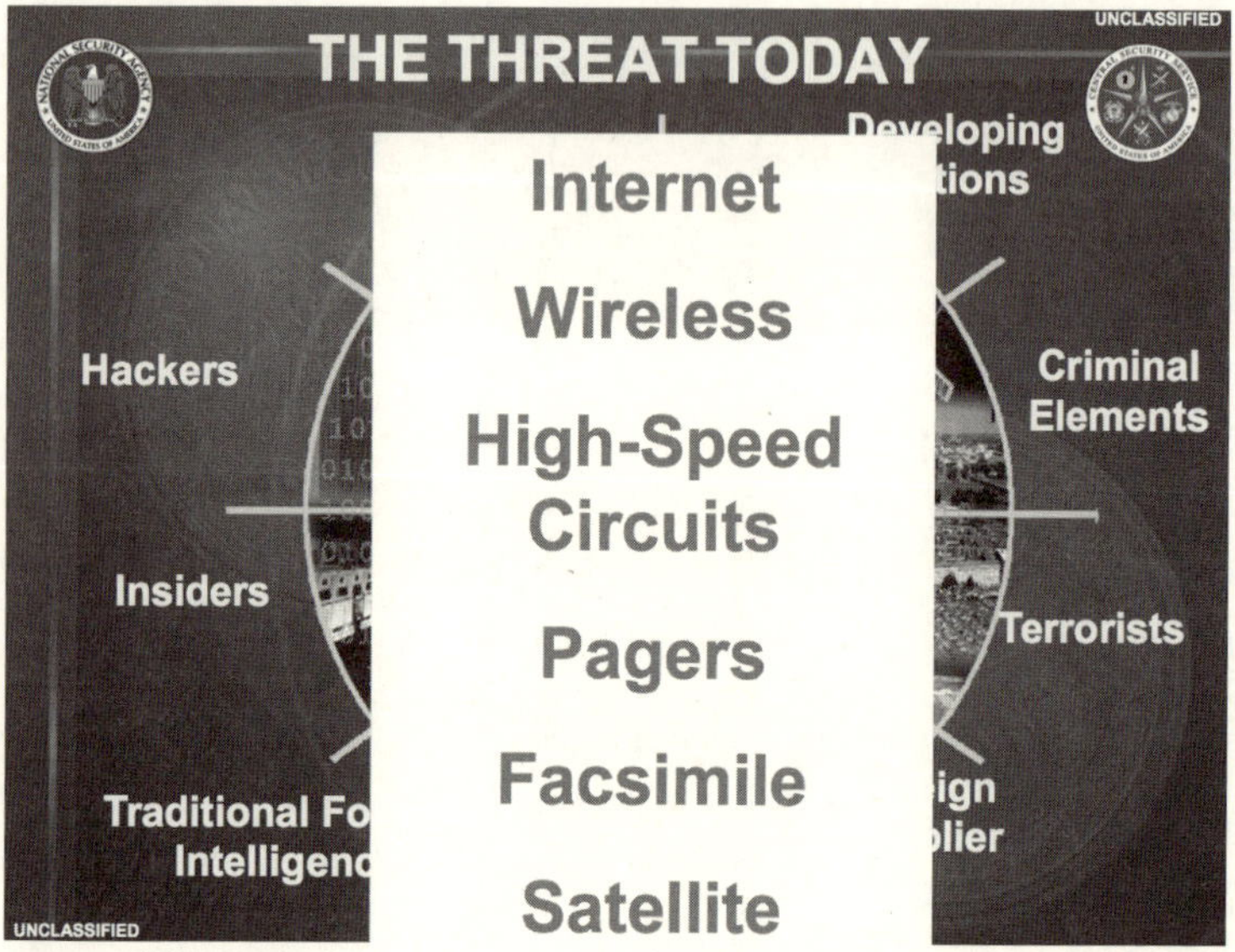

〈文書88〉今日の脅威

けている。

監視産業の規模と野心が大きくなるにつれ、仮想敵国に関する分析データもいや増していった。ＮＳＡは合衆国が直面していると思われる脅威を一覧化した。「国家安全保障局の概要説明」と題されたこの文書には、〝ハッカー〟〝犯罪分子〟〝テロリスト〟といったもっともな項目が並んでいるが、はるかに長大なテクノロジーの項目には、あからさまなことに〝インターネット〟そのものも含まれている。

インターネットは長きにわたり、民主化と自由化を促進し、抑圧からの解放さえも促す前代未聞のツールであるとして歓迎されてきた。しかし、合衆国政府にとって、インターネットをはじめとする通信技術の多くは、アメリカの力を脅かす存在だったのだ。こうした視点から眺めれば、確かにＮＳＡの「すべてを収集する」という野望は最終的に説得力を持つ。アメリカがインターネットを含むあらゆる通信を掌握し、アメリカからは誰も逃れられないようにすること、それこそが肝要なのだ。

畢竟《ひっきょう》、世界じゅうのあらゆるものをスパイできるシステムは、外交操作を可能にし、経済における優位性を獲得できるだけでなく、世界そのものを把握しつづけられるものだ。アメリカがあらゆる存在――自国民、外国人、大企業、外国政府の指導者――の行動、発言、思考、計画をすべて把握できるようになったとき、それらに対する権力は極限まで大きくなる。そうした政府がより高度な極秘体制の中で運用するとなればなおさらだ。この秘密がマジックミラーをつくる。アメリカが世界じゅうの出来事を俯瞰できる一方、反対側の人間は誰ひとりとしてアメリカの行動を監視できないというマジックミラーだ。これはあらゆる人間の存在を脅かす、きわめて危険な究極の不均衡だ。いかなる透明性も説明責任もなく、無限の権力が行使されてしまうのだから。

エドワード・スノーデンの告発により、このシステムとその機能に光が当てられ、こうした危険な動きに歯止めがかけられた。彼のおかげで、世界じゅうのあらゆる人々が、自分たちに対してどこまで監視がおこなわれているのか初めて知ることができた。この告発は世界じゅうに白熱した息の長い議論を巻き起こした。なぜなら、これが民主的な統治に対する甚大な脅威となるからにほかならない。さらに改革を求める声があがり、この電子時代におけるインターネットの自由とプライヴァシーの重要性についての議論が巻き起こった。その結果、ある大きな疑問も生じた。すなわち、「制限のない監視は私たち個人にとって、私たちの生活にとって、どんな意味を持つのか？」という疑問だ。

第四章　監視の害悪

プライヴァシーに大した価値はない——そのように自国民を説得するために世界の各国政府はあらゆる手を尽くしてきた。今やお決まりになった数々の理由を並べ立て、どんなプライヴェートな領域に踏み込まれても我慢しろと言い聞かせてきた。そういった理由づけは国民の心に見事に届き、今や多くの人々が当局に拍手喝采を送るほどになっている。国民が何を言い、何を読み、何を買い、誰と何をしているかについて、膨大な量のデータを集めるのはすばらしいことだ、と。

これら当局によるプライヴァシーへの攻撃は、インターネット巨大企業——政府の監視活動に不可欠のパートナー——の協力によってさらに加速する。二〇〇九年、〈ＣＮＢＣ〉のインタヴューを受けた〈グーグル〉ＣＥＯエリック・シュミットは、同社のユーザーデータの扱いについての質問に次のように答えて不評を買った。「どうしても人に知られたくないことがあるなら、初めからそれをするべきじゃない」。同じように、〈フェイスブック〉の創設者でＣＥＯのマーク・ザッカーバーグも、二〇一〇年のインタヴューでこう言い放った。「今じゃ、情報を共有することに人々の抵抗感はどんどん薄くなっている。多種多様な情報の共有はもちろん、より多くの人とオープンに共有することにもね」。彼に言わせれば、デジタル時代におけるプライヴァシーはもはや〝社会規範〟ではなく、個人情報を売りものにするハイテク企業に儲けさせるための概念ということになる。

プライヴァシーの大切さは、プライヴァシーはもう〝死んだ〟とか〝なくても困らない〟とか宣してその大切さを軽視する人たちでさえ、自らのことばどおり行動していないことからも明らかだ。そういう人たちにかぎって、自分の言動や情報の可視性を何がなんでもコントロールしようとする。事実、合衆国政府はその活動実態を公の眼から隠すために、あらゆる手を尽くして秘密主義の高い壁を築いている。アメリカ自由人権協会が二〇一一年に公表した報告書のことばを借りるなら、「今日《こんにち》、政府の多くの活動が秘密裏におこなわれている」。〈ワシントン・ポスト〉もこう訴える──政府という名の闇は「あまりに巨大で、もはや手に負える状況ではない。どれだけの金が投じられ、何人の人が雇われ、いくつの計画が存在し、正確にはいくつの機関が同じ仕事をしているのか、もう誰も把握できていない」。

同様に、人々のプライヴァシーを平気で軽視するインターネット巨大企業もまた、自らのプライヴァシーのこととなると守ろうと躍起になる。たとえば、〈グーグル〉がテクノロジー情報ニュースサイト〈CNET〉の記者からの取材をすべて断るという事態が発生したことがある。それは、〈CNET〉がエリック・シュミットの個人情報──年収、政治献金、住所──を暴露したことに対する抗議だった。しかし、それらの情報はすべて〈グーグル〉の検索機能から得られたものであり、〈CNET〉の記事は同社の侵略的な姿勢に警鐘を鳴らすものだった。

一方、マーク・ザッカーバーグは、カリフォルニア州パロアルトの自宅に隣接する四軒の家を三千万ドルで購入し、自らのプライヴァシーを確保した。そんな彼を〈CNET〉は次のように揶揄した。「ユーザーの私生活は〈フェイスブック〉のデータの一部となるが、CEOの私生活には口出しするな、というわけだ」

　多くの一般市民もまた同じ矛盾を抱えている。国家の監視活動に賛同する人でさえ、自分のEメールやSNSアカウントをパスワードで保護する。バスルームのドアに鍵をかけ、手紙がはいった封筒に封をする。誰も見ていないところでは、人前《ひとまえ》で決してしない行動に及ぶ。相手が友人や精神科医、弁護士であれば、人に知られたくないことも打ち明ける。オンライン上であれば、自分だとばれないように匿名で意見を表明する。

　スノーデンの告発後に私が意見を交わした政府の監視活動支持者の多くは、エリック・シュミットの考え――プライヴァシーは隠し事がある人のためのもの――に突如として同調しだした。にもかかわらず、誰ひとり私にEメール・アカウントのパスワードを教えてくれなかったし、自宅に監視カメラを設置することも許してくれなかった。

　上院情報特別委員会委員長ダイアン・ファインスタインもそのひとりだ。彼女は、NSAが収集しているのはコンテンツではなくメタデータであり、監視活動には該当しないと説明した。ネット上の反対派はその主張を行動で示すように要求した――毎月、メールや電話した全員のリストを公開してください、通話時間や発信時の位置情報も含めて、と。彼女がその提案を受け容れるなどありえないことだった。なぜなら、そのような情報からこそ、多くのことが明らかになるからだ。この情報の公表こそがまさしく個人的領域への侵害にあたるからだ。

　ここで注目すべきは、プライヴァシーの価値を軽んじる一方で、自らの個人領域を死守しようとする人々の偽善ではない（もちろん、それも特筆に値するが）。それより注目したいのは、プライヴァシーを保護したいという願望は人間が人間らしく生きるために――付随的ではなく――

不可欠なものとして、われわれ全員が共有する願望だということだ。私たちはみな、本能的に理解しているはずだ。個人的な領域とは、他者の判断基準に左右されない場所だと。私たち自らが行動し、考え、話し、書き、試し、自分がどうあるべきかを決めることができる場所だと。つまり、プライヴァシー保護は、自由な人間として生きるために核となる条件なのだ。

プライヴァシーとは何か？　なぜ普遍的かつ究極的に求められるのか？　この疑問に対して、おそらく最も有名で明快な答えを出したのは、最高裁判所判事ルイス・ブランダイスだろう。一九二八年の〈オルムステッド対合衆国〉事件（訳注　電話盗聴を用いた捜査は物理的な不法侵入に該当しないため、修正第四条に違反しないと最高裁判所が判断）の際、彼は判決に反対して次のような意見を表明した。「誰からも干渉されない権利は最も包括的であり、自由な人間が最も大切にする権利である」。プライヴァシーで保護される対象範囲は単なる市民的自由よりはるかに広い、プライヴァシーは人間の基本的な権利だ、と彼は論じたのである。

> わが国の憲法の起草者たちは、幸福の追求のために望ましい条件を確保することを保障し、人間の精神性や感情、知性の重要性を認めた。彼らは、物質的幸福は人生の痛みや喜び、充足の一部でしかないことを認識し、合衆国国民の多種多様な信条、思想、感情、感覚を保護することを求めた。政府との関係においては、誰からも干渉されない権利を国民に付与した。

最高裁判所判事に任命される以前から、ブランダイスはプライヴァシーの重要性の熱心な擁護者だった。一八九〇年、彼は法律家サミュエル・ウォーレンとともに、のちに大きな影響力を持つことになる論文「プライヴァシーへの権利（The Right to Privacy）」を〈ハーヴァード・ロー・

レビュー〉に寄稿した。その中でブランダイスは、人からプライヴァシーを奪うことは、物質的所有物の窃盗とは大きく異なる性質の犯罪だと論じた。「個人的な文書やそのほかすべての個人的な作品を、窃盗や物理的な剝奪からではなく、あらゆる形式においての公開から保護するという原則には、実は私的財産保護の原則ではなく、不可侵の人格を保護する原則があてはまる」

プライヴァシーは人間の自由と幸福のために欠かせないものだ。その理由はめったに論じられることはないが、人は自らのプライヴァシーを守るためにはどれほどのことをするか、ということからも明らかなように、疑う余地のないものばかりである。第一に、誰かに見られるだけで、人間の行動は大きく変化する。まわりに期待されているとおりに行動しようと必死になり、恥をかいたり、非難されたりすることを避けようとする。そのため、人は一般的にすでに受け容れられている社会的慣習に忠実に従い、決められた境界線の内側にとどまり、基準から逸脱しているとか異常とか思われそうな行動を避けるようになる。

その結果、他者の視線を感じているときに人が考慮できる選択肢の幅は、プライヴェートな領域での行動時よりもはるかにかぎられることになる。つまり、プライヴァシーの否定は、人の選択の自由を著しく制限する作用があるということだ。

数年前、親友の娘のバト・ミツワー（訳注　ユダヤ教の宗教的儀式で、十二歳になる少女を祝う成人式）に参加したときのことだ。儀式を取り仕切るラビが、強調して言った。女子が学ぶべき「最も大切な教訓は、いつも見られ、判断されている」ということだ、と。神様はなんでも知っている、どんな個人的なことだとしても、きみのすべての行動、選択、考えまでもすべてが神様にはお見通しだ、と。「きみは決してひとりぼっちじゃない」とラビは言った。要するに、こう伝えたかったのだろう。いつでも神のご意志に従うようにしなさい、と。

ラビの話の主旨は明確だ――最高権威の監視の眼から逃れることができないのなら、定められた命令に従うしか選択肢はない。だとすれば、命令を回避する道を自ら切り拓くことなど、とうてい無理な話だ。いつも見られ、判断されていると思っているのであれば、その人物はもはや自由な個人ではないのだから。

すべての圧政的な権威――政治、宗教、社会、親――はこの決定的な真実を行動規範のツールとして巧みに利用し、正統的とされるものを押しつけ、忠誠を強要し、反抗者を鎮圧する。権力者が伝えたいのは、人々が何をしようと権威の眼から逃れることはできない、というメッセージだ。そうやってプライヴァシーを剝奪すれば、警察力を強化するよりはるかに効果的に、規則を破ろうとする人々の誘惑を抑え込むことができる。

個人的な領域が侵されると、〝人生の質〟を形づくるとされている要素の多くが失われる。もっと簡単に説明しよう。ひとりになったとたんに緊張から解き放たれた経験はたいていの人にあるはずだ。それとは逆に、自分たちだけだと思ってプライヴェートな行為に及んでいたら――踊り、告白、性行為、大胆な発言――人に見られて恥ずかしい思いをした経験は誰にでもあることだろう。

私たちはほかの誰にも見られていないと信じているときだけ、自由と安全を感じることができる。何かを試し、限界に挑戦し、新しい考え方や生き方を模索し、自分らしくいられるのは、誰にも見られていないときにかぎられる。インターネットの魅力はまさにこの点だった。匿名で会話や行動ができる場所、つまり自己の探究に欠かせない機会を与えてくれる場所。それがインターネットの魅力のはずだった。
　個人的な領域でこそ創造性が刺激され、反対運動が起こり、正統性への挑戦が生まれる。だとすれば、国の監視を誰もが怖れる社会――事実上、個人的な領域が取り除かれた社会――では社会的および個人的レヴェルで、それらの大切な要素が失われてしまうことになる。
　その結果、国による大量監視は本質的に弾圧へとつながることになる。悪意に満ちあふれた政府役人の職権濫用（たとえば、政敵の個人情報を入手する）はもちろんのこと、どんな監視も弾圧につながることに変わりはない。監視活動がどのように利用あるいは悪用されるかにかかわらず、監視は自由を制限する。それは監視という行為自体にそもそも備わっている作用だからだ。

　ジョージ・オーウェルの『一九八四年』を引き合いに出すのはもはや決まりごとのようになってしまったが、オーウェルが創造した世界とNSAがつくり上げた監視国家との類似性――全市民の言動の監視を可能にする技術システムを巧みに利用する――については、触れないわけにはいかない。監視推進派はこの類似性をよく否定しようとする。私たちは常に見られているわけではない、と。しかし、この主張は肝心な点を見逃している。『一九八四年』でも市民は必ずしも常に監視されているわけではない。それどころか、彼らは監視されているかどうかを知らないのだ。ただ、この国家は国民を常に監視する能力を持っており、そのようなユビキタス監視の可能性と疑惑が人々を統制することに大きく寄与してしまうのである。

　ウィンストンの背後では相変わらずテレスクリーンから声が流れ、銑鉄《せんてつ》の生産と第九次三カ年計画の早期達成についてあれこれしゃべっている。テレスクリーンは受信と発信を同時に行なう。声を殺して囁《ささや》くくらいは可能だとしても、ウィンストンがそれ以上の音を立てると、どんな音でもテレスクリーンが拾ってしまう。さらに金属板の視界内に留まっている限り、音だけでなく、こちらの行動も捕捉されてしまうのだった。もちろん、いつ見られているのか、いないのかを知る術はない。どれほどの頻度で、またいかなる方式を使って、〈思考警察〉が個人の回線に接続してくるのかを考えても、所詮当て推量でしかなかった。誰もが始終監視されているということすらあり得ない話ではない。しかしいずれにせよ、かれらはいつでも好きなときに接続できるのだ。自分の立てる物音はすべて盗聴され、暗闇のなかにいるのでもない限り、一挙手一投足にいたるまで精査されていると想定して暮らさねばならなかった――いや、実際、本能と化した習慣によって、そのように暮らしていた。（訳注『一九八四年〔新訳版〕』高橋和久訳、早川書房刊より）

ＮＳＡの能力をもってしても、すべてのＥメールを読み、すべての通話を聞き、全員の行動を追跡することはできない。監視システムが効果的に人の行動を統制できるのは、自分の言動が監視されているかもしれないという認識を人々に植えつけるからだ。

この原則は、十八世紀にイギリスの哲学者ジェレミー・ベンサムが生み出した〝一望監視装置《パノプティコン》〟の概念の核心となるものだ。パノプティコンとは、施設における被収容者の行動の効果的管理を可能にする設計思想のことで、「この建物の構造は、いかなる施設にも応用可能で、いかなる種類の人間でも監視下に置くことができる」というのがベンサムの主張だった。パノプティコンの設計上の革新は大きな中央塔にある。中央塔にいる看守は常時すべての部屋――監房、教室、病室――を監視できるが、一方、被収容者は中央塔の中が見えないので、自分が監視されているかどうかはわからない。

どんな施設であれ、すべての人を常に観察することはできない。そこでベンサムが考え出した解決法は、被収容者の心に「看守がいつもどこかで自分を見ている」という意識を植えつけることだった。「監視対象となる人間には、常に自分が監視されているように感じさせる必要がある。少なくとも、監視されている可能性が高いと思わせなくてはいけない」。そうなると、たとえ見られていなくても、被収容者は常に監視下に置かれているような感覚を抱きながら行動することになる。その結果生まれるのが服従、盲従、予定調和であることは容易に予測できる。ベンサムは自らの提案が刑務所や精神科病院だけでなく、社会のあらゆる施設にまで広がるだろうと予測した。彼にしてみれば、常に監視されているかもしれないという意識を市民の心に植えつけることは、人間行動に大革命をもたらすものだった。

一九七〇年代、フランスの哲学者ミシェル・フーコーが、ベンサムのパノプティコンの原則は現代国家の基礎を成すメカニズムのひとつだと論じた。論述集『権力』では、彼の意見が次のようにまとめられている。パノプティコンの概念は「継続的な監督、管理、懲罰、償い、矯正が必要な個人――すなわち、特定の社会規範に関する自己形成や変化――に有効な権力の一種である」。

フーコーは著書『監獄の誕生――監視と処罰』ではさらにこう分析している。ユビキタス監視は監視機関に権力を付与し、人々に服従を強制するだけでなく、個人の内に監視人を生み出す効果がある。コントロールされていることにも気づかず、人々は無意識のうちに監視人が望むとおりの行動を取るようになる、と。パノプティコンは「閉じ込められた者に常に見られているという意識を植えつけ、権力が自動的に作用する状態をつくり出す」。そういった監視状態が人々に内在化すると、抑圧の明らかな証拠はもはや見られなくなる。抑圧する必要がなくなるからだ。「外側の権力には物理的な実像が求められなくなる。つまり、眼に見えない力が人々をコントロールしていくのである。このような状態に近づけば近づくほど、監視の効果はより大きく持続的なものになる。それは、いかなる物理的な対立をも避けた見事な勝利、初めから勝つことが決まっている勝利だと言ってもいい」

さらに、この管理モデルには、自由の錯覚を同時につくり出すという大きな利点がある。服従を強制するのはその人自身の心である。見られているという恐怖から、人は自ら従うことを選択する。そこまで来れば、もはや外部からの強制は不要となり、自由だと勘ちがいしている人たちをただ管理すればいいだけになる。

そんな理由から、圧政的な国家は大量監視活動こそが最も重要な支配ツールのひとつだと考えるようになる。いつも冷静沈着なドイツのアンゲラ・メルケル首相でさえ、NSAが何年にもわたって彼女の個人携帯電話の盗聴をしていたと知ったときには、オバマ大統領と直接話し、アメリカの監視活動をシュタージ——彼女が生まれ育った旧東ドイツの悪名高い国家保安省——にたとえて猛烈に批判した。メルケルは、アメリカはコミュニストの支配体制と同じだと言ったわけではないにしろ、NSAでも、シュタージでも、『一九八四年』のビッグ・ブラザーでも、パノプティコンでも、威嚇的な監視国家にとって最も重要なのは、眼に見えない権力によって常に見られているかもしれないという意識を人々に植えつけることに変わりはない。

欧米諸国の権力者たちが、なぜ自国民を対象とするスパイ活動のユビキタス監視システムを築こうとするのか、その理由を理解するのはむずかしいことではない。近年はもともと経済格差が各国で広がりつつあった。その流れが二〇〇八年の金融破綻によって本格的な危機へと発展し、いくつかの国の国内情勢が著しく不安定になった。スペインやギリシャのように最も安定していた民主主義国家においても、国民のあいだに大きな不安が広がった。二〇一一年、ロンドンでは何日にも及ぶ暴動が勃発。アメリカでも、保守派による二〇〇八年と〇九年のティーパーティ運動、リベラル派によるウォール街占拠《オキュパイ》運動など、双方が大きな抗議運動を展開した。こうした国の世論調査では、社会の方向性や政治エリートに対して、国民が極度に不満を募らせていることが明らかになった。

そのような社会不安に直面した政府は、次に挙げるどちらかの意見にたどり着くことになる。象徴的な譲歩によって国民を落ち着かせるか、自分たちの利益へのダメージを最小限に抑えるために支配を強めるか。欧米の政治エリートは後者の選択――自らの権力を強める――を最良と考える傾向があるようだ。おそらくそれが自分たちの地位を守る唯一現実的な行動指針なのだろう。そう考えれば、リベラル派の占拠《オキュパイ》運動に対する米政府の対応も驚くに値しない。催涙ガス、唐辛子スプレー、逮捕といった〝力〟によってねじ伏せるという対応も。そのとき、アメリカ各地で地方警察の準軍隊化が進んでいたのは、誰の眼にも明らかだった。合法かつ平和的な抗議活動を鎮圧するため、警察官が武器を手に取ったのだ。まるでバグダッドの街角にいるかのように。この政府の戦略――デモ行進や抗議活動に参加することの恐ろしさを人々に植えつけること――

は見事に成功した。しかし、政府が狙ったのはそれだけではない。彼らにはこの種の抵抗活動は、頑強で巨大な権力機構にとって痛くも痒くもないものだ、と世に知らしめようという目的もあったのだ。

そういった感覚を人々に植えつけるという目的は同じでも、ユビキタス監視システムのもたらす影響力はさらに大きい。そもそも、政府が全員の行動を監視しているとなると、反対運動を起こすこと自体もむずかしくなる。それどころか、大量監視は人間のさらに奥深くにあるもっと大切な場所で、反対意見の芽を摘んでいる。言い換えれば、人々は頭の中で、まわりの期待や要求に沿う考え方をしようと自らに教え込むようになる。

歴史を振り返れば、そのような集団的な思想の強制と管理こそ、国家による監視活動の最大の目的であり、その効果であることに疑いの余地はない。そんな監視による犠牲者のひとり、ハリウッド映画の脚本家ウォルター・バーンスタインは赤狩り時代に要注意人物として監視下に置かれ、偽名で脚本を書くことを余儀なくされた。見られているという感覚から生まれる自己検閲の苦しみについて、彼は次のように言っている。

誰もが慎重に行動していました。わざわざ自分からリスクを負うような時代じゃなかった……ブラックリストに載っていない脚本家の中には、いわゆる〝革新的〟な話を書く人もいたけれど、どれも政治はからまない話でした。政治的な内容は避けていたんです……〝自分からあえて危険を冒すな〟という空気が広がっていましたから。

創造力に手を貸してくれる雰囲気でも、心を自由にさせてくれる雰囲気でもありませんでした。常に自己検閲の危険にさらされていました。「いや、こんなことは書けない。こんなことを書いたら、政府に疎まれる。それはもうわかりきっているのだから」などと自分に言い聞かせる危険に。

バーンスタインのこの発言は、米ペンクラブが二〇一三年十一月に発表した報告書「萎縮効果——NSA監視活動が米国人作家を自己検閲に駆り立てる」の内容と恐ろしいほど酷似している。NSA監視活動が与える影響を調べたペンクラブの調査によると、今や多くの作家が「自分の通信が傍受されていると感じ……表現の自由や、自由な情報の流れを自ら制限」する行動を取っていたことがわかった。具体的には、二四パーセントが「電話やEメールで特定の話題を意図的に避けたことがある」と答えたという。

ユビキタス監視が驚異的な支配力を発揮し、結果として人々を自己検閲に駆り立てることは、さまざまな社会科学実験で証明されてきた。さらに、そんな監視の支配力が影響を及ぼすのは政治活動の分野にとどまらない。監視がいかに人間の意識の最も深いところで個人に影響を与えるか、それは多くの研究が示しているとおりだ。

学術雑誌〈進化心理学〉で発表された、ある研究チームの実験について考えてみよう。実験の流れはこうだ。道徳的に疑問のある行動についての二例を被験者に提示する——道で拾った財布から大金を盗むという行動と、友人が嘘の履歴書で仕事を獲得するという行動だ。そのあと、それぞれの文書を読んだ被験者に、ふたつの不正行為がどれだけ悪質と思うかを点数で評価してもらう。ただし、被験者をふたつのグループに分け、それぞれに異なる写真が印刷された紙を渡すのがこの実験のポイントだ。文章はまったく同じものだが、第一グループに渡す紙には監視を示唆する写真（読み手をじっと見つめる眼）が印刷され、第二グループの紙にはあたりさわりのない写真（花）が印刷されている。すると、第二グループよりも、第一グループの被験者のほうが、両行動の悪質性が高いという点をつけた。この結果を受け、研究チームはこう結論づけた。「人は誰かに見られていると、自分の評価を高めようとする気持ちが働き、一般的な社会規範により従おうとする傾向が生まれる」

一九七五年、スタンフォード大学の心理学者フィリップ・ジンバルドーとグレゴリー・ホワイトは、大規模実験「監視の萎縮効果」において、デリケートな政治問題に対する人の意見に監視がどう影響を与えるかを調査した。この研究のきっかけとなったのは、政府による監視活動の拡大についてアメリカ国内に広がる不安だった。

ウォーターゲート事件、ホワイトハウス盗聴の暴露、中央情報局による国内盗聴活動に対する連邦議会の調査。そのすべてが、アメリカ人の生活に広がる被害妄想的な風潮を強めている。ビッグ・ブラザーが実際に自分たちを見ているかもしれない！　国立データバンク設立の提案、大都市の警察による監視ヘリコプターの利用、銀行やスーパーマーケットに設置された監視カメラ、空港での乗客と荷物のセキュリティ・チェック――これらは、われわれの個人的生活が見る見る監視下に置かれていく証拠のほんの一例にすぎない。

実験では、参加者をさまざまなレヴェルの監視下に置き、マリファナの合法化についての意見を求めた。結果は次のとおりだった。

〝脅された〟被験者――〝訓練目的〟で発言内容を警察と共有すると宣言されたグループ――はマリファナの使用を咎める傾向が強く、発言の中で二人称と三人称の代名詞（〝あなた〟〝彼ら〟〝人々〟）を他のグループよりも多く使った。あまり〝脅されていない〟参加者の七三パーセントが合法化に賛同した一方で、監視下に置かれた被験者は四四パーセントしか賛成しなかった。さらに、監視状態に置かれた参加者の三一パーセントが無意識のうちに研究者の賛同を求める発言をしたのに対し（「よろしいですか？」と尋ねるなど）、ほかのグループで同じ行動を取ったのは七パーセントにすぎなかった。また、〝脅された〟参加者は、ほかの被験者に比べてはるかに激しい不安や抑制の感情を抱いたことも明らかになった。

この結果を受け、ジンバルドーとホワイトはこう結論づけた。「政府の監視による脅威、あるいは監視そのものが言論の自由を心理的に抑制するものと考えられる……今回の調査計画では〝集会〟を避けるかどうかの調査を含めていなかったが、監視の脅威が掻き立てる不安によって、監視されているかもしれない状況（集会）を多くの人々が回避しようとすることは想像に難くない……自分が監視されているかもしれないという考えは、人間の頭の中にしか存在しない。実際の生活では、政府組織によるプライヴァシー侵害の事実が次々と明るみに出ると、監視されているという思いは日々強まる。このふたつを考え合わせると、被害妄想と正当な警戒心の境界はますます曖昧なものになっていると言える」

この実験結果を見ても、監視にはいわゆる〝向社会的行動〟を促進する効果があるのは明らかだろう。別の研究では、乱暴行為――スウェーデンのサッカー・スタジアムのサポーターが壜やライターをピッチに投げ込んだような行為――が防犯カメラの導入後、六五パーセント減少したことがわかった。また、手洗いに関する公衆衛生分野の論文では、再三にわたって証明されている――誰かに見られていると、人は率先して手を洗う傾向を示す。

しかし、ここでなにより驚かされるのは、見られていることが、いかに個人の選択を狭めるかということだ。たとえば、家庭のような最も私的な環境においても、単に見られているという理由だけで、普段であれば取るに足らない些細な行動が自己判断や不安を呼び起こすことがある。そんな家族の行動を監視できる追跡装置を使った実験がイギリスでおこなわれた。その装置を使えば、家族がいる場所をいつでも知ることができるが、誰かの現在地を調べた場合、その相手にも調べられたことを知らせるメッセージが送られる。さらに、家族の居場所を確認するたびに、調べた本人にアンケートが送られてきて、調べた理由と受け取った情報に対する満足度を回答する、というものだった。

実験後、多くの参加者が、追跡システムを使うと安心することもあれば、同時に不安になることもあったと答えた。予想外の場所にいたら、変な行動を取っていると家族に勘ちがいされるのではないか、という不安だ。さらに、〝姿を隠す〟というオプション――現在地共有機能を無効にする――を使ったとしても、不安の解消にはつながらないことがわかった。多くの参加者が、監視を避けようとする行動自体が不信感を招くものだと答えたのだ。この結果を受け、研究グループは次のように結論づけた。

われわれの日々の生活の中には、説明のつかない行動や、まったく重要性を持たない行動というものがあるはずだ。しかし、ひとたび追跡装置を通すと……それらの行動にも重要な意味が生まれ、きわめて重大な説明責任をともなう行為のように見えてしまう。密接な関係にある集団では特に、ここから不安が発生することになる。こうした集団においては、単に説明のつかない事柄についても、どうにか説明しなければいけないという大きなプレッシャーを感じてしまうようになるのである。

フィンランドでおこなわれた過激な模擬実験では、被験者の家にカメラが設置され（バスルームと寝室は除く）、参加者のすべての電子通信が追跡された。実験参加への募集告知はソーシャル・メディアで急速に広まったものの、研究グループはわずか十組の参加家庭を集めるのにも苦労したという。

参加者からは当初、通常の生活もままならないという苦情が続出した。ある参加者は自宅で裸になるのに抵抗を感じたと言い、別の被験者はシャワー後に髪を整えているときにカメラが気になったと答えた。薬を注射するときに監視の眼を感じたと訴えた人もいた。つまり監視下では、何気ない普段の行動にもさまざまな意味が生じてしまうということだ。

ところが、初めは監視を不快に感じていた被験者たちもすぐに〝慣れて〟しまう。当初は侵略的だと批判された監視が、いつのまにか普通のこととして日常に溶け込み、最後には監視されていることなど誰も気にしなくなった。

この実験が示すように、〝何かまちがったこと〟という認識はなくても、日々の生活の中で秘密にしておきたいことは数えきれないほどある。プライヴァシーは、ありとあらゆる人間活動にとって絶対不可欠なものだ。自殺予防ホットラインに電話すること、中絶を扱うクリニックを訪れること、ポルノサイトを頻繁に閲覧すること、リハビリ・センターの予約を取ったり、病気の治療を受けたりすること、あるいは内部告発者が記者に連絡を取ること——不正行為や誤った行為とはなんら関係のない行動だとしても、秘密にしておきたいことは山ほどある。

誰にでも隠しておきたいことがある。そういうことだ。この点について、記者バートン・ゲルマンは次のように語る。

プライヴァシーは相関的なもので、人との関係性によってその重要性は変わる。たとえば、転職活動をしていることを上司に知られたくはないだろう。性生活の詳細を母親や子供に知られたくはない。ライヴァル会社の社員に企業秘密を教えたいとは思わない。私たちは無差別に自分をさらけ出しているのではなく、熟慮したうえで嘘をつくこともある。多くの研究が明らかにしてきたように、正直な市民にとって嘘は〝日々の社会交流〟の一部だ（人は大学では一日二回、〝実社会〟では一日一回嘘をつくという）……完全な透明性は悪夢でしかない……隠し事は誰にでもあるのだから。

監視活動の主な正当化——監視は国民の利益になる——は市民が善人と悪人のふたつのカテゴリーに分かれるという世界観を前提にしている。この世界観のもとでは、権力者は〝悪いこと〟をする悪い人間に対してのみ、その監視能力を行使する、プライヴァシーを侵害されて困るのはそういう人間だけだ、というわけだ。これは古くから使われてきた戦略だ。一九六九年、〈タイム〉は、合衆国政府の監視活動に対して広がる国民の不安について、ある記事を掲載した。その記事の中で、ニクソン政権の司法長官ジョン・ミッチェルは次のように語って読者を安心させようとした。「いかなる違法活動にも関わっていないアメリカ国民は、何も怖れることはない」

二〇〇五年、ホワイトハウス広報担当官が同じ主張を繰り広げた。ブッシュ政権による違法盗聴計画をめぐる論争の中で、広報担当官はこう述べた。「監視しようとしているのは、リトルリーグの練習日程や持ち寄りパーティに何を持っていくかを相談する通話ではありません。とても悪い人間からとても悪い人間への電話です」。また、二〇一三年八月、『ザ・トゥナイト・ショー』に出演したオバマ大統領は、司会者ジェイ・レノからNSAのリークについて訊かれて次のように答えた。「国内を監視する諜報計画は存在しません。存在するのは、テロ攻撃に関連する電話番号やメールアドレスを追跡できる仕組みです」

多くの人にとってこの主張は実にわかりやすい。侵略的な諜報活動の対象者となるのは〝悪いこと〟をするならず者のグループだけであり、彼らは監視されて当然の人間だ。だとすれば、残りの大多数は権力濫用を受け容れるしかない。いや、みんなで監視活動を応援しよう、というわけだ。

しかし、すべての権力組織が目指す理想はそんな生ぬるいものではない。権力組織にとっての〝悪いこと〟の中には、違法行為や暴力活動、テロ計画だけではなく、重要な反対行動や純粋な抵抗活動も含まれる。反対活動を〝不正行為〟あるいは少なくとも〝脅威〟と同一視するのは、権力者に共通する特徴である。

これまで、数多《あまた》の団体や個人が、反対意見の表明やその活動を理由に、政府の監視下に置かれてきた――マーティン・ルーサー・キング、公民権運動家、反戦活動家、環境保護主義者。政府や初代長官ジョン・エドガー・フーヴァー率いるＦＢＩにしてみれば、彼らはみな〝悪いこと〟、つまり社会秩序を脅かす政治活動をしていたことになる。

反対派の制圧に監視活動がいかに有効か、ＦＢＩ初代長官ジョン・エドガー・フーヴァー以上によく理解していた人間はいないだろう。当時の政府は憲法という壁に阻まれ、不都合な意見を表明する人々を逮捕できない状況に陥っていた。そんな中でフーヴァーは、合衆国憲法修正第一条で保障された言論と集会の自由をどうすれば制限できるか、という難題に取り組まなければならなかった。折しも時は一九六〇年代、相次ぐ最高裁判所の判決によって、言論の自由の保護が声高に叫ばれる一方という時代だった。そんな流れが、一九六九年の〈ブランデンバーグ対オハイオ州〉事件での満場一致の判決につながる。人種差別団体クー・クラックス・クラン（ＫＫＫ）の指導者――政府の要人への暴力的報復を公に主張した容疑で起訴――に対する有罪判決が、言論の自由を理由に覆されたのだ。判決理由は次のようなものだった。修正第一条の拘束力は非常に強く、憲法が保障する言論と報道の自由のもとでは「暴力行使の唱導を国が禁止または規制することはできない」。

憲法の保障という壁にぶつかったフーヴァーは、反対派がそもそも育たないシステムを開発しようと試みた。

そんな経緯で生まれたのが、ＦＢＩの国内向け対敵諜報活動計画「コインテルプロ」だ。この計画の詳細が明らかになったのは、ある反戦活動家グループによる暴露がきっかけだった。あるとき、彼らは自分たちのグループにスパイが送り込まれ、活動が監視下に置かれ、あらゆる不正工作の標的になっていることを確信した。しかし、文書としての証拠があるわけでもなく、ジャーナリストに話しても相手にされない。そこで彼らは、一九七一年、ペンシルヴェニア州のFBI支部に不法侵入し、数千に及ぶ書類を盗み出すという強硬手段に出た。

かくしてコインテルプロ計画の存在を暴露する文書が公表され、FBIがありとあらゆる政治団体や活動家を危険分子と見なし、諜報活動の標的に定めていた事実が発覚した——全米有色人種地位向上協会も、黒人民族主義運動家も、社会主義・共産主義団体も、反戦活動家も、右翼団体も。作戦の一部として、FBIはそれらの団体に工作員を送り込み、メンバーを犯罪行為に誘導しようとまでしていた。罪を犯させたところで逮捕し、起訴するというのがFBIの魂胆だった。

その後、FBIは〈ニューヨーク・タイムズ〉に圧力をかけて記事の発表を中止させ、どうにか文書を取り戻すことに成功した。しかしそんな努力もむなしく、〈ワシントン・ポスト〉が一連の暴露記事を発表する。その暴露をきっかけに上院チャーチ委員会が設立される運びとなり、委員会による最終報告書はこう結論づけた。

FBIは、合衆国憲法修正第一条が保障する言論と集会の自由の行使を防ぐことに狙いを定め、十五年にわたって高度な技術を利用した自警活動をおこなっていた。危険集団の成長と危険思想の伝播を食い止めることこそが国家の安全保障を固め、暴力活動の抑え込みにつながる——それが彼らの信念だった。

たとえすべてのターゲットが実際に暴力活動に携わっていたとしても、FBIが駆使した技術の多くは民主的社会において許容されるものではなかったが、コインテルプロ計画はそのはるか上をいくものだった。そして、そんな計画を暗黙の裡《うち》に推し進めたのが、あるひとつの大前提だった。すなわち――司法当局の務めは、現在の社会的・政治的秩序を乱そうとする脅威に対して、あらゆる手を尽くして戦うことである。

コインテルプロ計画に関するある重要文書では、「FBIの局員がすべての郵便ポストのうしろに隠れている」と反戦活動家に信じ込ませ、〝被害妄想〟を広めたと記述されている。そうやって活動家を監視の恐怖に陥れ、運動を抑え込んだのだ。

当然のごとくこの戦略も大成功を収めた。二〇一四年のドキュメンタリー映画『1971』では、当時の活動家たちがFBIの監視活動について次のように証言している。フーヴァー率いるFBIは、潜入や監視活動を駆使して公民権運動の〝いたるところ〟で見張っており、会合に参加してはFBIにすべてを報告する人も少なくなかった。そういった監視活動が、メンバー同士の協力や活動拡大の妨げとなっていた、と。

当時、ワシントンのすぐれた機関はどこも、政府の監視という存在自体が反対の意思表示を抑えつけてしまうと理解していた。〈ワシントン・ポスト〉は一九七五年春、社説でこの抑止力について過たず警告を発している。

FBIは彼らの監視能力、とりわけ顔のない情報提供者との親密な関係が民主的な手続きや言論の自由にもたらす悪影響に関して、繊細さというものをこれまであまり示してこなかった。

しかし、ビッグ・ブラザーが偽装して人々のことばに耳をそばだて、話の内容をご注進に及んでいることが明らかな状況下では、政府の方策や計画に関するどんな議論も論争も抑制されたものになるのは自明の理である。

連邦議会のチャーチ委員会は、コインテルプロ計画のほかにも数多くの監視計画の実態を明らかにした。最終報告書には次のような事例が列記されている——

「一九四七年から七五年にかけ、米電報会社三社との密約によって、何百万通ものアメリカ国内・国外宛ておよび本土を経由する個人向け電報が国家安全保障局の手に渡っていた」

「一九六七年から七三年に実施されたCIAの〝CHAOS〟計画では、コンピューター・システム内に約三十万人分のインデックスが作成され、およそ七千二百人の国民、百以上の国内グループに関するファイルが別途作成された」

「推定十万人のアメリカ国民が、一九六〇年代半ばから一九七一年に作成された合衆国陸軍情報ファイルの対象者となった」

「同じ陸軍のファイルには、内国歳入庁の調査対象である約一万一千の個人および団体の情報が収められたが、彼らの情報が抽出されたのは課税基準とは関係なく政治的な基準によるものだった」

「当局は、盗聴によって性生活などの弱みをつかんでは相手を脅し、ターゲットを〝無力化〟していた」

そういった活動の数々は当時だけの逸脱ではない。たとえば、ブッシュ政権時代の二〇〇六年、アメリカ自由人権協会が入手したある機密文書によって、「クエーカー（訳注　プロテスタント一派の宗教団体〈キリスト友会〉の呼称）および学生団体を含むイラク戦争反対派を対象とした、国防総省の新たな監視活動の詳細」が明らかになった。自由人権協会によれば「国防総省は、非暴力抗議者の監視をおこない、収集した情報を軍の対テロリズム・データベースに保管している。〝潜在的テロ活動〟とタイトルがついたある文書には、オハイオ州アクロンでおこなわれた〝今すぐ戦争をやめよう！〟といった集会までリストアップされていた」という。

監視活動の対象になるのは実際に何か悪いことをした人だけ、ということばを聞いて安心してはいけない――どんな些細な反抗でも、国家は反射的に不正行為と見なすのだ。

権力者というのは、敵に〝国家安全保障への脅威〟や〝テロリスト〟のレッテルを貼る機会をみすみす逃したりはしないものだ。事実、ここ十年ほど合衆国政府は、フーヴァーのＦＢＩさながら、あらゆる人々にそのレッテルをせっせと貼りつづけてきた――環境保護主義者、反政府右翼団体、反戦活動家、パレスチナ解放運動家たちに。そういった集団には、レッテルにふさわしい人物も中にはいるのかもしれない。しかし、多くの人々は明らかにちがう。彼らの罪は政府と異なる政治観を持つというだけのことだ。にもかかわらず、そんな人々が日常的に、ＮＳＡとその関連組織による監視活動の標的にされているのだ。

まさにそれを象徴する出来事が、イギリス当局による私のパートナー、デイヴィッド・ミランダの拘束だ。反テロ法に基づいてヒースロー空港で彼を拘束した際、英国政府は私の報道をテロリズムだと高らかに宣言した。スノーデンの文書の公表は「政府に影響を及ぼし、イデオロギーあるいは政治的信念を広めることを目的としている。したがって、これはテロリズムの定義にあてはまるものだ」。つまり、権益への脅威はテロリズムと同じというわけだ——おそらくこれ以上に明解な説明もないだろう。

しかし、こういったどんな出来事も、アメリカ国内のイスラム教徒社会を驚かせることはなかった。テロリズムの疑いに基づく監視への恐怖など、イスラム教徒社会にとって、もはやあたりまえのことなのだから。事実、これは二〇一一年、〈AP通信〉の記者アダム・ゴールドマンとマット・アプーゾが、CIAとニューヨーク市警察の共同計画について暴露したことだが、その計画とは、不正行為の証拠が何ひとつなくとも、国内のイスラム教徒社会全体を電子および物理的監視下に置くというものだった。今日《こんにち》、アメリカのイスラム教徒にとって、監視活動の影響は日々の生活の隅々にまで浸透しているという。モスクを初めて訪れる人は、FBIのスパイではないかと疑われる。監視されているかもしれないという恐怖から、友人や家族との会話も常に気をつけなければならないものとなる。アメリカに対して敵対的だと見なされる発言はどんなものであれ、捜査どころか逮捕の口実として使われてしまうかもしれないからだ。

この事実を恐ろしいほどに裏づける文書が、スノーデンのファイル内からも見つかった。二〇一二年十月三日付けのその内部資料によると、NSAが特定の個人——〝ラディカル〟な考えを表明し、他者に〝ラディカル〟な影響を与えると考えられる人々——のオンライン活動を監視していたことがわかった。文書に列挙された六人は全員がイスラム教徒であり、それも氷山の一角にすぎないと強調されていた。

NSAの方針は明確だ。標的となった六人は誰ひとりとしてテロ組織の一員でもなければ、テロ計画にも関与していない。その〝罪〟は政治思想にあるというのだ。NSAは彼らの表明する意見を〝ラディカル〟だと見なす。すると今度は、この〝ラディカル〟ということばが、大規模な監視活動や〝弱みにつけ込む〟破壊工作を実行するための法的根拠になる。

標的にされた六人（少なくともひとりは〝アメリカ市民〟）から集められた情報には、オンライン上での〝ハレンチな〟性的活動の詳細も含まれていた――閲覧したポルノサイトや、妻以外の女性と隠れて興じたセックスチャット。NSAはこれらの情報を利用して、彼らの評判と信用を貶める方法を模索していたのだ。

〈文書89〉
背景（非機密）
（機密//特別情報//配布先：アメリカ、ファイヴ・アイズ）過激派についての過去のシギント評価報告書によると、過激派グループ内においては、プライヴェートと公の言動に矛盾が生じると、その人物の権威にことさら影響が及ぶ傾向があるようだ。（A）弱みが表面化すると、過激派メンバーの聖戦《ジハード》の大義への忠誠心が疑われ、権威の低下あるいは喪失につながる。弱みの例は以下のとおりである。

・猥褻なオンライン・コンテンツの閲覧。あるいは、世慣れない女性との会話において猥褻性の高いことばを用いる。
・自分の発言が強く影響を及ぼすグループから受け取った寄付金の一部を個人的な出費の支払いに充てる。
・講演料として法外な額を請求し、単に自らの名声を高めることだけに執着する。
・信憑性の薄い情報源に基づくメッセージを発していることを周囲に知られる。あるいは、信憑性が疑われるような、事実と大きく矛盾することばを発する。

〈文書90〉
(機密//特別情報//配布先:アメリカ、ファイヴ・アイズ)メッセージがどれだけ説得力を持って人の心に届くかは、発言者の信頼度と評判に大きく左右される。言うまでもなく、過激派メンバーの人物本人あるいは発言の性質や信憑性(または両方)における弱みを最大限利用することが大切だ。それをさらに効果的にするには、その人物の影響を受けやすいグループに対して彼がメッセージをどのような方法を使って伝えているか、接触においてはどこに弱点があるかを把握することが重要である。

アメリカ自由人権協会の法務副部長ジャミール・ジャファーは、NSAのデータベースには「個人の政治思想、病歴、性生活、オンライン活動についての情報が保管されている」と訴える。当のNSAは個人情報を不正利用することはないと主張するが、「暴露された文書の内容を考慮すれば、NSAが〝不正利用〟ということばをきわめて狭く定義していることは明らかだ」。ジャファーが指摘するように、これまでにもNSAは大統領の命を受けては「監視活動の成果を、政敵やジャーナリスト、人権活動家の信用を貶めるために利用してきた。とすれば、今後も同じように利用すると考えるほうが理に適っている」。

また、別のある資料によると、政府の諜報活動が〈ウィキリークス〉やその創設者ジュリアン・アサンジはもちろんのこと、「〈ウィキリークス〉協力者ネットワーク」と彼らが呼ぶグループにも及んでいることが発覚した。二〇一〇年八月、オバマ政権は同盟国数ヵ国に対し、〝アフガン戦争ログファイル〟を公表した〈ウィキリークス〉の責任者アサンジの刑事訴追を強く求めた。アサンジ逮捕に向けてアメリカが各国に圧力をかけるそのやりとりは、〝人間狩りタイムライン〟というNSAの内部文書に記載されていた。そのファイルには、合衆国や同盟国の国ごとの活動内容の詳細が書かれ、テロ容疑者、麻薬密売人、パレスチナの指導者など、さまざまなターゲットの追跡、逮捕、拘束あるいは殺害に関する情報が記録されていた。ファイルは年ごとに分かれ、二〇〇八年から二〇一二年までのものが存在する。

〈文書91〉
（非機密）人間狩りタイムライン2010
（機密//特別情報//ＴＫ〔訳注　〝タレント・キーホール〟の略号。〝国家的技術手段〟によって得られた諜報成果を保護するために設けられた機密区分〕//国外配布禁止）
主要項目：人間狩り
人間狩りタイムライン2011を参照

人間狩りタイムライン２００９を参照
人間狩りタイムライン２００８を参照
（非機密）以下の人間狩り作戦は２０１０暦年に実行された
（非機密）十一月

〈文書92〉
（非機密）アメリカ合衆国、オーストラリア、イギリス、ドイツ、アイスランド
（非機密）八月十日、合衆国は、アフガニスタンに軍を派遣する各国（オーストラリア、イギリス、ドイツを含む）に対し、ジュリアン・アサンジの刑事訴追を要求した。アサンジはならず者ウェブサイト〈ウィキリークス〉の創設者で、アフガニスタン紛争に関する七万点以上の機密文書を不正に公表した人物である。当該文書は、ブラッドリー・マニング陸軍上等兵によって提供された可能性が高い。今回の合衆国政府の訴えが各国の法的能力を結集し、非国家的主体であるアサンジと〈ウィキリークス〉協力者ネットワークを追いつめるための最初の大きな一歩になることを願ってやまない。

別の文書には二〇一一年七月のやりとりの概要が示されており、〈ウィキリークス〉とファイル共有サイト〈パイレート・ベイ〉を「ターゲットとして定めるため、彼らを〝悪意のある国外の当事者〟」に指定できるかどうかが議論されている。この指定がなされれば、これらのサイトに対して――ターゲットがアメリカ人ユーザーであろうとなかろうと――広範な電子監視が許可

されるようになる。この議論は「Q&A」というリスト内でおこなわれており、投稿された質問につき、国家安全保障局・中央保安部脅威作戦司令部《NTOC》の監督遵守室《NOC》とNSAの法律顧問室《OGC》が回答するという体裁が採られている。

〈文書93〉
（機密//特別情報//配布先変更なし）「悪意のある国外の当事者＝合衆国のデータをばらまく者？」
　リークされた、もしくは盗まれた合衆国のデータを保管している外国サーバー、あるいはばらまく可能性のあるサーバーをターゲットとするため、フィルターで除外せずに〝悪意のある国外の当事者〟に指定することは可能でしょうか？　例：〈ウィキリークス〉〈パイレート・ベイ〉など。

NOC、OGCからの回答：改めて回答する（ソース番号001）。

　二〇一一年の質問と回答を見ると、NSAが監視ルールを破ることに、いかに無頓着であるかがうかがえる。誤って外国人ではなくアメリカ国民をターゲットにしてしまったが、どうすればいいかというオペレーターの質問に対して、NSAのNOCとOGCは「心配するようなことではない」と回答している。

〈文書94〉

（機密／／特別情報／／配布先変更なし）「そうと気づかずに自国民をターゲットにしてしまった」しくじりました……セレクターはターゲットが外国人だという強い兆候を示していましたが、実際はアメリカ人でした……どうすればいいでしょうか？

NOC、OGCからの回答：すべてのクエリーに関して、ターゲットがほんとうにアメリカ人であれば、この問題を報告し、OGCの四半期の報告書に記載しなければならない……〝しかし、心配するようなことではない〟（ソース番号001）。

〈アノニマス〉は、ほかのハッカー活動家《ハクティビスト》という曖昧なカテゴリーの人々と同様、とりわけ虐待的で極端な扱いを受けている。というのも、〈アノニマス〉は実体のある組織ではなく、ひとつの理念のまわりに集結した人々のゆるやかな結びつきだからだ。〈アノニマス〉に帰属しているというのは各自の見解にすぎない。しかし、もっと悪いのは〝ハクティビスト〟というカテゴリー自体に決まった意味がないことだ。このことばは、「プログラミングのスキルを駆使してセキュリティやインターネットの機能を攻撃する者」を意味することもあれば、「オンラインのツールを使って政治理念を宣伝する者」を含む場合もある。NSAがそれほど広範なカテゴリーの人々を標的にするということは、取りも直さず、危険思想を持っていると政府に見なされた者は──アメリカ国民を含め──どこの誰であろうと監視対象にされてしまうことを意味する。

〈アノニマス〉に詳しいマギル大学のガブリエラ・コールマンはこう述べている。〈アノニマス〉

は「定義された」存在ではなく、「集団で行動し、政治に対する不満を表明するよう活動家たちを動かす理念である。中央集権的あるいは公的に組織された統率系統を備えておらず、幅広い基盤を持つ世界的な社会運動である。彼らの中には、市民によるデジタル的な抵抗運動をおこなうために〈アノニマス〉の旗印のもとに集った者もいるが、テロリズムをにおわすような要素はまったくない」。〈アノニマス〉の大半は「基本的に、ごくあたりまえの政治的表明をするためにこの理念のもとに集っている。彼らの大半は〈アノニマス〉やハクティビストをターゲットにできるのであれば、なんであれ政治的信条を表明する一般市民をターゲットにできるということになる。そうなれば、合法的な反対意見さえ抑圧されるようになるだろう」。

実際、〈アノニマス〉は〝なりすまし〟、〝ハニートラップ〟、ウィルスなどによる攻撃、詐術、〝評判を貶めるための情報工作〟といった、スパイの世界でよく知られる、問題の多いラディカルな戦術を採るGCHQの一部門のターゲットにもなっている。

GCHQの監視職員が二〇一二年の信号開発会議で提出したパワーポイントのスライドには、ふたつの攻撃手段が記載されている。

〈文書95〉

（機密//通信情報//配布先：アメリカ、オーストラリア、カナダ、イギリス、ニュージーランド）

「効果の定義」

・オンライン上でのテクニックを使い、現実またはサイバー世界に影響を与える。

・大きなふたつのカテゴリー
情報工作（影響を与える、または混乱させる）
技術的な混乱
・GCHQではオンライン隠密工作と呼ばれている
・四つのD：否定《ディナイ》、混乱《ディスラプト》、評判悪化《デグレード》、欺き《ディシーヴ》

別のスライドには〝ターゲットの信用を貶める〟ための戦術が説明されている。

〈文書96〉
（機密//通信情報//配布先：アメリカ、オーストラリア、カナダ、イギリス、ニュージーランド）
「ターゲットの信用を貶める」
・ハニートラップを仕掛ける
・SNS上のターゲットの写真を変更
・ターゲットの被害者になりすましたブログを書く
・彼らの同僚、隣人、友人などにEメールを送信する

添付されているGCHQの但し書きを見ると、〝ハニートラップ〟——男性ターゲットを魅力

的な女性の虜《とりこ》にして不名誉な状況をつくり出し、面目をつぶすという冷戦時代からの古い手口――はデジタル時代に合わせて進化し、ターゲットをいかがわしいサイトや出会い系サイトに誘導するという手口になっている。これには次のようなコメントが記されている。「すばらしい選択肢。うまくいけば効果は絶大」。同様に、グループへの潜入という伝統的な手口も今ではオンライン上でおこなわれるようになっている。

〈文書97〉

（機密//通信情報//配布先：アメリカ、オーストラリア、カナダ、イギリス、ニュージーランド）

CK

ハニートラップ：すばらしい選択肢。うまくいけば効果は絶大。

ターゲットをインターネット上、あるいは現実の場所に誘い出し、〝好意的な人物〟と引き合わせる。

合同脅威研究諜報グループ《JTRIG》（訳注　GCHQの一部門）は、場合によってはこの環境を〝生成〟することも可能。

写真変更：「JTRIGがそばにいる！」と警告を発することで、まったく新しいレヴェルの被害妄想を惹き起こすことができる。

Eメール：
潜入工作。
JTRIGがオンラインのグループなどの信頼を得やすくなる。
信号諜報と効果をひとまとめにしやすくなる。

ほかにも〝ターゲットの通信を妨害する〟というテクニックがある。

〈文書98〉
（機密//通信情報//配布先：アメリカ、オーストラリア、カナダ、イギリス、ニュージーランド）
「ターゲットのコミュニケーションを妨げる」
・電話に大量のメールを送信する
・電話に大量の発信をする
・ターゲットのオンラインでの存在感を抹消する
・ファックス機を妨害する

〈文書99〉
（機密//通信情報//配布先：アメリカ、オーストラリア、カナダ、イギリス、ニュージーランド）

「ターゲットのコンピューターの機能を奪う」

・ウィルスを送信する

・アンバサダーズ・レセプション・ウィルス――ウィルスそのものを暗号化し、全Eメールを削除、全ファイルを暗号化。スクリーンを揺らす。ログオンできないようにする。

・ターゲットのコンピューターにＤｏＳ攻撃（訳注　サーヴィスの提供ができないようにするサイバー攻撃）を仕掛ける。

ＧＣＨＱは彼らが〝従来的な法執行〟と呼ぶ証拠収集、裁判、起訴といった手段のかわりに、〝混乱〟というテクニックも好んで使用する。「サイバー攻撃セッション：ハック活動に対する境界を押し広げ、行動を推進する」と題された文書には、ＧＣＨＱが〝ハクティビスト〟に対して仕掛けるＤｏＳ攻撃のことが取り上げられている。一般にこの攻撃はハッカーやクラッカーの手口の代名詞のように言われている。なんとも皮肉なことだ。

〈文書100〉

（機密//通信情報//配布先：オーストラリア、カナダ、ニュージーランド、イギリス、アメリカ）

「なぜ効果工作をおこなうのか？」

＊〝混乱工作〟対〝従来的な法執行〟

＊信号諜報によるターゲットの発見
＊〝混乱工作〟は時間と費用の節約になる

〈文書101〉
（機密／／通信情報／／配布先：アメリカ、オーストラリア、カナダ、イギリス、ニュージーランド）
「ハック活動に対する効果」
＊ウエルス作戦——二〇一一年夏
＊諜報により法執行をサポート——上位ターゲットの識別
＊おもな通信経路に対するＤｏＳ攻撃
＊情報工作

イギリスの監視機関も社会科学者から成るチーム（心理学者を含む）を組んで、〝オンライン人的諜報《ヒューミント》〟と〝戦略的影響混乱〟と呼ばれるテクニックを開発しており、これらの戦術に関する解説が「騙しの手口：オンライン隠密工作の新時代に向けたトレーニング」と題された文書に記載されている。この文書は監視機関の人間科学工作部《ＨＳＯＣ》が用意したもので、数ある分野の中でもとりわけ社会学、心理学、人類学、神経科学、生物学を利用してＧＣＨＱのオンライン詐術スキルを最強化する方法が書かれている。

あるスライドには「いかにほんとうのことを隠すか」という内容に加え、「いかに虚偽を示すか」ということが書かれている。また、「詐術の心理的な構成要素」なるものも説明されており、詐術の実行の場を記した「テクノロジーマップ」には、〈フェイスブック〉〈ツイッター〉〈リンクトイン〉その他のウェブページの名前が列挙されている。

このスライドでは「人間は理性的な理由ではなく、感情的な理由に基づいて意思決定する」ことが強調されており、オンライン上の行動は〝ミラーリング〟（他者と社会的な交流を図りつつ、お互いの行動を模倣すること）〝順応〟〝模倣〟（伝達者がほかの参加者の特定の社会的性質を選択すること）によって決定されると述べられている。

さらに読み進めると、彼らが〝混乱工作の戦略プレーブック〟と呼ぶものについての記載がある。これは〝潜入工作〟〝詐欺的工作〟〝なりすまし工作〟〝囮工作〟からなる混乱プログラムで、「二〇一三年初頭までに本格的に開始」され、その時点までに「百五十名以上のスタッフの訓練を完了する」とまで明記されている。

〈文書102〉

（極秘//特別情報//配布先：アメリカ、ファイヴ・アイズ）

混乱工作の戦略プレーブック

・潜入工作

・詐欺的工作

・演出工作
・なりすまし工作
・偽装救出工作
・断絶工作
・囮工作

また、「魔法のテクニックと実験」というタイトルの下には、〝暴力の正当化〟〝悟られないようにするため、受容可能な経験をターゲットの心に植えつける〟〝騙しの経路の最適化〟といったことが書かれている。

政府がインターネット上の通信を監視し、影響を与え、オンラインで虚偽の情報をばらまくことを計画しているのではないか、という憶測はずいぶんまえからあった。オバマ大統領の側近にしてホワイトハウスの情報調整事務局の元局長であり、NSAの活動を監督するために選ばれた識者のひとり、ハーヴァード大学の法学教授キャス・サンスタインは二〇〇八年にある論文を書いている。議論を呼んだこの論文の中で、彼は〝どこにも属していない〟と偽った協力者とスパイから成るチームを組織し、オンラインのグループやチャットルーム、SNS、ウェブサイト、オフラインの活動家グループに潜入するという手法を政府に提唱している。

先に挙げたGCHQの文書から初めて明らかになったわけだが、つまるところ、詐術で評判を貶めようとする、問題の多いこれらの工作が提案の段階からすでに実行の段階に移っていたということだ。

こうした証拠のすべてが、市民に暗黙の取引が持ちかけられていることをはっきりと示している。われわれの手を煩わせなければ、きみは何も心配することはない。きみは自分のことに集中していればいい。われわれを支持するか、あるいはせめて許容してくれればいい。そうすれば、きみが危害を受けることはない。つまり、言い換えれば、悪事を働いていると思われたくないのであれば、監視能力を振るう当局を挑発するような真似は慎むようにということだ。この取引は受け身で従順な態度を招く。当局に眼をつけられずにすむ一番安全な道は口をつぐみ、彼らの脅威になるようなことは何もせず、従順でいることだからだ。

多くの人にとってこの取引は悪くないもののように思える。多くの人が監視は無害だと——あるいは有益だとさえ——思い込んでしまうかもしれない。そんな人たちはこう言う。自分は平凡すぎて、当局の注意を惹くことはない、と。「NSAが私に興味を持っているだなんて、ありえない」。この台詞は私自身、あちこちで聞かされる。彼らはほかにも、「NSAが私の退屈な人生をのぞきたいっていうなら、どうぞご自由に」とか、「NSAは、あなたの祖母が語るレシピの話や、あなたの父親が語るゴルフの予定になんか興味を持たないよ」とか言う。

そんな考えを持つ人は、自分が個人的にターゲットになることはないと端《はな》から思い込んでいる。そのため、監視が実際におこなわれているなどとは認めたがらず、監視を気にもとめず、あるいはあからさまに支援するのだ。

今回のNSAの件が報道された直後、私にインタヴューをした〈MSNBC〉のローレンス・オドネルは、NSAを〝巨大な恐ろしい監視モンスター〟と考えるなど馬鹿げていると言った。

彼は自らの意見をまとめてこう結論づけた。

「今この時点では……私は恐怖を感じていない……政府がそれほど大規模なレヴェルで〈データを〉収集しているのなら、逆に私を見つけ出すのは困難になるはずだ……それに、彼らが私を探す動機が何ひとつない。だから今の時点では、この話を聞いても自分が脅かされているなどとは、とても感じられない」

〈ニューヨーカー〉のヘンドリック・ハーツバーグも、NSAのシステムは無害だという見解を示して次のように述べた。「確かに諜報機関の行きすぎた行為や過度な秘密主義、透明性の欠如に懸念を抱くべき理由もないわけではない。が、それはことさら騒ぎ立てるほどのことでもない」。あまつさえ、あろうことか「市民の自由に対する脅威は大したものではなく、抽象的で、憶測にすぎず、具体性に欠ける」とまで発言した。〈ワシントン・ポスト〉のコラムニスト、ルース・マーカスも、NSAの能力に対する懸念を過小評価し、信じられないことを言った。「私のメタデータは調査されていない。それはほぼまちがいない」

しかし、ある意味では――それも重要な意味では――オドネル、ハーツバーグ、マーカスは正しい。彼らは、合衆国政府がターゲットにする「動機がまったくない」ケースに該当するからだ。彼らにとって、監視国家の脅威は「抽象的で、憶測にすぎず、具体性に欠ける」という程度のものでしかない。なぜなら、国家の最も有力な役人――つまり、NSAの最高司令官たる大統領――を崇め、彼の政党を守ることにキャリアを捧げたジャーナリストたちは、権力の座にある者を敵にまわすようなリスクはめったに——あるいは絶対に——冒さないからだ。

これは言うまでもないことだが、大統領とその政策を従順かつ忠実に支持する者たち、権力者からネガティヴな意味で注目を集めるようなことはいっさいしない者たちにとって、監視国家を恐れる理由はひとつもない。これはあらゆる社会に当てはまる事実だ。政府にとってなんの問題にもならない者が、抑圧的な手段でターゲットにされることはまずない。そんな人々から見れば、抑圧などというものは実在しないものになる。しかし、社会の自由を計るほんとうの尺度は、その社会が反対派やマイノリティをどう扱っているのかということにあるのであって、〝善良な〟信奉者をどう扱っているのかということにあるのではない。世界最悪の専制政治のもとでさえ、忠実な支持者たちは国家権力の濫用を免れる。ムバラク政権下のエジプトで逮捕され、拷問され、射殺されたのは、街頭で打倒ムバラクを訴えた人たちであり、彼の支持者や家の中でおとなしくしていた人々ではなかった。それはアメリカにおいても同じだ。エドガー・フーヴァーの監視対象になったのは、全米有色人種地位向上協会の指導者や共産主義者、市民権や反戦を訴える活動家たちであって、社会の不正にだんまりを決め込む行儀のいい市民たちではなかった。

人はただ国家の監視に怯えたくないからといって、権力者の忠実な信奉者になるべきではない。監視を免れるための対価が、問題のある挑発的な反対意見を慎むことであってはならない。体制派コラムニストの従順な態度や伝統的な知恵を受け継ぎ、彼らの猿真似をしないかぎり、そっとしておいてもらえないような社会など望むべきではない。

さらに、現時点では力のあるグループが、自分たちは監視されていないと考えるのはまったくの錯覚にすぎない。党派の力関係が監視に対する危機感の形成にどう影響しているかを考えてみれば、それが明らかになる。昨日の味方のチアリーダーが今日の敵になるということがよくわかるはずだ。

ＮＳＡの令状なしの盗聴は二〇〇五年にも議論の的となったが、当時、リベラル派や民主党の圧倒的多数はＮＳＡの監視プログラムを脅威と見なした。その理由の一端はもちろん、党派間のお決まりの勢力争いにある。このときの大統領は共和党のジョージ・Ｗ・ブッシュだったということだ。つまり民主党は、これを大統領と共和党に政治的な打撃を与える好機ととらえたのだ。もっとも、彼らの恐怖心の大部分は正真正銘のものだったが。彼らはブッシュを悪意のある危険人物と考えており、その支配下にある監視もまた危険と見なしたのだ。そして、政敵である自分たちはことさら危険にさらされていると。一方、共和党にはＮＳＡの活動を無害と見なしたり、支持したりする者が多かった。それが二〇一三年十二月にはこの状況が一変していて、その結果、民主党員と進歩主義者らが積極的にＮＳＡを弁護する立場にまわったのである。

この変化は膨大な量の世論調査データにも表われている。二〇一三年七月末にピュー研究所が発表した世論調査によると、アメリカ国民の大半がＮＳＡの活動に対する弁護を「信用できない」と考えている。とりわけ「国民の過半数――五六パーセント――が対テロの取り組みの一環として政府が収集している電話とインターネットのデータについて、〝連邦裁判所は適切な制限を設けることができていない〟と考えている」。さらに「それより多い人々（七〇パーセント）が〝政府はこのデータをテロ捜査以外の目的にも使用している〟と考えている」。加えて「六三パーセントが〝政府が通信内容（コンテンツ）も収集している〟と考えている」。

ここで何より特筆すべきは、アメリカ国民がテロより監視を脅威と感じているということだ。

全体の四七パーセントが、政府の対テロ政策について、「行きすぎであり、それが一般的な市民の自由を制限しているという懸念のほうが大きい」と回答している。一方、三五パーセントは、「国を守るためには充分でないという懸念のほうが大きい」と答えている。ピュー研究所の世論調査で、この質問が設けられた二〇〇四年以来、市民の自由に関する懸念がテロ対策に関する懸念を上まわったのは初めてのことだ。

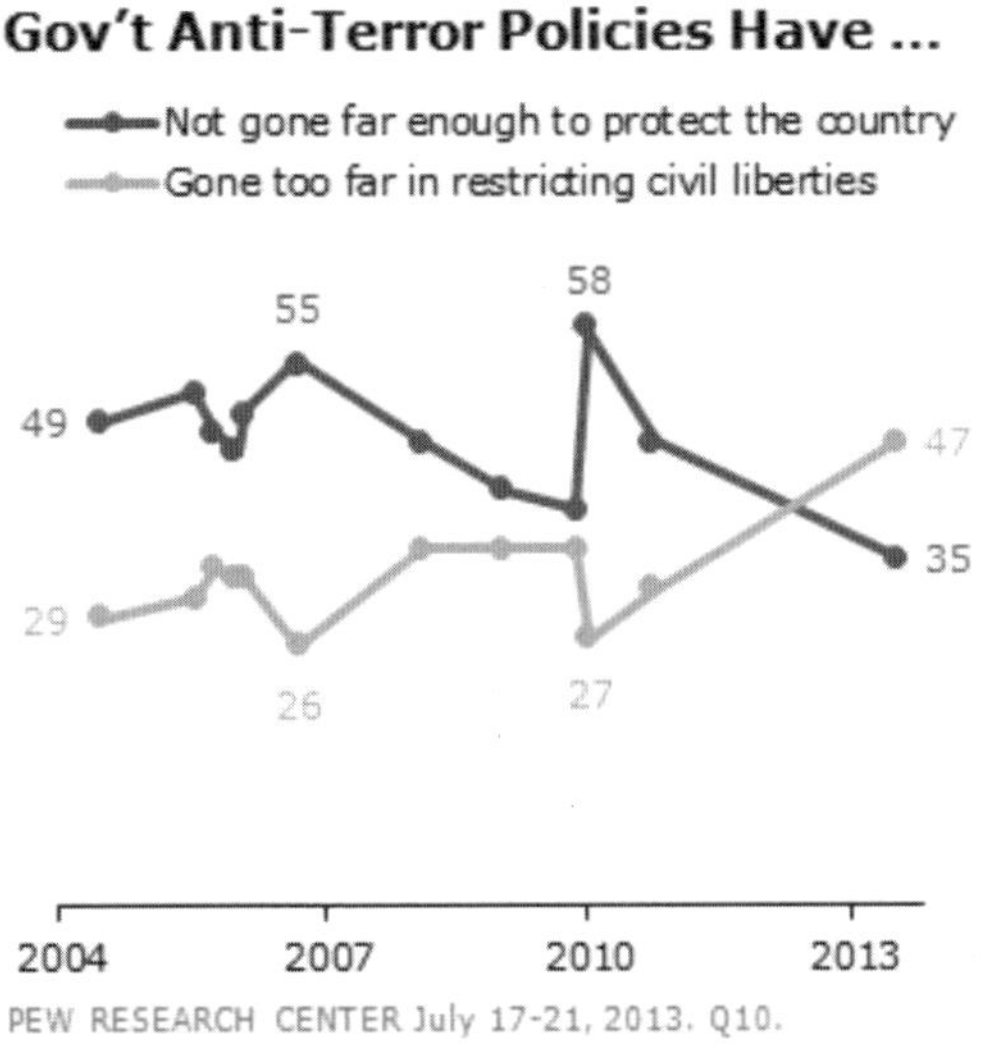

政府の対テロ対策は国を守るために充分とは言えない（濃）
行きすぎで、市民の自由を制限している（淡）

この調査の結果は、テロの脅威に関する慢性的な誇張と政府権力の濫用を警戒する者にとっては朗報だったが、ここからある逆転現象を読み取ることもできる。ブッシュ政権下でNSAを擁護したのは共和党員だったが、オバマ大統領が監視システムを掌握すると、今度は民主党員が彼らに取って代わったのだ。「国全体で見た場合、政府のデータ収集プログラムに対する支持率は、民主党員（五七パーセントが容認）のほうが共和党員（四四パーセントが容認〉より高い」
〈ワシントン・ポスト〉による同様の世論調査でも、保守派のほうがリベラル派よりＮＳＡのスパイ行為に対してはるかに強い懸念を抱いていることが明らかになっている。「あなたの個人情報をＮＳＡが収集、使用しているとして、どの程度の懸念を抱きますか？」と尋ねられた人々のうち、保守派の四八パーセントが「非常に懸念する」と回答したのに対して、リベラル派の同じ回答は二六パーセントにとどまった。法学教授のオリン・カーは、これは根本的な変化を示していると指摘する。「興味深い逆転現象だ。二〇〇六年の調査時、大統領は民主党員ではなく共和党員だった。当時のピュー研究所の調査では、共和党員の七五パーセントがＮＳＡの監視を容認していたが、民主党員は三七パーセントしか容認していなかった」

ピュー研究所の作成した表からもこの変化は一目瞭然だ。

ＮＳＡの監視プログラムに対する見方の変遷（質問内容の相違については前表を参照のこと）

	二〇〇六年一月		二〇一三年六月	
	容認する	容認しない	容認する	容認しない
全体	51	47	56	41
共和党員	75	23	52	47
民主党員	37	61	64	34
無党派層	44	55	53	44

（%）

（ピュー研究所　＊わからない／無回答は反映されていない）

監視に対する賛成・反対の意見はまるで党派から党派へバトンを渡したかのようにそっくり入れ替わっている。二〇〇六年に放送された『アーリー・ショー』では、ある上院議員がＮＳＡのメタデータ大量収集を次のように非難している。

「私があなたの行動を知りたいと思ったとき、電話の〝内容〟を盗聴する必要はない。あなたがかけた電話の〝記録〟をすべて見ることができれば、通話した相手がひとり残らずわかる。そこから生活パターンもわかる。これはプライヴァシーを深刻に侵害されている状態だ……彼らはアルカイダとなんの関係もない情報を集めて、いったい何をしようとしているのか？　それこそがほんとうの疑問だ……合衆国の大統領と副大統領はいつも正しいことをしているなどと信じようとしているのか？　そういうことなら、私のことは勘定に入れないでほしい」

メタデータ収集を猛烈に非難したこの上院議員こそ誰あろう、その後に民主党政権の一翼を担うことになったジョー・バイデン現副大統領である。彼のその政権が、かつて彼が一笑に付したのと同じ論拠を引き合いに出している。

つまり、民主党の政治家も共和党の政治家も、権力を追求すること以外には確たる信念もなく、節操のない偽善をおこなう傾向にあるということだ。これはまぎれもない事実だが、もっと重要なのは、こうした議論から、人々が国家の監視をどうとらえるのかという本質が明らかになることだ。多くの不正と同様、人々が時の権力者を善人で信頼できると考えている場合、彼らは政府の行きすぎた行為に対する恐怖心を自ら進んで捨てようとする。彼らが監視を危険視したり、不安を抱いたりするのは、自らが監視に脅かされた場合にかぎられる。

だから、権力のラディカルな拡大はしばしば次のようなことから起こる。権力の拡大によって影響を受けるのは特定の個別グループだけだと政府が国民を説得するのである。実際、いくつもの政府が昔からこの手を使って、自分たちの抑圧的な行為には眼をつぶるよう国民を言いくるめてきた。正しかろうとまちがっていようと、社会の片隅にいる取るに足りない人々だけが抑圧のターゲットになるのであり、それ以外の人間全員にはそうした抑圧が自分たちに及ぶ心配など無用であり、そうした権力の行使を黙認し、支持さえできるよう信じ込ませてきた。こういった政府の姿勢にモラルが欠如していることはさておき――われわれは対象が少数派だからといって人種差別を見過ごすことはできないし、自分たちがありあまる食料を得ているからといって、飢餓を軽視することもできない――このやり方はたいていの場合、実利的な面においてもまちがっている。

国家権力が濫用されても自分たちは安心だと考える無関心な人々や支持者らによって、権力が本来の適用範囲をはるかに超えて広がる土壌が生まれ、しまいにはその濫用をコントロールすることができなくなるからだ。それはもう必然的なものだ。実例を挙げればきりがないが、おそらく直近で最も影響力が大きかったのが愛国者法の濫用だろう。9・11以降、将来の攻撃を予見し、防ぐことが可能になるという議論に後押しされる形で、監視と拘束力の大幅な強化がほぼ満場一致で議会に承認された。

この事実が暗に示しているのは、テロに関して、この権力はおもにイスラム教徒に対してしか行使されないと考えられていたということだ。実際、それまでの権力拡大は、特定の活動に従事する特定の集団にしか向けられていなかった。そんな背景もあって、法案は圧倒的な支持を受けた。が、実際にはそれとはまったく異なることが起きた。愛国者法は明言されている目的を大幅に逸脱して適用されるようになった。実際、制定以来、この法律はテロにも国家安全保障にもまったく関係のないケースに適用されることのほうが圧倒的に多くなっている。〈ニューヨーク〉誌が明らかにしたところによると、二〇〇六年から二〇〇九年のあいだに、愛国者法のいわゆる〝忍び込み〟条項（その場でターゲットに知らせることなく捜索令状を執行できる許可）が適用されたのは、ドラッグ関係の事件が千六百十八件、詐欺関係の事件が百二十二件で、テロと関係のある事件はわずか十五件だった。

国民が自分たちには影響がないと考え、新しい権力を黙認するようになると、それは制度化され、合法化され、異議を唱えることは不可能になる。一九七五年にフランク・チャーチが学んだ大きな教訓は、大量監視によってどれほどの危険がもたらされるのかということだった。『ミート・ザ・プレス』のインタヴュー中、彼はこう述べている。

「そうした力はいつでもアメリカ国民に対して向けられるおそれがある。そうなれば、全国民のあらゆるプライヴァシーは消えてなくなる。すべてを監視するというのは、そういう能力なのだ。電話での会話、電報、なんだって関係ない。隠れる場所はどこにもない。現政府が暴政を敷いたら……インテリジェンス・コミュニティから与えられた技術的な能力を用いて、完全な専制政治を強制できる。そして、われわれにはそれに抗う術がない。どれだけ慎重に反対勢力を集めたところで……すべて政府に筒抜けになってしまうのだから。このテクノロジーの力とは、そういうものなのだ」

二〇〇五年、フリーのジャーナリスト、ジェームズ・バムフォードは〈ニューヨーク・タイムズ〉に、今日《こんにち》における国家の監視の脅威は、一九七〇年代よりさらに切迫したものになっていると書いた。「人々はEメール上で自らの深奥にある考えを表現し、インターネットに医療や財務の記録をさらし、携帯電話でたえずチャットしている。つまり事実上、NSAは人の心の中にはいり込む能力を得たということなのだ」

監視能力が「アメリカ国民に対しても行使されうる」というチャーチの懸念は、9・11以降、NSAの手によって現実のものとなった。外国諜報活動監視法のもとで運用されていたにもかかわらず、そして、国内のスパイ行為が禁止されていたにもかかわらず、当初からNSAの任務に組み込まれていたのだ。今では監視活動の大部分が、アメリカ国内にいるアメリカ国民に対して向けられている。

しかし、たとえ権力が濫用されることなく、誰かが個人的にターゲットにされることがなかったとしても、「すべてを収集する」監視の存在は社会全般と政治的自由に害を及ぼす。これまでアメリカや諸外国が進歩を達成してきたのは、権力や体制に挑戦する力、新しい考え方や生き方を切り拓こうとする力があったからこそだ。監視される恐怖によってそうした自由が抑圧されてしまえば、誰もが——反対意見を表明したり、政治活動に従事したりしない者であっても——苦しみを味わうことになる。〈ニューヨーカー〉のヘンドリック・ハーツバーグはNSAの監視プログラムを甘く見たが、それでも「危害はすでに及んでいる。市民に。あらゆる人々に。開かれた社会と民主政治を支える信頼と説明責任の構造に」と認めている。

政府の監視を支持するチアリーダーたちは、反論としては基本的にひとつの答弁しか用いていない。「大量監視はテロを防ぎ、人々の安全を守るためだけに使われている」という、ただひとつの答弁しか。外部からの脅威を引き合いに出し、政府権力に国民を従わせようとするのは、昔ながらの戦略だが、実際、合衆国政府は——亡命者の引き渡しや拷問から暗殺やイラク侵攻にいたるまで——多くの過激な行動を正当化するため、十年以上にわたってテロの危険性を喧伝してきた。9・11以降、合衆国の役人は〝テロリズム〟ということばを繰り返し再生利用している。しかし、それは説得力をもって自らの行為を正当化するには、あまりに大げさなスローガンであり、戦略だと言わざるをえない。あまつさえ、こと監視について言えば、圧倒的なまでの証拠が彼らの正当化の根拠のなさを容赦なく暴いている。

まずひとつ、NSAが指揮するデータ収集活動の大半は、どう考えてもテロや国家安全保障とは関係がない。ブラジル石油業界の巨人〈ペトロブラス〉の通信を傍受したり、経済会議の交渉の場をスパイしたり、民主的に選ばれた同盟国の指導者たちをターゲットにしたり、アメリカ全市民のコミュニケーション記録を集めたり——そういったことはテロリズムとなんの関係もない。NSAが実際にどんな監視をおこなっているかを考えれば、〝テロの防止〟が単なる口実にすぎないのは明らかだ。

加えて、NSAの大量監視がテロ計画を阻止してきたという主張は――オバマ大統領やさまざまな国家安全保障関係者がそう主張しているが――虚偽であることが証明されている。二〇一三年十二月に〈ワシントン・ポスト〉に掲載された「NSAの盗聴プログラムに関する当局者の弁護にほころびか」という見出しの記事に、ある連邦判事の発言が引用されているが、彼は電話のメタデータ収集プログラムは「ほぼまちがいなく違憲」だと明言し、「NSAの大量メタデータ収集によって差し迫ったテロ攻撃を阻止できたという実例を司法省はひとつも挙げられていない」と述べている。

同月、オバマが自ら選んだ諮問委員会（主な構成メンバーはCIAの元副長官、ホワイトハウスの元補佐官、機密情報にアクセスし、NSAのプログラムを研究するために召集された者たち）ですら「メタデータ収集プログラムは、攻撃を防ぐために必要不可欠のものだったとは言えず、従来的な（裁判所）命令でも、時機を逸することなく情報を入手できたはずだ」と報告した。

先ほど引用した〈ポスト〉の記事にはこう書かれている。「議会での証言の際、（キース・）アレキサンダーは、このプログラムのおかげでアメリカ国内や国外における数十のテロ計画を検知できたと語った」が、諮問委員会のこの報告が、「彼の主張の信憑性を大きく切り崩した」と。

さらに、民主党上院議員のロン・ワイデン、マーク・ウダル、マーティン・ハインリックは、〈ニューヨーク・タイムズ〉の記事の中で大胆にもこう述べている。通話記録の大量収集は、テロの脅威からアメリカを守ることになんら貢献していなかった、と。

「大量収集プログラムの有用性は大いに誇張されてきた。このプログラムが国家の安全を守るために、何物にも代えがたいほんとうの価値を提供しているという証拠は、まだ見つかっていない。われわれの再三の要求にもかかわらず、NSAは通常の裁判所命令や緊急権限では入手できない通話記録のためにこのプログラムを使ったという証拠をひとつとして提出できていない」

大量メタデータ収集を擁護することの正当性を分析した中道派のシンクタンク〈新アメリカ財団〉の研究も、「このプログラムがテロ行為の阻止に効果があるとは思えない」と結論づけた。〈ワシントン・ポスト〉も報じたとおり、テロ計画を阻止できたほとんどのケースにおいて、「事件に着手するきっかけになった事前情報や証拠は、従来の法執行と調査手段によってもたらされていた」のだ。

実際、〝すべてを収集する〟システムの成果は惨憺《さんたん》たるものだ。二〇一三年のボストンマラソン爆弾テロ事件を防ぐことはおろか、何かを検知することすらできていなかった。クリスマスの日のデトロイト上空での航空機爆破未遂事件を予見することも、タイムズスクウェア爆破未遂事件やニューヨークの地下鉄爆破未遂事件を見抜くこともできなかった。これらの事件はすべて、たまたま近くに居合わせて察知した一般人や、従来の警察力によって未然に防がれたのだ。そして言うまでもなく、コロラド州オーロラやコネティカット州ニュータウンでの銃乱射事件を阻止することもできなかった。ロンドンからムンバイ、マドリッドまで、国際的な大規模襲撃が起きたときにも、少なくとも何十人もの工作員が従事しながら未然に防ぐことはできなかった。

NSAは正反対の主張をしているが、彼らの大規模監視システムが9・11以前からあったとしても、ほかの諜報機関に対して、9・11を阻止する手段を提供することはできなかっただろう。

キース・アレキサンダーは下院情報委員会でこうも語っている。「次なる9・11を防ぐことができず、その理由を弁解することになるより、今日こうしてこのプログラムの是非を議論しているほうが、はるかに望むところだ」（NSAは職員に対し、これと一言一句たがわぬ答弁を用いて質問をかわすよう指示している）。

この発言が暗示しているのは、胸の悪くなるような〝恐怖の利用〟と、きわめつきのペテンだ。当時、〈CNN〉のセキュリティ・アナリストであるピーター・バーゲンがすでに指摘しているように、CIAはアルカイダの計画について複数の報告を受けており、「ハイジャック犯のうちのふたりについて、そしてアメリカ国内における彼らの居場所について、相当量の情報を保持していたが、彼らは何をしても手遅れという段階になるまで、ほかの政府機関と情報を共有しなかった」のだ。

アルカイダに詳しい〈ニューヨーカー〉のローレンス・ライトも、メタデータの収集をしていれば9・11を防ぐことができたかもしれないというNSAの主張は詭弁《きべん》だと暴いている。「CIAは重要な情報をFBIに渡さなかった。国外のアメリカ人に対する攻撃や国内のテロについては、FBIが最高の捜査権を持っているにもかかわらず」。CIAとFBIが情報を共有していれば9・11を防げたかもしれない、と彼は主張する。

「FBIはアメリカ国内のアルカイダ関係者をひとり残らず監視する令状を持っていた。彼らを尾行し、電話を盗聴し、コンピューターのコピーをつくり、Eメールを読み、裁判所命令で彼らの医療、銀行、クレジットカードの記録を請求することもできた。彼らの全通話記録を開示するよう電話会社に要求することもできた。メタデータ収集プログラムなど必要なかった。必要だったのは連邦機関同士の連携だった。にもかかわらず、偏屈で曖昧な理由により、ＦＢＩとＣＩＡは互いの捜査官に重要な証拠を渡さないという道を選んだ。渡していれば攻撃を防ぐこともできていたかもしれない」

政府は必要な情報を持っていたのに、そのことを理解できていなかったのだ。あるいは、その情報に基づいて行動することができなかったのだ。そして、その後に考案された解決策――あらゆる情報をひとまとめに収集すること――もその失態の穴埋めにはならなかった。幾度となく、さまざまな角度から暴かれてきたように、テロの脅威を引き合いに出して監視を正当化することは、詭弁にすぎない。

それどころか、大量監視は正反対の効果を持っていると言える。テロを予見したり阻止したりすることが、大量監視のせいでかえって困難になっている。民主党下院議員にして物理学者、議会でも数少ない科学者のひとりであるラッシュ・ホルトは、あらゆる人間の通信に関するあらゆる記録を収集することは、本物のテロリストが企てている本物の計画を目立たなくするだけだと論じている。つまり、無差別的にではなく対象を直接監視する体制のほうが、より具体的で有用な情報を得られるということだ。現在のアプローチでは、諜報機関は大量のデータの海に溺れるだけで、データを効率的に分類することさえままならなくなっている。

ＮＳＡの監視プログラムは過剰な量の情報を提供しているだけでなく、国家をかえって脆弱にもしている。通常のインターネット取引――銀行や医療の記録、商取引など――を保護している暗号手段を無効化しようとする彼らの取り組みにより、こうしたシステムがクラッカーや敵対勢力の侵入に対してもオープンになってしまっているからだ。
セキュリティ専門家のブルース・シュナイアーは二〇一四年一月号の〈アトランティック〉誌でこう指摘している。

「ユビキタス監視は効果がないばかりか、犠牲にするものが大きすぎる……それはわれわれの技術体系を破壊する。インターネットの約束事《プロトコル》そのものが信用できないものとなるからだ……懸念すべきなのは国内における濫用だけではない。世界のどこでも同じことが起こりうるということだ。われわれがインターネットその他の通信テクノロジーを傍受すればするほど、他者からの傍受に対してますます脆弱になる。これは、〝NSAが盗聴できるデジタル世界〟と、〝NSAが盗聴できないデジタル世界〟のいずれを選ぶかという問題ではない。〝あらゆる攻撃に対して無力なデジタル世界〟と、〝あらゆるユーザーが守られるデジタル世界〟のいずれを選ぶかという問題なのだ」

テロの脅威をどこまでも利用することについて、おそらく最も注目すべきなのは、この脅威が明らかに誇張されているという点だ。アメリカ国民がテロ攻撃で死亡する確率はきわめて低く、雷に打たれる確率よりかなり低い。テロとの戦いに使われる支出とテロの脅威のバランスについて広範に論じたオハイオ州立大学教授ジョン・ミューラーは、二〇一一年にこう述べている。
「世界的に見て、ムスリムのテロリストやアルカイダ気取りのテロリストに殺される人の数は、戦場以外では数百人というところだ。これは基本的に毎年バスタブで溺死する人の数と変わらない」

「テロの犠牲者よりも多くのアメリカ国民が、交通事故もしくは腸の疾患によって海外で死亡していることはまちがいない」と通信社〈マクラッチー〉も報じている。

これほど些少なリスクのためにユビキタス監視システムを構築し、われわれの政治システムの核となる保障を放棄しなければならないというのは、きわめて不合理だ。それでも、テロの脅威はこれまでに何度も利用されてきた。二〇一二年のロンドン・オリンピックの直前にも、セキュリティを担当する会社が契約で必要とされるだけの数の警備員を用意できず、警備態勢が不充分なのではないかという議論が噴出した。その結果、競技がテロ攻撃の脅威にさらされているという辛辣な声が世界じゅうからあがった。

そんなロンドン・オリンピックがつつがなく終わると、政治学者でハーヴァード大学ケネディ大学院の教授スティーヴン・ウォルトは〈フォーリン・ポリシー〉でこう論じた。そうした激しい抗議の声は――これまでと同じく――脅威が大幅に誇張されたことで生じたのだ、と。彼はその記事に学術誌〈インターナショナル・セキュリティ〉に掲載されたジョン・ミューラー、マーク・G・スチュワート両人名義の論文を引用している。これはアメリカに対する〝ムスリムのテロ計画〟とされる五十のケースを分析した論文だが、この中でふたりの執筆者は、「犯人はほぼ全員が〝無力、無能で、知力もなく、無知、無教養、組織的ではなく、見当ちがいな考えに取り憑かれ、混乱しており、アマチュア的で、意識は明晰《めいせき》でなく、非現実的、馬鹿、不合理、愚か〟だった」と結論づけている。また、ふたりは「われわれはイスラムの聖戦士を取るに足りない、破滅的な、まとまりのない哀れな敵ととらえなければならない」という、多国籍の脅威への対処を担当していた元国家諜報副主任グレン・カールのことばを引用してから、さらにアルカイダの「現能力は彼らが望んでいる水準にはまったく達していない」と述べている。

しかし、テロの恐怖を語るときに問題になるのは、その恐怖から既得権益を得ている有力派閥が無数にあるということだ。自らの行動の正当化を望む政府、潤沢《じゅんたく》な公的資金に溺れる監視・兵器産業、それから、大した反対も受けずに好き勝手に優先順位を決めることができるワシントン不変の有力派閥。スティーヴン・ウォルトはこの問題について、次のように指摘している。

「ミューラーとスチュワートの概算によると、国内の安全保障のための支出（イラクやアフガニスタンの戦費は除く）は9・11以来、一兆ドル以上増加している。アメリカ国内においてテロ攻撃で死亡する確率は、年間で三百五十万分の一という数字であるにもかかわらず。ふたりは従来的な推論と標準的なリスク評価の手順をそのとおりあてはめれば、この支出の元を取ろうと思ったら、〝これだけの費用を注ぎ込んでいなければ成功していたと推測される大規模な攻撃を、毎年三百三十三回、阻止、妨害、撃退、防止しなければならなかった〟と見積もり、この誇張された危機感が今やすっかり定着してしまっていることに懸念を抱く。政治家や〝テロの専門家〟が危機感を煽らないケースにおいてさえ、大衆はテロの脅威を非常に大きく、差し迫ったものと見るからだ」

テロの恐怖は巧みに利用されており、国家が秘密の大量監視システムを運用することの危険性は――それが証明済みであるにもかかわらず――軽視されてきた。

仮にテロの脅威が政府の主張するようなレヴェルのものだったとしても、それでもNSAの監視プログラムを正当化することはできない。肉体的な安全以外の価値というものが、あたかも重要度の低いもののように扱われているからだ。肉体的な安全以外の価値に重きを置くというのは、建国当時からアメリカの政治文化に組み込まれてきた考え方だが、これは他国にとってもきわめて重要なことだ。

国家も個人も常にほかの何より――たとえば肉体的な安全より――プライヴァシーの価値に、そして無意識のうちに、自由に重きを置く選択をしている。実際、アメリカ合衆国憲法修正第四条の目的は、警察の特定の行為がたとえ犯罪を減少させるものであったとしても、そうした行為を禁止することにある。もし警察が令状なしにどんな家にでも突入することができたら、殺人犯、レイプ犯、誘拐犯の逮捕はずっと容易になるはずだ。もし国家がわれわれの自宅に監視装置を設置することができたら、犯罪は大幅に減少するだろう（押し込み強盗はまちがいなく減少するだろう。たいていの人はそんな状況など想像するだけで強い嫌悪を抱くだろうが）。もしFBIがわれわれの会話を聞き、通信内容を把握することができたら、さまざまな犯罪を予防し、解決できるはずだ。

しかし、合衆国憲法は国家によるそうした容疑のない侵犯を防ぐために書かれた。国家のそうした行為に一線を引いて制限を設ければ、より大きな犯罪がおこなわれることを故意に容認することになる。それでも、とにかくわれわれは一線を引く。そうすることで、われとわが身をより大きな危険にさらすことになったとしても。それは絶対的な身の安全を追求することだけが、社会の唯一かつ最重要の優先事項では断じてないからだ。

肉体的な安全より上位にある中心的な価値とは、国家をプライヴェートな領域――合衆国憲法修正第四条で定義される〝身体、家屋、書類、個人資産〟――に関与させないことだ。それはこの領域が人生の質を左右する多くの特質――創造力、探求、親交といったもの――のるつぼのようなものだからだ。

絶対的な肉体の安全を求め、プライヴァシーをないがしろにすることは、個人の健全な精神と生活に害を及ぼすだけでなく、健全な政治文化の弊害にもなる。個人にとって安全至上主義が意味するものは、自動車や飛行機に乗らず、リスクが伴う活動に参加せず、人生の質より長さを重んじ、危険を避けるためならどんな対価でも払うという、無気力と恐怖に満ちた生活だ。

恐怖を利用する戦術を当局が好んで使うのは、それによって国家権力の拡大と個人の権利の縮小を、説得力を持つ形で正当化できるからにほかならない。〝テロとの戦い〟開始以来、アメリカ国民はしばしば言い聞かされてきた。大惨事を回避できる可能性が少しでもあるなら、核となる政治的権利をも放棄しなければならない、と。たとえば、上院情報特別委員会の元委員長パット・ロバーツはこう述べている。「私は修正第一条、修正第四条、市民の自由を強く支持している。が、死んでしまえば、市民の自由も何もないのである」。テキサス州での再選キャンペーンでカウボーイハットをかぶり、タフガイ気取りの選挙動画を撮った共和党の上院議員ジョン・コーニンも「市民の自由もあなたが死んでしまえば、なんの意味もない」と、人権を放棄することの利点を訴える賛歌を歌っている。

ラジオのトーク番組の司会者ラッシュ・リンボーも大勢のリスナーに向かってこう尋ね、歴史的知識の欠如をさらけ出した。「市民の自由を守るために戦わなければならないと、大統領が宣戦布告するのを聞いたことがありますか？　私は聞いた覚えがありません……市民の自由も市民が死んでしまえば意味がないんです！　あなたが死んで、埋葬されてしまえば。あなたが棺にはいってしまえば。それでもあなたは自分が持つ市民の自由に価値があると言えますか？　価値などありません。ゼロです。無なのです」

ほかのどんな価値より肉体的な安全を重視する人々や国家というものは、最終的に自由を明け渡し、完全な安全保障の約束と引き換えに、当局が振るう権力を認めることになる。その約束がどれだけはかないものであったとしても。絶対的な安全などというものはそもそも幻でしかなく、どれだけ求めても手にはいらないものだ。絶対的な安全を追い求める者も、それに取り憑かれた国家も衰退していく。

今このとき、国家が秘密の大量監視システムを運用することでもたらされる脅威は、歴史上どの時代よりはるかに深刻なものになっている。政府が監視によって国民の行動をますます把握できるようになっていく一方、国民は秘密の壁に遮られ、政府の行動をますます把握できなくなっている。

こうした状況が、健全な社会の特徴となる力学をどれだけ極端に逆転させてしまっているか、あるいは力のバランスがどれだけ大きく国家のほうに傾いてしまっているか、それについてはどんなにことばを尽くしても足りないぐらいだ。体制側に絶対の権力を与える目的で設計されたジェレミー・ベンサムの〝パノプティコン〟は、まさにこの〝力の逆転〟を礎にしている。ベンサムはこう書いている。「パノプティコンの本質は、看守を中心的存在に据えることにある」。それが「囚人からは見られることなく、看守が一方的に監視できるという、きわめて有用な発明」と組み合わさり、相乗効果を生み出すのだ。

　健全な民主主義というものはこれとは正反対の概念であり、民主主義には統治者の説明責任と統治される者の同意が不可欠だ。自分の国でおこなわれていることを国民が自ら知ること以外に民主主義国家を実現する道はない。国民が政府の役人の行動の一切——ごくかぎられた例外はあっても——を知ることは民主国家の前提だ。それこそ役人が公僕《パブリック・サーヴァント》と呼ばれ、公の部門で公の業務に従事し、公の機関のために働く所以《ゆえん》でもある。逆に言えば、政府は法を遵守している国民の行動については——ごくかぎられた例外はあっても——何ひとつ把握していないことも、また民主国家の前提だということだ。それこそ、われわれが私人《プライヴェート・インディヴィジュアル》と呼ばれ、私的な立場で行動する所以でもある。透明性は公務を遂行する者、公権力を行使する者のためにこそあり、プライヴァシーはそれ以外のすべての者のためにこそある。

第五章　第四権力の堕落

政治メディアは、国家権力の濫用を監視・抑制することを本来の役割とする重要な機関のひとつだ。行政、立法、司法、報道の〝四権〟という考え方のもと、報道機関は政府の透明性を確保し、職権濫用を抑制する機能を持つべきである――全国民を対象とした秘密監視など職権濫用の最たるものだ。そうしたことへのチェック機能は、ジャーナリストが政治権力を持つ者に対して「体制の不正を監視する」強い姿勢を貫いた場合にのみ効力を発揮する。にもかかわらず、アメリカのメディアはその大半がかかる役割を放棄してきた。ただの操り人形となって政府のメッセージを垂れ流し、汚れ仕事の片棒を担いできた。

そんなアメリカのメディアの多くが、スノーデンのリークを手伝った私に敵対的な態度を取ったのは、当然と言えば当然だった。〈ガーディアン〉で最初の記事を発表した直後の二〇一三年六月六日、〈ニューヨーク・タイムズ〉は私が犯罪に問われる可能性があると報じた。「長年にわたって政府の監視活動とジャーナリストへの攻撃について熱心かつ執拗に記事を書いてきたグレン・グリーンウォルドが、突如として自らがリークの張本人となり、連邦検事の照準器の十字線上に身を置くこととなった」。記事はさらに次のように続く。「司法省はこれまでも情報漏洩者を厳しく追及しており、今回のNSAの暴露記事も捜査対象になるだろう」。最後には、シンクタンク〈ハドソン研究所〉の研究員で、新保守主義者のガブリエル・ショーンフェルドの発言が引用されていた。機密情報を暴露したジャーナリストの刑事訴追を昔から求めつづけてきた彼は私をこう評した。「どんな過激な反米主義をも擁護する専門家」

〈ニューヨーク・タイムズ〉の煽動的な報道姿勢を示す最も明らかな証拠が、記事に引用されているジャーナリスト、アンドルー・サリヴァンのことばにある――「いったんグリーンウォルドを相手に議論を始めてしまうと、終わりが見えなくなる」「国家を統治し、戦争をすることがどんな意味を持つのか、彼には何もわかっていない」。のちに、発言の一部だけを切り取られたことに憤慨したアンドルーが、〈ニューヨーク・タイムズ〉の記者レスリー・カウフマンとのやりとりの全文を私に送ってくれた。アンドルーの発言は私のリーク記事を賞賛するものだったのに、なんと〈ニューヨーク・タイムズ〉はあえてその部分だけをカットしていた。さらに恣意的《しいてき》としか思えないのが、初めにカウフマンがアンドルーに送った質問だ。

・明らかにグリーンウォルドは強硬な意見の持ち主ですが、ジャーナリストとしてのあなたの評価は？　信頼できる正直な人間ですか？　引用は正確ですか？　相手の立場をきちんと見きわめて報道する人ですか？　それとも、ジャーナリストという枠を越えて自らの意見を前面に押し出す人でしょうか？

・グリーンウォルドはあなたのことを友達だと言っていますが、ほんとうですか？　彼にはどこか孤独を好むようなところがあって、あそこまで頑固だと友達と関係を保つのもむずかしいのではないでしょうか？　あくまでも私の個人的な意見ですが。

私が孤独を好み、友人関係を築くのに問題があると決めつける二問目は、ある意味で一問目より性質《たち》が悪い。というのも、告発者に社会不適応者のレッテルを貼って告発の信憑性を貶めるやり方は、古くから使われてきた常套手段で、それが実際にうまく機能することもよくあるからだ。

私の人間性を貶めようという動きは、タブロイド紙〈ニューヨーク・デイリー・ニューズ〉の記者からのメールで決定的なものとなった。その記者は私のありとあらゆる過去を調べ上げていた。昔の借金や税金滞納、さらには八年前まで株を所有していた企業の傘下にあるアダルトビデオ販売会社の共同経営権《パートナーシップ》についてまで。〈デイリー・ニューズ〉は有名人のスキャンダルを売りものにするタブロイド紙だ。だから、いちいち対応すればさらに注目を惹いてしまうと考え、私は返信しなかった。

しかし同じ日、〈ニューヨーク・タイムズ〉の記者マイケル・シュミットから、私の過去の税金滞納について話を聞きたいというメールが届いた。二紙はそのような世に知られていない個人情報を、どのようにして同時に知ることになったのか？　それは謎だ。が、いずれにしろ、私の過去の税金滞納に報道価値があると〈ニューヨーク・タイムズ〉は決めたようだった。その報道の理由を示すことは最後まで拒否したが。

これらは取るに足らない問題で、誹謗《ひぼう》中傷を目的としていることは明らかだ。結局、〈ニューヨーク・タイムズ〉は掲載を取り止めたが、〈デイリー・ニューズ〉のほうは別件――十年前に住んでいたアパートメントで飼っていた私の犬が、コンドミニアムの規約で定められた体重を超えてしまったというトラブル――の詳細まで書き添えて、その記事を紙上に載せた。

組織的な誹謗中傷は想定内だったが、ジャーナリストとしての私の地位を否定しようとする動きは想定外だった。放っておけば大変な事態になることも考えられたが、いずれにしろ、私の地位を否定しようとするキャンペーンが、こうして六月六日付けの〈ニューヨーク・タイムズ〉の前述の記事から始まったのだ。まず、その記事の見出しからして、私をジャーナリストとして認めようとしない〈ニューヨーク・タイムズ〉の意図が見て取れた――「反監視活動のブロガーが議論の中心に」。それよりさきに掲載されたオンライン記事の見出しはさらにひどいものだった――「反監視行動の活動家、ニュー・リークの中心に」

〈ニューヨーク・タイムズ〉のパブリック・エディター（訳注　報道倫理を監視する役割を担う編集者）のマーガレット・サリヴァンは「侮蔑的」だと自社のこの見出しを批判した。「もちろん、ブロガーであることは何も悪いことではないし、わたしもそのひとりだ」と彼女は論じた。「しかし、報道機関が〝ブロガー〟ということばをあえて使うときには、そのことばは次のように主張しているかのように聞こえる――〝あなたはわれわれの仲間じゃない〟と」

　さきの〈ニューヨーク・タイムズ〉の記事は私を「弁護士」「ベテランのブロガー」と呼び、〝ジャーナリスト〟や〝記者〟以外のレッテルを貼ろうとした（ちなみに、私はここ六年間、弁護士活動をしていないし、何年にもわたってコラムニストとして複数の大手ニュース報道機関に記事を寄稿し、さらには四冊の本を上梓《じょうし》している）。ジャーナリストとしての活動について、その記事は私の経験を「変わっている」と評した。「明確な意思表示」をするからではなく、「編集者の下で働いたことがない」から変わっている、と。

　その後、私が何者かという議論がメディア全体で沸き起こった。〝ジャーナリスト〟なのか、それとも何か別のものなのか？　最も多く使われた肩書は〝活動家〟だった。メディアは、そういった単語の意味をきちんと定義することもなく、あいまいな定義の常套句に基づいて議論を発展させた。そんな議論ばかりだったが、それは報道機関によく見られる傾向だ。最終目的が相手を悪者に仕立て上げることにある場合は特に。いずれにしろ、それ以降、意味のない退屈な議論がしばらく続くことになる。

私にジャーナリスト以外のレッテルを貼ろうとするマスコミの動きは、さまざまな面で大きな影響を及ぼした。まず、〝ジャーナリスト〟の肩書がなくなると、報道の正当性が疑われるということがある。さらに、〝活動家〟にされると、法的な面にも影響が出てくる。すなわち、活動自体が犯罪と見なされる可能性が出てくるということだ。ほかの職業とちがい、ジャーナリストの活動は慣例として法的に保護されている。たとえば、ジャーナリストが政府の秘密を発表するのは一般的に合法とされるが、ほかの職業ではそうはいかない。

意識的にしろ無意識にしろ、私はジャーナリストではないという考えがそんなふうにメディア内に浸透していった――私は、西欧社会で最も長い歴史と規模を誇る新聞に寄稿する、れっきとした記者であるにもかかわらず。そうしたメディアの動きに合わせて、政府が私の報道を犯罪と見なす土壌ができあがった。〈ニューヨーク・タイムズ〉が私を〝活動家〟と宣したあと、パブリック・エディターのサリヴァンは次のように認めている。「現在の情勢に鑑《かんが》みれば、この記事の影響力はきわめて大きく、グリーンウォルド氏を苦しい立場に追い込む可能性がある」

彼女の言う〝現在の情勢〟というのは物議を醸したあるふたつの事件――ジャーナリスト弾圧のために政府が取った行動――を示唆するものだろう。ひとつ目は、リークの情報源特定のために、司法省が〈ＡＰ通信〉記者、編集者のＥメールと通話内容を傍受していたことだ。

ふたつ目の事件はさらに衝撃的だった。別のリーク案件の情報源を特定するため、司法省はＥメール傍受の捜査令状発行を求めて連邦裁判所に宣誓供述書を提出していたのだが、その相手が〈ＦＯＸニュース〉のワシントン支局長ジェームズ・ローゼンだったのだ。

捜査令状を申請した政府の法律家たちは、機密資料を手に入れたという理由でローゼンを情報漏洩の〝共謀者〟と決めつけた。が、その宣誓供述書はジャーナリストにとってまさに衝撃以外の何物でもない。これを受け、〈ニューヨーク・タイムズ〉は次のように報じた。「これまで、機密情報を入手および発表した容疑で逮捕されたアメリカ人ジャーナリストはひとりもいない。この供述書は、オバマ政権が情報漏洩への取り締まりを新たなレヴェルに引き上げたことを示すものだ」

司法省がローゼンを〝共謀者〟に仕立て上げるための裏づけとした彼の行動は、調査報道に携わるジャーナリストであれば誰もが日常的におこなっていることばかりだった――資料を手に入れるために情報提供者と協力し、探知されないように「秘密の通信手段」を確立し、情報をリークしてくれるよう「相手を誉め立て、虚栄心とうぬぼれを利用する」。長年にわたって政府の取材を続けるベテラン記者オリヴィエ・ノックスはこう語る。司法省は「スパイ防止法違反でローゼンを告発しようとしたが、その根拠となる行動は――宣誓供述書に書かれたとおりだとすれば――すべて伝統的なニュース報道の範疇《はんちゅう》に収まるものである」。つまり、ローゼンの行為を犯罪とすることは、ジャーナリズム自体を犯罪とすることにほかならない。そういうことだ。

これらの事件は、オバマ政権による内部告発者と情報提供者に対する攻撃の氷山の一角にすぎない。たとえば、二〇一一年にもこんな衝撃的な出来事があった。〈ニューヨーク・タイムズ〉の暴露記事によれば、同紙の記者ジェームズ・ライズンの著書の情報提供者を特定するため、司法省は「彼の通話履歴、経済状況、渡航歴の詳細記録を手に入れた。その中には、クレジットカードや銀行の取引記録、飛行機搭乗履歴、金融口座に関する三通の信用調査書が含まれていた」。司法省はさらに、証言を拒否すれば刑務所送りになるとライズンを脅し、情報提供者の身元を明かすよう迫ったという。このライズンの事件にはアメリカじゅうのジャーナリストが震え上がる。巨大組織に守られているはずのベテラン報道記者がこれほど壮烈な攻撃にさらされるのであれば、攻撃の手は誰にでも及ぶ可能性がある。

そうした状況にはさすがに多くの報道関係者が警戒感をあらわにした。たとえば、〈USAトゥデイ〉は「オバマ政権は自ら宣戦布告したジャーナリズム戦争の渦中にある」と警告を発した。その記事は〈ロスアンジェルス・タイムズ〉の元国家安全保障担当記者ジョシュ・メイヤーのことばを引用している。「オバマ政権はほかの政権が決して越えなかった禁断の一線をいとも簡単に越えてしまった」。また、〈ニューヨーカー〉誌の敏腕報道記者ジェーン・メイヤーは〈ニュー・リパブリック〉誌上で次のように述べた――オバマ政権の司法省による内部告発者への攻撃は、ジャーナリズムのプロセスに冷水を浴びせるどころか、凍りつかせるものだ、と。「これは報道に対する激しい妨害である。ジャーナリズムそのものへの攻撃だ」

国家による報道の自由への攻撃を監視する国際組織〈ジャーナリスト保護委員会〉は、この状況を危惧し、設立以来初となるアメリカ合衆国に関するレポートを発表した。〈ワシントン・ポスト〉の元編集主幹レナード・ダウニー・ジュニアが二〇一三年十月に公にしたこのレポートは次のように結論づけている。

「情報漏洩に対する現政権の対決姿勢や、情報管理を徹底しようとする動きが現在、ニクソン政権以来、最も攻撃的なものになっている……さまざまな報道機関のベテラン政治記者三十人に取材したが、過去にこれほどの攻撃を経験した者はひとりもいなかった」

レポートは、あるベテラン・ジャーナリストのことばを引用してこう続く――政府の動きは国家安全保障の領域にとどまらない。ほかのあらゆる政府機関の情報も統制されるようになった、と。

長年のあいだバラク・オバマに深く肩入れしてきたアメリカ人ジャーナリストたちでさえ、今ではオバマを〝報道の自由への重大な脅威〟――リチャード・ニクソン以来、最も弾圧的なリーダー――としてとらえるようになった。〝アメリカ史上最も透明性の高い政府〟をめざすという公約のもとに権力を与えられたオバマにとって、なんという皮肉だろう。

広がるスキャンダルを抑え込むため、オバマの指示を受けた司法長官エリック・ホルダーが報道機関の代表者たちと話し合い、司法省によるジャーナリスト取り締まりのルールについて見直そうと試みさえしている。さらに、オバマは公式の場でこんなコメントまでしているのだ。「情報漏洩についての捜査が、政府の説明責任を問う調査報道を規制してしまうのではないかと危惧している」。五年にわたり、マスコミの取材活動に対してまさにその圧力をかけてきた張本人がよく言えたものである。

ホルダー司法長官は、二〇一三年六月六日（〈ガーディアン〉に最初のＮＳＡ暴露記事が掲載された直後）の上院聴聞会でこう誓った。司法省が「自らの職務を果たしているだけの記者」を罪に問うことは決してない。司法省の目的は単に「公職の誓いを破って国家の安全保障を危険にさらした政府職員を特定・起訴することであり、報道関係者をターゲットにしたり、彼らの重要な仕事を阻止したりすることではない」。

世論の反発を感じた政府が、たとえ表面上だけのこととしても報道の自由を守ろうと表明したことは、ある意味では歓迎すべき流れではある。しかし、ホルダーの誓いには大きな落とし穴がある。〈ＦＯＸニュース〉のジェームズ・ローゼン支局長の一件から明らかなように、司法省は、情報提供者と協力して機密情報を〝盗む〟ことは〝記者の仕事〟の範疇を越える行為と定義しているのだから。要するに、ホルダーの言ったことは、司法省がジャーナリズムをどう考えるか、法律の認める報道の範囲をどう考えるかで、いくらでも変わってくるということだ。

こうした状況において、私をジャーナリズム界から追放しようとする一部報道関係者の動き――私の行動は報道ではなく〝反社会活動〟、すなわち犯罪だと見なす動き――は重大な危険をはらんでいる。

私を起訴しようとする呼びかけは、ニューヨーク州選出の共和党下院議員ピーター・キングから始まった。キングは下院テロ対策・情報小委員会委員長を務め、国内のイスラム教徒社会によるテロの危険性に関する〝赤狩り的〟な公聴会を開いたことで有名な人物だ（そんなキングがアイルランド共和軍《ＩＲＡ》の長年の支持者だというのは皮肉と言わざるをえない）。彼は〈ＣＮＮ〉の司会者アンダーソン・クーパーに次のように語った。「機密情報だと知った上で行動したのであれば、ＮＳＡの暴露記事に関わった記者はみな逮捕されるべきだ。これほどの規模の暴露となればなおさら……国家の安全保障をここまで危険にさらす情報を暴露したとなると、その記者にはモラルと法律の両面での責任が問われることになるだろう」

この発言は私に向けたものだと、キングはのちに〈ＦＯＸニュース〉で明言している。

「私はグリーンウォルドの罪を問うべきだと言っているのです……彼はこの情報を暴露しただけではなく、世界じゅうで活動するＣＩＡ工作員および協力者の名前の情報を保持して、それも公表すると脅している。以前に同じことが起きたときには、ＣＩＡギリシャ支局チーフが暗殺されました（訳注　一九七五年十二月、ＣＩＡ職員リチャード・ウェルチがテロリストによって殺害された事件のこと。前月の十一月、ギリシャのマスコミによってウェルチの名前と住所が暴露されていた）……（ジャーナリストを罪に問うのは）的を絞るべきだし、きわめて限定的な例外であるべきです。しかし今回のケースでは、これほど重大な秘密を暴露しただけでなく、さらなる情報を公表すると脅している。事ここに至っては、その記者に対する法的措置が取られるのは当然だと考えます」

私がＣＩＡ工作員と協力者の名前を公表すると脅した、などというのはキングがでっち上げた真っ赤な嘘だ。にもかかわらず、堰《せき》を切ったかのようにコメンテーターたちが彼に追随しだした。ブッシュ前大統領のスピーチライターで、アメリカの拷問プログラムを是とする本を出版した〈ワシントン・ポスト〉のマーク・ティーセンは、次のような見出しの記事でキングの発言を擁護した――〝そのとおり。ＮＳＡの秘密を公表するのは犯罪〟。「合衆国法典第一八編七九八条（訳注　〝一九一七年のスパイ活動法〟第三七章「スパイ活動と検閲」の一部）では、政府の暗号技術や通信諜報に関する機密情報の漏洩を犯罪行為と定義している……グリーンウォルドの行動は明らかにこの条項に違反する行為だ」（ということなら、NSAのPRISMプログラムについての機密文書を暴露した〈ワシントン・ポスト〉も罪に問われるべきだろう）。

市民活動と報道の自由の擁護者として有名な弁護士兼ジャーナリストのアラン・ダーショウィッツは〈CNN〉で自らの意見を次のように明らかにした。「私の見解では、グリーンウォルドは明らかに重罪を犯した……（彼の報道は）犯罪行為すれすれなどではなく、まさに犯罪そのものだ」。

みるみる高まるそうした声にマイケル・ヘイデンも加わった。ブッシュ政権下のNSAおよびCIA長官時代、捜査令状なしの違法盗聴計画を指揮した彼は、〈CNN.com〉でこんな考えを述べている。「エドワード・スノーデンは合衆国史上最も大きな損害をもたらした告発者となるだろう……グレン・グリーンウォルドについては、〈FOXニュース〉のジェームズ・ローゼンよりずっと悪質であり、司法省は〝共謀者〟と判断すべきだ」。

当初、私を罪に問うべきだという声は、ジャーナリズム自体を犯罪と見なす傾向にある保守派にかぎられていた。それが今や悪名高い『ミート・ザ・プレス』に私が出演したことで、その声はさらに高まることになった。

〈NBC〉で週一回放送される『ミート・ザ・プレス』は、政府寄りの政治家や専門家が自由に意見を述べられる場として、ホワイトハウスが賞賛してきた番組だ。前副大統領ディック・チェイニーの首席報道官キャサリン・マーティンも「伝えたいメッセージを管理できる最高の番組」と誉め称えた。副大統領を『ミート・ザ・プレス』に出演させるのは「よく使う戦法だった」と彼女は言う。そんな番組の司会者デイヴィッド・グレゴリーが映っているあるビデオがネット上で話題になったことがある。ホワイトハウス記者協会主催の晩餐会の映像で、ラップを披露している大統領次席補佐官カール・ローヴのうしろで、グレゴリーがぎごちなくも一生懸命踊っているビデオだ。このビデオこそ『ミート・ザ・プレス』という番組の本質を象徴するものだろう――その番組では政治権力が称揚され、増幅され、世間一般に広く受け容れられる社会通念のみが話題となり、どこまでも狭い視野しか許されない。

その日、私が『ミート・ザ・プレス』に出演することになったのは放送直前のことで、向こうも渋々依頼してきたという感じだった。番組開始の数時間前、スノーデンが香港を離れてモスクワに向かったというニュースが流れ、それは報道機関ならどこでも飛びつきたくなる劇的な展開だった。『ミート・ザ・プレス』もこの件をトップニュースとして扱うしか道はなく、スノーデンと接触した数少ない人物のひとりとして私がメインゲストに招かれることになったのだ。

長年にわたって、私はこの番組の司会者グレゴリーを厳しく批判していたので、攻撃的なインタヴューを受けることは覚悟していた。しかし、グレゴリーの口からこんな質問が飛び出したのはまったく予想外だった。「状況を考慮したとしても、スノーデンに協力して彼の行為を幇助したという点を考えれば、ミスター・グリーンウォルド、あなたは当然罪に問われるべきではないのでしょうか？」。その質問は穴だらけで、彼がそんな質問を実際に口にしたという事実を理解するだけでもしばらく時間がかかった。

一番大きな問題は、質問が根拠のないいくつかの仮定に基づいている点だ。「スノーデンに協力して彼の行為を幇助したという点を考えれば」という言いまわしは「ミスター・グレゴリーが隣人たちを殺した点を考えれば」と言っているのと変わりない。つまり、「奥さんを殴るのをいつやめましたか？」といった典型的な多重質問（訳注　どう答えてもある事実を認めることになる誘導尋問）でしかない。

修辞上のそうした誤りはさておき、この質問はひとりのテレビ・ジャーナリストが、ある驚くべき主張を認めたことを意味している。ジャーナリストがジャーナリズムに関わることは犯罪だ、と。情報提供者と協力し、機密情報を手に入れる調査報道者はみな犯罪者なのだ、と。グレゴリーの質問が暗に示すこの考え方と風潮こそ、アメリカの調査報道を危機にさらしている元凶である。

当然のように、グレゴリーは私に対して何度も〝ジャーナリスト〟以外の肩書きを使った。ある質問の前置きとして、彼は私をこう呼んだ。「あなたは独自の意見を持った論客であり、コラムニストですが……」。さらに、グレゴリーはこうも言った。「その人がジャーナリストかどうかを決めるのは、その人の行動でしょう」

しかし、このような主張の持ち主はグレゴリーだけではなかった。その日『ミート・ザ・プレス』に出演したほかのコメンテーターは誰ひとり、ジャーナリストが情報提供者と協力することが犯罪だという点について反論しなかった。〈NBC〉の記者チャック・トッドにいたっては、今回の〝計画〟での私の〝役割〟という陰険な表現を使ってグレゴリーに加勢した。

「グレン・グリーンウォルドは……この計画にどの程度まで関与していたのでしょうか？……情報の受取人以上の役割を果たしていたのかどうか？　また、このような質問に彼は答える義務があるのかどうか？　それこそが法律の存在意義というものでしょう」

〈CNN〉の報道番組『リライアブル・ソース（訳注〝信頼できる情報源〟の意）』では、この問題を議論するあいだ、ずっと画面上にこんなテロップが映っていた――〝グレン・グリーンウォルドは逮捕されるべきか？〟

〈ワシントン・ポスト〉のウォルター・ピンカス――一九六〇年代、CIAのためにアメリカ人留学生の監視活動をおこなった人物――はコラムで次のように強く主張した。ローラ・ポイトラス、グリーンウォルド、スノーデンはみな、〈ウィキリークス〉創設者ジュリアン・アサンジが陰で指揮する計画のもとに活動している、と。そのコラムにはあまりに多くの事実誤認があったので、ピンカス宛ての公開質問状を私が送ると、〈ワシントン・ポスト〉はまちがいを認め、異例の三段落、二百語に及ぶ修正文を掲載した。

〈ニューヨーク・タイムズ〉金融コラムニストのアンドルー・ロス・ソーキンは、自らが司会を務める〈CNBC〉の番組で次のように語った。

「政府の方針はすべて失敗し、スノーデンをロシアに行かせる事態にまでなってしまいましたが、それはアメリカ嫌いの中国政府がスノーデンを国内に留めておくことを嫌がったということなのでしょう……私なら彼を逮捕しますよ。それに、ジャーナリストのグレン・グリーンウォルドも逮捕に値しますね。スノーデンのエクアドル逃亡を手助けしたがってるみたいですから」

その昔、〈ニューヨーク・タイムズ〉は「ペンタゴン文書」公開のために最高裁判所まで争った。そんな〈ニューヨーク・タイムズ〉に属する記者アンドルー・ロス・ソーキンが私の逮捕を主張したというのは、多くの体制派ジャーナリストが合衆国政府に盲従している明らかな証拠だ――調査報道を犯罪と見なせば、〈ニューヨーク・タイムズ〉はもとより、その従業員にも深刻な影響を与えることになるというのに。あとになってソーキンは私に謝罪したが、彼の発言は、根拠のない主張がいとも簡単かつ急速に広まってしまうことを如実に示している。

幸運なことに、アメリカの報道機関全体の見方は、私の報道を犯罪と見なす動きとはほど遠かった。この不穏な流れに多くのジャーナリストが反発し、私への支持を表明して立ち上がってくれた。さらに、人気報道番組の司会者の多くは、リークに関わったジャーナリストを悪者に仕立て上げるより、リークの中身に興味を持った。実際、『ミート・ザ・プレス』に出演した翌週から、グレゴリーの質問に対する非難の声も広がっていった。たとえば、インターネット新聞〈ハフィントン・ポスト〉は「今さっきデイヴィッド・グレゴリーがグレン・グリーンウォルドに向けた質問の内容が信じられない」という意見を掲載した。さらに、英国〈サンデー・タイムズ〉のワシントン支局長トビー・ハーンデンはこうツイートした。「私はジャーナリズム精神を貫いたことで、ムガベ大統領率いるジンバブエで投獄された。デイヴィッド・グレゴリーはオバマ率いる合衆国も同じことをするべきだと訴えているのだろうか?」。〈ニューヨーク・タイムズ〉や〈ワシントン・ポスト〉そのほか数多くの記者やコラムニストが公式・非公式に私を擁護してくれた。しかし、どれほど多くのサポートを得たところで、実際に一部のジャーナリストが私を逮捕すべきだと公言した事実を覆すことはできない。

アメリカに帰国すれば、あなたは逮捕される可能性が高い――弁護士やアドヴァイザーたちは口々にそう言った。私は、「そんなリスクは存在しないし、司法省があなたを逮捕するなど考えられない」と確実に言ってくれる人物を探したが、誰もそうは言ってくれなかった。それでも、一般的見地から考えて、ジャーナリスト弾圧の非難を避けるためにも、司法省が私の報道を違法としてあからさまに動くことはないだろう、とは思っていた。それより心配なのは、〝私の行為はジャーナリズムの範疇を越えた犯罪〟という勝手な論理を政府がでっち上げることだった。〈ワシントン・ポスト〉のバートン・ゲルマンとちがい、私はリーク記事発表前に香港に渡って実際にスノーデンから話を聞いており、ロシア渡航後も彼と定期的に連絡を取って、フリーランス記者として世界各国の新聞にNSAに関する記事を発表してきた。そんな私の行動に関して司法省はこう主張するかもしれないと思ったのだ——グレン・グリーンウォルドはスノーデンのリークに〝協力・幇助〟し、〝逃亡者〟の逃走を手助けした、と。あるいは、外国の新聞との協力はスパイ活動に該当する、と。

さらに、NSAや合衆国政府に対する私の発言は、意図的に攻撃的で挑戦的なものだったから、史上最も大きな損害をもたらしたと呼ばれるリークに対して、政府は明らかに誰かを罰しようと躍起になっていた。少なくとも、ほかの告発を抑止するためにも、なんらかの行動に出たがっていた。そんな中、最重要容疑者が亡命国の保護のもと、モスクワで身の安全を確保されているとなれば、ローラと私が恰好の第二ターゲットになることは明らかだった。

そのため数ヵ月にわたり、司法省の高官レヴェルとパイプを持つ数人の弁護士が、私が逮捕される可能性がないという非公式の確約を得ようと動いてくれた。また、下院議員アラン・グレイソンは、最初の記事が出てから四ヵ月後の十月、文書で司法長官エリック・ホルダーにこう訴えてくれた――これまで、著名な政治関係者がグレン・グリーンウォルドの訴追を呼びかけてきた。そのため、逮捕の可能性への恐れから、彼はNSAのリークについて連邦議会で証言する機会をあきらめざるをえない状況にある。グレイソンはさらに文書に綴った。

次に挙げる理由から、私はこの状況をきわめて遺憾に思う。
①ジャーナリストの活動は犯罪行為ではない。
②それどころか、合衆国憲法修正第一条「言論の自由」で完全に保障されている。
③グリーンウォルド氏の報道は、政府機関による法律と憲法上の権利への深刻かつ大規模な違反を、私やほかの連邦議会議員、一般市民に知らせるものだった。

グレイソンの文書は、私を起訴する意図があるかどうかを司法省に問うものだった。また、私が合衆国に入国しようとした際、司法省と国土安全保障省、あるいはほかの機関が私を拘束・尋問・逮捕・起訴する意図があるかどうかということも尋ねていた。しかし、グレイソンの地元フロリダの地方紙〈オーランド・センティネル〉が十二月に報じたところによると、その文書に対する回答が彼のもとに届くことはなかったそうだ。

私の報道を犯罪化しようとする政府役人たちの組織的攻撃は、二〇一三年末ないし二〇一四年初めまで続き、起訴される恐れは増す一方だった。十月末、NSA長官キース・アレキサンダーは、世界各国での私の報道を踏まえたうえで次のような文句をつけた。「新聞記者らが五万以上に及ぶ機密資料を抱えて、それを売って稼いでいる」。さらに彼は冷淡につけ加えた。「われわれ

〈政府〉はこれを阻止する方法を見つけなくてはいけない」。一月の下院情報特別委員会では、委員長マイケル・ロジャースがFBI長官ジェームズ・コミーに繰り返し訴えた。一部ジャーナリストが盗品を売っている行為は〝故買〟あるいは〝窃盗〟に該当するのではないか、と。のちに、ロジャースは私の報道手法についての発言だったと認めている。

その後、〈カナダ放送協会《CBC》〉を通して、私がカナダ政府のスパイ活動に関する暴露を始めると、スティーヴン・ハーパー首相率いる保守党政権の国会報道官が、私のことを〝のぞき見《ポルノ》スパイ〟だと揶揄し、〈CBC〉は盗品を金で買っていると非難した。米国家情報長官ジェームズ・クラッパーが、NSAのリークを報じるジャーナリストの呼称として、犯罪用語の〝共犯者〟を使うようになったのはこの頃からのことだ。

アメリカに戻ったら、私は逮捕されるのか？　外国が持つアメリカのイメージと世界じゅうで巻き起こるだろう反発を考慮すれば、逮捕される可能性は五〇パーセント以下だと私は考えていた。私を逮捕すれば、〝単にジャーナリズムに携わったジャーナリストを起訴した最初の大統領〟という汚点がオバマ政権の歴史に残ることになる。その点を考えると、逮捕の可能性は低いように思われた。一方、ここ最近の傾向として、外国からの眼など気にもかけず、国家の安全保障という旗のもとに米政府があらゆる非道に及んでいるのも事実だった。私の予想がまちがっていた場合の結末――手錠をかけられ、スパイ活動法のもとに起訴され、こういった事案では政府に驚くほど従順な連邦裁判所によって裁かれるという結末――はあまりに重苦しく、簡単に無視することはさすがに私にもできなかった。もちろん、いずれはアメリカに戻ると心に決めてはいたが、まずはどんなリスクがあるか、さらに精査する必要があった。その間はずっと家族や友人に会うこともできなかった。自らの報道についてアメリカ国内で説明する機会を奪われたまま過ごさなければならなかった。

しかし、逮捕のリスクがあると弁護士や議員が考えたこと自体、尋常ならざることだ。それこそ報道の自由が衰退していることを如実に示している。私の報道を犯罪とする動きに一部ジャーナリストが加担したことで、政府権力のプロパガンダはすばらしい勝利を収めた。今や政府は熟練したジャーナリストたちが政府のために仕事をしてくれ、体制に反対する調査ジャーナリズムを犯罪と結びつける手伝いをしてくれることも、あてにしていることだろう。

言うまでもなく、スノーデンへの攻撃は熾烈をきわめた。そして、その攻撃は奇怪にも同じ類いのものばかりだった。スノーデンのことなど何も知らないのに、主要なコメンテーターが使い古された型どおりのことばでこぞって彼を貶めようとした。実際のところ、正体が明らかになって数時間後には、スノーデンの性格や動機についての誹謗中傷ゲームがすでに始まっていた。彼の行動は信念に基づくものではなく、名声を求めたナルシシズムによるものだ、と彼らは口をそろえて唱えた。

〈CBSニュース〉の司会者ボブ・シーファーはスノーデンを「ほかの人間より自分が賢いと思い込んでいるナルシスティックな若者」とこきおろした。〈ニューヨーカー〉のジェフリー・トゥービンは「刑務所行きがお似合いの誇大妄想型ナルシスト」という病名をつけた。〈ワシントン・ポスト〉のリチャード・コーエンは、スノーデンが天井カメラにパスワードが映ることを心配して毛布を頭からかぶったエピソードを引き合いに出して、「被害妄想が激しいのではなく、単なるナルシスト」と断じた。コーエンはさらに辛辣に次のようにつけ加えた。「(スノーデンは)男の服をまとった〝赤ずきんちゃん〟として歴史に名を残し」、名声への願望はもろくも打ち砕かれるだろう、と。

スノーデンに対するこれらのコメントは愚にもつかないものばかりだ。姿を消すことも、インタヴューを受けないことも、彼は初めから決めていた。自分が前面に出れば、メディアから注目を浴びることがわかっていたからだ。だからこそ、表舞台から姿を消すことで、彼は自分ではなくNSAの監視活動に注目を集めようとしたのだ。だから、自らに立てたその誓いどおり、メディアの取材要請はすべて断わった。その結果、スノーデンが正体を明かしてから数ヵ月というもの、インタヴュー取材を求める電話やメールは、その大半が私のところにひっきりなしに舞い込んだ。相手はアメリカのありとあらゆるテレビ番組のプロデューサー、ニュース番組のアンカー、著名なジャーナリストらさまざまで、〈NBC〉の『トゥデイ』司会者マット・ラウアーなどは何度も売り込みの電話をかけてきた。〈CBS〉の『60ミニッツ』からの取材要請はあまりにしつこいので途中で電話を受けるのをやめた。ジャーナリストでニュース番組アンカーのブライアン・ウィリアムズは、数人の代理人を通して何度か接触してきた。要するに、望みさえすれば、スノーデンは世界じゅうが見守る中、大きな影響力を持つ人気テレビ番組に出演しつづけることもできたということだ。

しかし、彼が初志を曲げることはなかった。私が取材要請を伝えても、暴露の中身から注目をそらしたくないと言ってすべて拒否した。〝名声を求めるナルシスト〟だとしたらなんとも不思議な行動ではないだろうか。

それでも、スノーデンの人間性を貶めようとする報道は収まらなかった。〈ニューヨーク・タイムズ〉のコラムニスト、デイヴィッド・ブルックスは「高校もろくに卒業できなかった男」「どこまでも孤独な人間」とスノーデンを揶揄し、現代社会にひそむ病魔のシンボルだと言った。「社会に募る不信、痛烈なまでの皮肉、社会構造のほころび、個人主義に拘泥して他者との関わりや公益のほんとうの意味を理解できない人々」の象徴だ、と。

政治メディア〈ポリティコ〉のロジャー・サイモンに言わせれば、スノーデンは「高校を中退した負け犬」ということになる。民主党全国委員長を務める下院議員デビー・ワッサーマン・シュルツは、NSAの情報を暴露して人生を棒に振った〝臆病者〟だとスノーデンを誹謗した。

当然の流れとしてスノーデンの愛国心が議論の的となり、香港に滞在していたという理由から中国政府のスパイではないかという憶測が飛んだ。「スノーデンが中国の二重スパイで、すぐに寝返ったとしても驚きはしない」と共和党のベテラン選挙運動コンサルタント、マット・マコーヴィアクはツイッターで述べている。

スノーデンが香港を離れてロシア経由で南アメリカに行こうとすると、今度はロシアのスパイだという噂が飛び交った。下院議員マイケル・ロジャースを初めとする人々がなんの論拠もなしにロシアスパイ説を広めたのだ。しかし、スノーデンがロシアにいるのは、合衆国政府が彼のパスポートを失効させ、キューバなどの国に圧力をかけて経由を許可させなかったからだ。それに、わざわざ香港に行ってジャーナリストに協力を求め、自ら身分を明かすロシアスパイなどいるはずもない。モスクワにいるボスに機密資料をさっさと渡せばすむ。つまり、スノーデンがロシアのスパイだという説はまったくのナンセンスであり、ひとかけらの事実にも基づいていないのに、それでもそういう噂の広がりは誰にも止められなかった。

そんな中でもスノーデンにまつわる最もばかばかしい噂は、〈ニューヨーク・タイムズ〉に掲載されたものだろう――スノーデンが香港を離れたのは、香港当局ではなく中国政府が許可したからだというのだ。さらに、〈ニューヨーク・タイムズ〉はその同じ記事の中で荒唐無稽な主張を繰り広げた。「主要国政府の諜報機関で働いた経験を持つふたりの西側諜報専門家の話によれば、スノーデン氏が香港に持ち込んだ四台のノートパソコンの中身は、中国政府によってすでに抜き出されている可能性が高いという」

中国政府がスノーデンのデータを手に入れた証拠などどこにもないのに、〈ニューヨーク・タイムズ〉はふたりの匿名の〝専門家の話〟にもとづき、あたかも実際の出来事であるかのように読者を誘導したのだ。

この記事が発表されたとき、スノーデンはモスクワの空港で身動きが取れなくなっており、ネットに接続できる状況ではなかった。が、ネット上に戻ってくるなり、彼は〈ガーディアン〉の私の記事を通して、中国やロシアにデータを渡したことなどないと断固訴えた。「私はどちらの政府にも情報を渡したことなどないし、彼らがノートパソコンからデータを抜き出した事実もありません」

その否定記事が出た翌日、〈ニューヨーク・タイムズ〉のパブリック・エディター、マーガレット・サリヴァンは前日の自紙の記事を厳しく批判した。彼女が聞き取り調査をおこなった外信部長ジョセフ・カーンはこう言ったという。「記事のこのくだりは、このとおりありのままに読むことが肝要だ。直接的な情報を持たない専門家の意見から、どういうことが起こりうるか、その可能性をただ示しただけのことだ」。この主張に対して、サリヴァンは次のように述べている。「今回の話題はきわめて繊細な内容であり、〈ニューヨーク・タイムズ〉の記事に掲載されたこの文章は――その点が主張の主旨ではないにしろ――議論を誘導し、名誉を傷つける力を持つ」。最後に、この記事に苦情を寄せた一読者のことばをサリヴァンは引用した。「私は真実を知るために〈ニューヨーク・タイムズ〉を読んでいます。憶測であればどこででも読めるのですから」

この件に関しては、〈ガーディアン〉編集長ジャニーン・ギブソンが、〈ニューヨーク・タイムズ〉編集主幹ジル・エイブラムソンの伝言を私に転送してくれた。NSAのリーク記事に関して〈ガーディアン〉の協力を仰ぐために開かれた会議の席上での発言だったそうだ――「グレン・グリーンウォルドに伝えてください、わたしは彼とまったく同意見だと。中国がスノーデンのノートパソコンの情報を〝抜き出して〟いるなんて主張は載せるべきじゃなかった。あまりに無責任だわ」

ジャニーンは私が喜ぶものと思ったようだが、私は少しも嬉しくなかった。ある新聞社が明らかに不当かつ〝無責任〟な記事を発表したのに、その新聞社の編集主幹が発表するべきではなかったと結論づけるのはいかがなものか。ウェブサイト上から削除するか、少なくとも編集者の注を掲載すべきではないだろうか。

〈ニューヨーク・タイムズ〉の記事の主張になんの論拠もないことはさておき、スノーデンのノートパソコンからデータが〝抜き出された〟という表現自体、意味をなさない。今どき大容量データを転送するのにノートパソコンを使う人はいない。ノートパソコンが一般的になるまえから、大容量のドキュメントはディスクに保存されており、今ではＵＳＢメモリが利用される。スノーデンが香港に四台のノートパソコンを持ち込んだのは事実だが、それは一台ごとにセキュリティ・システムが異なっていたからであり、ドキュメントの〝量〟とは関係ない。データはすべてUSBメモリに保存され、複雑に暗号化されていた。中国やロシアの諜報機関はもちろん、NSAでもその暗号を解読することはできない――NSAのハッカーとして働いた経験から、スノーデンにはそのことがわかっていた。

スノーデンが保持していたノートパソコンの台数を強調するのは、一般の人々の無知と恐怖に訴えるミスリードにほかならない。ノートパソコンが四台も必要なほど多くのデータを彼は持ち出したのだ、と。さらに言えば、仮に中国政府がデータを抜き出したとしても、情報は暗号化されており、彼らはなんの価値もないファイルを手にするだけだ。

同じようにナンセンスなのが、スノーデンが保身のためにデータを他国の政府に渡したという主張だ。彼は自らの人生を投げ捨て、刑務所で一生を終える覚悟で今回の行動に及んだ。自分が止めなければ誰も止められない、という一心でアメリカの秘密監視システムを全世界に向けて明らかにしたのだ。刑務所行きを怖れて中国やロシアの監視能力向上を手助けしたなどというのは、語るも愚かな空論でしかない。

そういった主張はどれもナンセンス以外の何物でもなかったが、一部マスコミや政府の狙いどおり、スノーデンに甚大なダメージをもたらすことには成功した。NSAに関するテレビでの議論では、決まって誰かがこう主張し、反対する者はいなかった――スノーデンを通し、中国政府は今や合衆国の最高機密情報を保持することになった。〈ニューヨーカー〉は〝なぜ中国はスノーデンを逃がしたか〟という見出しの記事を掲載し、次のように読者に訴えた。「彼の利用価値はほぼ消滅した。〈ニューヨーク・タイムズ〉が取材した専門家の話によれば、〝スノーデン氏が香港に持ち込んだ四台のノートパソコンの中身は、中国政府によってすでに抜き出されている可能性が高いという〟」

政治権力に楯突いた人間を悪者に仕立て上げるのは、体制側メディアや合衆国政府が古くから使ってきたお決まりの戦法だ。その初めての――おそらく最も顕著な――例が「ペンタゴン文書」の告発者ダニエル・エルズバーグに対するニクソン政権の攻撃だろう。政府はエルズバーグの精神科医の診療室に不法侵入してカルテを盗み、彼の性生活まで調べ上げた。そんな馬鹿げた戦法になんの意味があるのか？　恥ずかしい個人情報を暴露することが、なぜ政府の欺瞞を隠す材料となるのか？　しかし、エルズバーグは痛感したことだろう。いったん信用を貶められ、人前で恥をかかせられた人間とは誰も関わりを持ちたがらなくなる。そういうことだ。

〈ウィキリークス〉の創設者ジュリアン・アサンジにも同じ戦法が使われた。スウェーデン在住の女性ふたりに対する性的暴行容疑がかけられるずっとまえから、彼はマスコミから執拗な攻撃を受けていた。が、驚くべきはそうした攻撃を仕掛けたのが、彼と協力関係にあり、〈ウィキリークス〉を通してイラク戦争に関するチェルシー・マニングのリーク文書を受け取った新聞社だったということだ。

二〇一〇年十月、〈ウィキリークス〉から情報提供を受けて、〈ニューヨーク・タイムズ〉は〝イラク戦争ログファイル〟――米軍およびイラク軍による戦時中の残虐行為の詳細を綴った数千に及ぶ機密資料――を掲載した。が、その第一面にはなんと暴露記事と同じくらいめだつようにアサンジ批判の記事が載せられたのだ。戦争推進派の記者ジョン・バーンズによるその記事は、なんの根拠もなしにアサンジを被害妄想の激しい変人だと誹謗するものだった。

「アサンジは髪を染め、偽名を使ってホテルにチェックインし、ソファや床で眠り、クレジットカードを使わず、友人に金を借りてまで現金払いにこだわる。その振る舞いは横柄かつ奇妙であり、被害妄想に取り憑かれているとしか思えない。今や多くの人々がアサンジは合衆国への復讐を求めているだけだと非難している」と記事は声高に訴えた。また、アサンジに不信感を抱く〈ウィキリークス〉のあるボランティア・スタッフによる精神分析までわざわざ掲載されていた――「彼は正気とは思えない」。

アサンジに〝被害妄想に取り憑かれた変人〟というレッテルを貼るのは、アメリカの政治報道での定石となり、〈ニューヨーク・タイムズ〉お得意の戦術となった。〈ニューヨーク・タイムズ〉の編集主幹、ビル・ケラーはある記事で別の記者のことばを引用してアサンジを次のように描写した。「……その身なりはまるで街を歩く女のホームレスのよう。明るい色のスポーツコートとカーゴパンツはよれよれ、白いシャツは黒ずみ、スニーカーはぼろぼろで、薄汚れた白い靴下は足首までずり落ちていた。その体からは何日もシャワーを浴びていないようなにおいがした」。

〈ニューヨーク・タイムズ〉はチェルシー（当時はブラッドリー）・マニングについての報道でも同じ戦術を採った。彼が重大な告発に踏み切ったのは、自らの決意や良心によるものではなく、人格障害と情緒不安定に起因するものだと報じた。ジェンダーの葛藤、軍隊内での同性愛者いじめ、父親との不和――それこそマニングに内部告発を決心させた動機だった、と。どれもなんの根拠もない憶測に基づくものでしかないのに。

反対派の人間を人格障害と結びつけるこの手法はアメリカが発明したものではない。旧ソ連の反体制派は決まって精神科病院に収容されたし、中国の反乱分子は今でも精神疾患の治療を強制されることがあるという。実際、体制批判者に対するこのような個人攻撃にはいくつか大きな効力がある。前述のとおり、異常な人や変わり者と関わりを持ちたくないという人間心理を利用して、批判者の社会的影響力を弱めるのがひとつ。ふたつ目のメリットは抑止力だ。反体制派に情緒不安定というレッテルを貼って社会から追放すれば、ほかの人々に向けて、そんな人間にはならないようにという強いメッセージを送ることができる。

が、反体制派と人格障害を結びつけようとする一番の理由は、体制派の論理的必然に依る。体制擁護者にとって、支配的な命令や制度は純粋かつ当然のことであり、正義そのものだ。だから、彼らにはそんな自明の理のような事実に反対する人間——とりわけわざわざ過激な反対活動を起こそうとまでする人間——は〝情緒不安定〟で〝精神疾患を抱えている〟としか考えられないのだ。

言い換えれば——あるいはざっくりと言えば——彼らにしてみれば選択肢はふたつしかないということだ。制度化された権力に服従するか、権力に抗ってラディカルな反対運動を起こすか。後者が異常で不当であるかぎり、前者は正常で妥当なものとなる。そんな体制擁護派にしてみれば、過激派と精神疾患をただ結びつけるだけでは充分ではなく、過激な行動自体が重度な人格障害を示す兆候であり、その証拠になる。

この公式の中心にあるのは明らかな嘘だ。制度化された権力に楯突く者に対しては決まって道徳やイデオロギーの問題が問われる一方、服従すれば何も問われることはない。このようなまちがった前提に立つと、社会は反対者だけに注目し、どうにかしてその活動を封じ込めようと躍起になる。しかし、制度に従う者には誰も眼もくれない。こうして権力に服従することが暗黙のうちに自然な行為と見なされるようになる。

しかし、道徳の問題はルールを守ることにも破ることにもともなう。さらにどちらを選択するにしろ、そのことから個人に関する重要なことが明らかになる。一般に受け容れられている前提——過激な反体制活動は人格障害の現われという前提——に抗して、反体制派はその逆こそ真と訴えることもできなくはない。重大な不正をまえにしながら異議を唱えないことこそ、人格的欠陥あるいは道徳心の欠如を示すものにほかならない、と。

哲学教授ピーター・ラドローが〈ニューヨーク・タイムズ〉に寄稿した記事で私と同じ点に注目している。「近年、合衆国の軍事・民間・政府のインテリジェンス・コミュニティを揺り動かしつづけるリーク、内部告発、政治的ハッカー活動《ハクティビズム》」に関わる集団を彼は〝ジェネレーションW〟（訳注　Wは〈ウィキリークス〉の頭文字）と名づけ、スノーデンやマニングの行動について次のように論じている。

〝ジェネレーションW〟に属す人々の精神状態をメディアが分析しようとするのは、ごく自然な流れだろう。彼らがどうしてそんな行動に出るのか？　コーポレート・メディア（訳注　大企業に支配されるメディア、転じて米大手メディアのこと）のメンバーであれば決して取らないような行動をなぜ取るのか、メディアは知りたいのだ。しかし、一方について当てはまることは他方にも当てはまる。つまり、リークや内部告発、ハクティビズムに人々を導く心理的な動機がもし存在するのだとしたら、同様に、権力構造によって組織を守ろうとすること——たとえば、コーポレート・メディアがその組織を守ろうとすること――にも心理的な動機があるはずだ。
　また、たとえ内部の人たちは組織の礼儀作法に沿って従順に行動し、仲間との信頼関係を尊重していたとしても、組織そのものが腐敗しているというのも往々にしてあることである。

　この種の議論は組織の上層部としてはなんとしても避けたいと思う議論だ。条件反射的に内部告発者を悪者扱いするのは、アメリカの政府寄りメディアが権力者の利益を守るために使う常套手段でもある。この主従関係は絶対的なものであり、政府のメッセージを喧伝するため、いくつもの報道のルールがつくられてきた――あるいは、少なくとも応用されてきた。

　たとえば、機密情報をリークすることはある種の悪意がある行為、または犯罪行為と考えられている。こうした見解をスノーデンや私に当てはめたワシントンのジャーナリストたちは、機密情報が暴露されたことにではなく、暴露によって政府が機嫌を損ねたり、政府の基盤が弱体化したりすることに腹を立てているのだ。

　しかし、現実問題としてワシントンではリークは日常茶飯事だ。ボブ・ウッドワードをはじめ、ワシントンで名を馳せ、一目置かれているジャーナリストは、高いレヴェルの情報源から定期的に秘密情報を受け取り、それを記事にすることで地位を確立してきた。また、オバマ政権の関係者は無人機《ドローン》による殺戮やオサマ・ビン・ラディン暗殺に関する情報を流すために、繰り返し〈ニューヨーク・タイムズ〉と連絡を取ってきた。元国防長官レオン・パネッタとCIA職員も、オバマ政権の偉大なる政治的勝利を宣伝してほしいとの考えから、映画『ゼロ・ダーク・サーティ』の監督に秘密情報を流した（同時に、司法省のお抱え弁護士は、ビン・ラディン襲撃に関する情報を明かすことは国家の安全保障上、認められないと連邦裁判所に申し立てているが）。

体制派ジャーナリストは誰ひとりとして、こうしたリークをおこなった政府職員や、情報を受け取って記事を書いた記者を咎めたりしない。何年にもわたって国家の最高機密を垂れ流しにしているボブ・ウッドワードや、彼に情報を提供している政府高官を犯罪者呼ばわりしたら、きっと彼らは一笑に付すだろう。

なぜなら、この種のリークはワシントンの役人に認められており、合衆国政府の利益となる適切で許容可能なリークと見なされているからだ。ワシントンのメディアが非難するのは唯一、政府の役人が隠したがっている情報を含むリークだけだ。

『ミート・ザ・プレス』の司会者デイヴィッド・グレゴリーは、NSAに関する記事を書いたがために私は逮捕されるべきだと言った。その発言の少しまえの様子を振り返ってみよう。インタヴューの冒頭、私は外国諜報活動監視裁判所による二〇一一年の司法判断に言及した。機密扱いに関する司法判断では、NSAの国内監視プログラムの大半が違憲であり、スパイ行為を規制する法令に違反していると結論づけられた。私がこの司法判断の存在を知っていたのは、それがほかでもないスノーデンから渡されたNSAの文書に書かれていたからで、それ以外の場所で眼にしたことはなかった。だから、『ミート・ザ・プレス』の番組中、私はこの司法判断を公開すべきだと訴えた。

しかし、グレゴリーは外国諜報活動監視裁判所はそんな司法判断など出していないと言って、私に議論を求めてきたのだ。

「あなたが言っている外国諜報活動監視裁判所の見解というのは、真実じゃない。私が話を聞いた人々によれば、政府の請求に対するこの裁判所の判断は、〝この情報は手に入れていいが、これは駄目だ。きみたちが許可されている行為の範囲を逸脱することになる〟という具合におこなわれているということだった。つまり、裁判所は政府の請求を修正したり、拒否したりしている。それこそ政府の言わんとしていることだ。司法によるチェックはちゃんと機能しており、権力の濫用にはあたらない」

ここで争点になるのは、外国諜報活動監視裁判所の実際の見解はどちらなのかということではない（もっとも、この司法判断はこの八週間後に公開され、NSAの活動は違法であるという結論が下されていたことが明らかになるのだが）。それよりもっと重要なのは、自分がその判決を知っているのは情報提供者が教えてくれたからだとグレゴリーが明言したことだ。おまけに彼はそれを全世界に向けて発信したのだ。

この発言のあと、グレゴリーは、NSAに関する報道をしたかどで逮捕されるべきだと言って、私の不安を駆り立てようとしたわけだが、まさにその直前、そんな彼もまた情報をリークしていたということだ。それも政府の情報源から提供され、彼自身が最高機密と考えている情報を。しかし、グレゴリーの行為を犯罪と考える者はひとりもいなかった。みんな、私に対するのと同じ論拠を『ミート・ザ・プレス』の司会者とその情報源にも当てはめるのは愚かなことだと考えたのだろう。

彼のリークと私のリークは同じものだということが、グレゴリーには理解できなかったのかもしれない。なぜなら、彼のリークは政府の行動を弁護し、正当化するために政府から要請されたものだが、私のリークは体制の不正を糾弾するもので、役人の希望に反するものだからだ。

彼のそうした姿勢は言うまでもなく、報道の自由がめざす理想の正反対を行くものだ。〝第四権力〟の理念は、大いなる権力を持つ者に対して牙を剝き、あくまで透明性を求めるものだ。報道機関の使命とは権力者が保身のために必ずばらまく嘘を見抜くことだ。そうしたジャーナリズムがなくなると、権力の濫用は避けられなくなってしまう。ジャーナリストが政治指導者と手に手を取って彼らを支援し、美化するなら、合衆国憲法で保障される報道の自由など誰にとっても無用の長物となる。報道の自由とは、それとは正反対のこともできることをジャーナリストに保障するためにこそ必要なものだ。

機密情報の報道につきまとうこのダブルスタンダードは、〝ジャーナリストは客観的であるべし〟という暗黙のルールを考えるとき、より顕著なものになる。私がジャーナリストではなく活動家として扱われたのも、この暗黙のルールに違反したと見なされたからだ。われわれはいつもこう言い聞かされている——ジャーナリストは意見を表明しない。ただ真実を報道するだけだ、と。

これは見え透いた方便であり、この業界の身勝手な見解でもある。人間の知覚や意見というのはそもそも主観的なものだ。ニュース記事はどんなものも大いに主観的なものだ。文化的にも国家的にも政治的にも。そのため、ジャーナリズムはどのような形であれ、どうしてもなんらかの勢力に与《くみ》することになる。

これは自分の意見を持つジャーナリストと持たないジャーナリストがいるという話ではない。

意見を持たないジャーナリストなど存在しない。自分の意見を率直に表明するジャーナリストと、自分の本心を隠し、まるで意見を持たないかのように振る舞うジャーナリストがいるだけのことだ。

報道者は意見を持つべきではないとする考え方は、そもそもジャーナリズムが受け継いできた伝統とは相容れないものだ。いや、それどころか、ジャーナリズムを——意図的ではないにしろ——去勢するために比較的最近つくられた戯言《たわごと》にすぎない。

〈ロイター〉のメディア・コラムニストであるジャック・シャファーのことばを借りれば、近年のアメリカのこうした見解は「ジャーナリズムはかくあるべきという、企業の理想への悲しい献身」と「歴史的理解の痛切なまでの欠如」を示している。アメリカ建国当時から、最重要にして最良のジャーナリズムにはたいてい「積極的な報道」「特定の主義の擁護」「不正との戦いへの献身」という特質が見られた。意見を持たず、生気も魂もないコーポレート・ジャーナリズムは、その最も価値のある特質を捨て、体制派メディアを骨抜きにしてしまった。権力者らがまさに望むとおり、彼らにとって脅威でもなんでもないメディアにしてしまったのだ。

〝客観的報道〟などというルールは本質的にまちがっている。が、そのまちがいを脇に置いても、このルールを信じると主張する人々が一貫してこのルールに準じた例はほとんどない。体制派ジャーナリストは、物議をかもしているもろもろの問題に関して、常に自分の〝意見〟を表明している。プロのジャーナリストとしての立場を否定されることもなく。しかし、そんな彼らの意見も政府官僚のお墨つきをもらわなければならない。それができなければ、彼らは〝まっとうな〟ジャーナリストとして認められないのだ。

NSAをめぐる議論において、『フェイス・ザ・ネイション』の司会者ボブ・シーファーはスノーデンを非難し、NSAの監視を弁護しつづけた。〈ニューヨーカー〉と〈CNN〉の法律担当特派員であるジェフリー・トゥービンも同じことをした。イラク戦争を報道した〈ニューヨーク・タイムズ〉の特派員ジョン・バーンズは、戦争後、侵略行為を支持してしまったと認めたものの、アメリカ軍を「わが解放者たち」「救いの天使たち」などとさえ呼んだ。〈CNN〉のクリスティアン・アマンプールは二〇一三年の夏のあいだ、アメリカ軍がシリアに軍事介入することに賛意を示しつづけていた。しかし、そんな彼らが〝積極的すぎる〟と非難されることはなかった。なぜなら、〝客観的報道〟のルールがこれだけ崇められているにもかかわらず、実際にはジャーナリストが意見を持つことは禁じられてなどいないからだ。

情報のリークに対して想定されているルールと同じく、客観性のルールというものも実のところルールでもなんでもなく、支配的な政治階級の利益に貢献するための方便でしかない。そのため、「NSAの監視は合法的で、必要なものだ」「イラク戦争は正しい戦争だ」「アメリカはあの国に侵攻すべきだ」という意見は、ジャーナリストが表現しても差し支えないことになっている。だからこそ、彼らは常に判で押したようにそのように主張するのである。

〝客観性〟というのは偏見を反映した見方にすぎず、ワシントンの頭のお固い面々の利益に貢献しているにすぎない。ジャーナリストの意見が問題になるのは、それがワシントンの常識を逸脱した場合にかぎられる。

スノーデンに対する敵意について説明するのは、さほどむずかしいことではない。が、このスクープを報道した者——つまり私——に対する敵意はたぶんもっと複雑だ。おそらくはライヴァル意識もあっただろう。私がアメリカのメディアのスターたちを長年批判してきたことへの意趣返しということもあっただろう。が、それ以外にもあったはずだ。体制に異を唱えるジャーナリズムが明らかにした真実への怒り、もしくは恥じらいさえあったはずだ。私が政府を怒らせる報道をしたことで、ワシントン公認のジャーナリストたちの素顔――彼らは政府権力の増強に手を貸しているだけという真実――が白日のもとにさらされてしまったことへの怒り、もしくは恥じらいである。

しかし、そういったことからも遠く離れ、彼らが私に敵意を抱いた最大の理由は、政府寄りメディアの人間たちのメンタリティにある。彼らは、特に国家の安全保障に関わる問題について、ずっと政治権力の忠実な代弁者になるというルールに従ってきた。その結果、当局の人間さながら、権力に逆らったり、政府を弱体化させようとしたりする者を自然と軽蔑するようになったのだ。

往年の伝説の記者はみな例外なくアウトサイダーだった。ジャーナリズムの世界に足を踏み入れる者の多くは、イデオロギーだけでなく、その性格や気質によって、権力の手先となるより権力に楯突く道を選ぶ傾向にあった。ジャーナリストとしてのキャリアを歩むことは、アウトサイダーとなることに等しかった。そんな記者は稼ぎも少なく、組織内での地位も低く、目立たないことがほとんどだった。

それが今はすっかり様変わりしてしまった。メディア企業はどこも世界最大級の企業に買収されている。そんなメディアのスターの多くは高給をもらい、複合企業体の雇われの身となっている。ごく普通の会社員となんら変わらないということだ。彼らは銀行のサーヴィスや証券を売るかわりに、メディアの生み出す商品を企業の代表として一般大衆に売り歩いているのである。そんな彼らのキャリアは当然、かかる環境で成功を収めるのに必要とされる基準によって決められる。つまり、どれだけ上司に気に入られ、どれだけ会社の利益に貢献したかという基準によって。

そうした大企業の構造の中で生きる者は、組織の秩序を乱そうとせず、組織におもねるようになる。畢竟、コーポレート・ジャーナリズムの世界で成功した者は権力を受け容れる性質に育ってしまう。こうして彼らは組織の力と自らを同一視し、それと戦うのではなく、服従する術を身につけるようになってしまうのだ。

これに関する証拠は山ほどある。本書でもすでに述べたように、二〇〇四年に記者ジェームズ・ライズンが発見したNSAの違法な盗聴プログラムの記事化に際して、〈ニューヨーク・タイムズ〉はホワイトハウスの要求に従った。当時の〈ニューヨーク・タイムズ〉のパブリック・エディターは、同紙が政府に服従したことへの弁解について、「きわめて不適切」と述べた。同じような事件が〈ロスアンジェルス・タイムズ〉でも起きている。二〇〇六年、同紙の記者が内部告発者マーク・クラインの情報に基づいて〈AT&T〉とNSAの秘密の協力関係に関する記事を書いたのだが、編集者のディーン・バケットがそれを没にした事例だ。マーク・クラインは大量の文書を携えて公の場に名乗り出た。彼によると、〈AT&T〉はサンフランシスコのオフィスに秘密の一室をつくり、そこにNSAが分配器を設置して、顧客の電話とインターネットのトラフィックをNSAのデータベースに流し込めるようにしていたという。

クラインが指摘したとおり、この文書はNSAが「罪のない何百万というアメリカ人の生活に土足で踏み込んでいる」ことを示すものだったが、リーク記事の発表をバケットに妨害され、クラインは二〇〇七年、〈ABCニュース〉にこの話を持ち込んだのだった。一方、バケットの行動は、当時の国家情報長官ジョン・ネグロポンテと当時のNSA長官マイケル・ヘイデン空軍大将の要請に従ったものだった。その直後、バケットは〈ニューヨーク・タイムズ〉のワシントン支局長になり、同紙の編集主幹に昇進した。

しかし、実のところ、〈ニューヨーク・タイムズ〉が政府の利益のために自ら進んで動いたというのは驚くことでもなんでもない。同紙のパブリック・エディター、マーガレット・サリヴァンは次のように述べている——国家の安全保障に関わる重大事を暴露したチェルシー・マニングやエドワード・スノーデンのような情報提供者らは、どうして〈ニューヨーク・タイムズ〉に情報提供するのは危険と考えるのか、どうして同紙に情報を渡す気にならないのか。そのわけを知りたければ、〈ニューヨーク・タイムズ〉の編集者は自分の姿を鏡に映してみるといい、と。確かに〈ニューヨーク・タイムズ〉は〈ウィキリークス〉と手を組んで大量の文書を公表したこともあった。が、その直後、前編集主幹ビル・ケラーは自ら進んで〈ウィキリークス〉と手を切った。「〈ウィキリークス〉に対するオバマ政権の怒り」と「政府による同紙の評価ならびに〝責任ある〟報道」を公然と天秤にかけたのだ。

彼はほかの機会でも〈ニューヨーク・タイムズ〉と政府との関係を誇らしげに吹聴している。二〇一〇年、〈ウィキリークス〉が入手した公電について論じ合うBBCの番組の中では、何を公表すべきで、何を公表すべきでないかについて、合衆国政府の指示を得ているということまで言ってのけた。BBCの司会者は信じられないといった面持ちで問い質した。「つまり事前に〝これは大丈夫ですか？　あれは大丈夫ですか？〟と政府の了解を得ているということですか？」。

もうひとりのゲストだったイギリスの元外交官カーネ・ロスは次のように述べている――ケラーのこのコメントを聞いて思ったのは、こうした公電の件については〈ニューヨーク・タイムズ〉に持ち込むべきではないということだ。同紙がこうした件について政府にお伺いを立てているとは実に驚くべきことだ、と。

しかし、メディアとワシントンとのこうした協力関係は珍しいものでもなんでもない。むしろありふれた関係と言える。敵対諸国との係争に関してアメリカの公的な立場を支持する記者や、政府が定義する〝アメリカの国益〟にとって、何が一番かを考えて記事を書く記者にとってはなおさら。ブッシュ政権下の司法省法律顧問ジャック・ゴールドスミスは自身の論説で、「過小評価されているアメリカ報道機関の愛国主義」を賞賛し、国内メディアが政府の方針に従う傾向にあることを示唆しているが、この論説には、ブッシュ政権下でCIAとNSAの長官を歴任したマイケル・ヘイデンのことばが次のように引用されている。「アメリカのジャーナリストは快くわれわれに協力してくれるが、海外のメディアは扱いがとてもとてもむずかしい」

メディアと政府の結びつきは、さまざまな要因によってさらに強固なものになっている。その要因のひとつが社会経済だ。今日《こんにち》、アメリカで影響力を持つジャーナリストの多くが億万長者で、〝お目付役〟という名目で政治家や財界のエリートらと同じ地域に住み、同じ行事に出席し、同じサークルの仲間とつきあっている。それぱかりか、彼らの子供たちはみな同じ私立のエリート校にかよっている。

だから、ジャーナリストと政府職員は容易に職を交換できるようになっている。メディアの人間がワシントンの高位職に送り出される一方、政府の役人はメディアとの契約に走り、濡れ手に粟を狙っている。〈タイム〉のジェイ・カーニーとリチャード・ステンゲルは今では政府関係者で、一方、大統領上級顧問のデイヴィッド・アクセルロッドとホワイトハウス報道官のロバート・ギブズは、オバマ大統領の便宜により、ニュース放送局〈ＭＳＮＢＣ〉のコメンテーターになっている。これらは転職というより、地位の変わらない横の人事異動にすぎず、こうした異動はきわめてスムーズにおこなわれる。職を変えたあとも同じ利益のために身を捧げるからだ。

アメリカの体制派ジャーナリズムはアウトサイダーの集団とはまったく言えず、完全に国家の支配的な権力に呑み込まれてしまっている。文化の面から見ても、感情の面から見ても、社会経済の面から見ても、彼らは一心同体なのだ。裕福で名の知れた雇われジャーナリストがたっぷりと報酬をもらえる現状を捨てたくないと思うのは当然のことだ。その結果、宮廷に仕える廷臣さながら、特権を付与してくれる体制を守ろうと躍起になり、体制に挑む者を軽蔑するようになるのである。

なぜなら、それが役人の求めに同調する一番の近道だからだ。そんな彼らにとって透明性は悪であり、反体制ジャーナリズムは有害であり、場合によっては犯罪にさえなる。逆に政治指導者が暗闇で力を振るっても許されてしかるべき、ということになる。

二〇一三年九月、ヴェトナム戦争のソンミ村虐殺事件に関する報道でピューリッツァー賞を受け、その後アブグレイブ刑務所でのアメリカ軍の拷問スキャンダルを報じたシーモア・ハーシュは、この問題について力説した。彼は〈ガーディアン〉のインタヴューで声を荒らげ、「アメリカのジャーナリストは臆病だ。だから嫌われ者になれず、ホワイトハウスに戦いを挑むことも、真実を伝えることもできないでいるのだ」と非難した。「〈ニューヨーク・タイムズ〉はオバマへの支援に汲々《きゅうきゅう》としている。政府はシステムとして存在しているだけなのに、アメリカのどんな大手のメディアもテレビ局も大手出版社も彼らに戦いを挑もうともしていない」

ハーシュは「ジャーナリズムを正すために」と題した提案で、〈NBC〉と〈ABC〉のニュース支局を閉鎖し、出版社の編集者の九割をクビにして、ジャーナリストの基本に立ち返ること」——つまりアウトサイダーになること——を主張した。「まずは自分ではコントロールできない編集者を昇進させるところから始める。現状では、トラブルメーカーが昇進することはなく、臆病な編集者とジャーナリストがこの業界を駄目にしている。彼らが何より大切にしているメンタリティがアウトサイダーになろうとしないことだからだ」

いったん〝活動家〟の烙印を押され、仕事を犯罪行為と罵られ、ジャーナリストを守る輪から放り出された記者は、犯罪者としての扱いを受けやすくなる。NSAの暴露記事の直後、私は身をもってこのことを学んだ。

香港からリオの自宅に戻るなり、ノートパソコンがなくなったとパートナーのデイヴィッドに言われた。私が家を空けていたあいだ、彼と私は〈スカイプ〉で話をしていたのだが、彼はノートパソコンがなくなったのはそのことと関係があるのではないかと疑っていた。実際、私は大量の暗号化文書ファイルを電子的な手段で彼に送るつもりでいること、ファイルを受信したらどこか安全な場所に隠してほしいと考えていること、このふたつを〈スカイプ〉で彼に伝えていた。文書の完全な一式は私が全幅の信頼を寄せる人物が持っていたほうがいいというのが、スノーデンの考えだったからだ。私の手持ちの文書が紛失したり、破損したり、盗まれたりした場合に備えてのことだ。言うまでもない。

「私はあまり長くあなたたちと一緒にはいられないでしょうから。それに、ローラとあなたの協力関係にしても今後どうなるかわからない。何が起きても接触を図れる人物にファイルを渡しておくべきです」とスノーデンに言われたのだ。

そうなると、デイヴィッドが適任だったのだが、結局のところ、ファイルは送らなかった。これは香港にいるあいだ、私にできなかったことのひとつだ。

「ぼくのノートパソコンが家から盗まれたのは、きみとあの話をしてから四十八時間以内のことだ」とデイヴィッドは言った。〈スカイプ〉でのやりとりとパソコン泥棒とのあいだにつながりがあるとは考えたくなかったので、私はデイヴィッドに言った――自分の生活に起きた説明のつかない出来事を全部CIAのせいにするような、被害妄想にとらわれた人間にはなりたくない。たぶんパソコンはなくしたか、家に来た誰かが持ち帰ってしまったのか、なんの関係もない空き巣に盗まれたかしたのだろう、と。

デイヴィッドはそんな私の推測をひとつひとつ論破した。そもそもあのノートパソコンを家の外に持ち出したことは一度もない。家のあらゆる場所を徹底的に探してもどこにもなかった。それにほかのものは何も盗まれていないし、家の中は荒らされてもいない。唯一説明がつく推論を受け容れようとしないのは理性を失っている証拠だ――

これはその時点で多くの記者が言及していたことだが、NSAはスノーデンがどんな文書をどれだけ持ち出したのか、あるいは私に渡したのか、ほとんど何も把握していなかった。実際のところ、私はどんな情報を得ているのか、合衆国政府（もしくは他国の政府）が知ろうと躍起になったとしても不思議はない。デイヴィッドのパソコンを盗めばそれが明らかになる。そんなパソコンを彼らが盗もうとしないわけがない――

〈スカイプ〉でデイヴィッドとやりとりしたのは、危険以外の何物でもなかった。その頃には私にもそれが理解できた。どんな通信手段もＮＳＡの監視のまえには無力だ。政府には私が文書をデイヴィッドに送ろうとしていることを察知するだけの能力があり、彼のパソコンを奪う強い動機もあった。そういうことだ。

〈ガーディアン〉のメディア関連弁護士デイヴィッド・シュルツに考えを聞いてみた。パソコンが何者かに盗まれたというデイヴィッドの推論は信じるに足る理由がある――それがシュルツの意見だった。彼がアメリカのインテリジェンス・コミュニティの連絡役から得た情報によると、リオは世界のどこよりＣＩＡがのさばっており、現地の支局長は「強引なことで悪名高い」男だという。そんな話を引き合いに出して、シュルツは言った。「きみが何を言おうと、何をやろうと、どこへ行こうと、常にすぐ近くから監視されていると思っていたほうがいい」

今や私と誰かとのやりとりは厳しく制限されている。そのことは私としても認めざるをえず、とりとめのない会話や世間話以外は電話を使うことを避け、Ｅメールは面倒きわまりない暗号システムを介してのみ送受信することにした。ローラ、スノーデン、その他の情報提供者との会話も、暗号化されたオンラインチャット・プログラム経由でのみおこなうようにした。〈ガーディアン〉の編集者やほかのジャーナリストと記事の打ち合わせをする際には、彼らにリオまで来てもらい、直接顔を合わせておこなうことにした。家や車の中でデイヴィッドとふたりきりのときでさえ、会話に細心の注意を払うようになった。ノートパソコン泥棒は、どこよりくつろげるはずの空間すら監視されている可能性があることを私に思い知らせた。

どれだけ脅かされた状況で仕事をしなければならなかったか。その点についてもっと証拠が必要なら、スティーヴ・クレモンズが立ち聞きをした会話について言及しておく。クレモンズは広い人脈を持つワシントンの政策アナリストにして〈アトランティック〉誌の監修者だ。

二〇一三年六月八日、クレモンズはワシントン・ダレス国際空港のユナイテッド航空のラウンジで、アメリカの諜報関係の職員四人が、ＮＳＡの文書をリークした告発者と記者は「消える」べきだと大声で話しているのを聞いたという。ただの〝はったり〟とは思ったものの、彼はその会話の一部を携帯電話に録音し、公表することにした。

クレモンズは大いに信用できる人物だが、私はこの件については真に受けないことにした。それでも、公の場で体制側の人間が、雑談とはいえスノーデンや彼に協力したジャーナリストは「消える」べきだと話しているのを聞いて、いい気はしなかった。

その数ヵ月後には、ＮＳＡに関する報道を犯罪視する考えがもはや抽象的なものではなく、現実味を帯びるようになるのだが、その劇的な変化はイギリス政府によってもたらされる。

ロンドンの〈ガーディアン〉のオフィスで七月中旬に起きた驚くべきことについて、最初に教えてくれたのはジャニーン・ギブソンだった。暗号化チャットで話をしていたときのことだ。彼女が言うその〝急激な変化〟は、それまで数週間にわたって交わされた〈ガーディアン〉と英国政府通信本部《GCHQ》とのやりとりの流れの中で起きた。ＧＣＨＱは最初、同紙の報道に関して礼儀をわきまえた意見を述べていた。それが徐々に敵意に満ちた要求に変わり、最後にはあからさまな脅迫に変貌したのだという。

ジャニーンはだしぬけに言った――〈ガーディアン〉が最高機密文書に関する報道記事を発表することはこれ以上看過できない、という通告をGCHQから受けたのだ、と。私としては寝耳に水だった。GCHQはロンドンの〈ガーディアン〉に、スノーデンから受け取ったファイルのコピーをすべて提出するよう求めてもいた。拒否すれば、裁判所命令によってこれ以上報道ができないようにするという警告を発して。

これは単なるこけおどしではない。イギリスでは憲法で報道の自由が保障されていないのだ。しかもイギリスの裁判所は政府からの〝事前抑制〟の要求に従順だ。事前抑制とは、国家の安全を脅かす恐れがある事柄については、まえもって報道を禁止する権限を政府に与えるものだ。

実際、一九七〇年代に最初にGCHQの存在を暴き、報道したダンカン・キャンベルは逮捕、起訴された。イギリスでは裁判所がいつでも〈ガーディアン〉社を閉鎖し、すべての素材と機材を押収できるのだ。「彼らの要求にノーと言う裁判官はいないわ」とジャニーンは言った。「わたしたちはそれを知っていたし、わたしたちがそれを知っていることは彼らも知っていた」

〈ガーディアン〉が保有していた文書は、香港でスノーデンから受け取った膨大な文書のうちのごく一部にすぎなかった。スノーデンは、イギリスのGCHQと関係の深い事柄については、イギリスのジャーナリスト自らが報道すべきだと強く感じており、香港での最後の数日のある日、そうした文書のコピーを〈ガーディアン〉のユーウェン・マカスキルに渡したのだ。

ジャニーンは続けた。そのまえの週末、彼女とイギリス本社の編集長アラン・ラスブリッジャー、同紙のほかのスタッフは、ロンドンを離れ、リゾート地で静養しようとしていたのだが、そこに突如、GCHQの職員がロンドンの〈ガーディアン〉社のニュース編集室に向かっているという知らせがはいったのだそうだ。彼らの目的は文書が保存されているハードドライブの押収だった。アランがのちに語ったところによると、GCHQの職員はそのときこう言ったという。「もう充分愉しんだだろ? そろそろブツを返してもらおうか」。この連絡があったのは、一行がリゾート地に着いてわずか二時間半後のことだった。「会社を守るために車を飛ばしてロンドンにとんぼ返りしたわ。危ないところだった」とジャニーンは言った。

GCHQは〈ガーディアン〉に対して、文書一式のコピーを引き渡すよう要求した。もし同紙がこれに応じていたら、スノーデンが何を手渡していたか政府に筒抜けになって、彼の法的な立場はより危うくなっていただろう。しかし、〈ガーディアン〉は引き渡しには応じなかった。そのかわり、GCHQ立ち会いのもと、彼らの気がすむまですべてのハードドライブを破壊することになったのだった。ジャニーンのことばを借りれば、この一件は「引き延ばし戦術、外交術、文書の秘密入手が織りなす華麗なダンス。政府と新聞社が力を合わせた証明可能な破壊」ということになる。

〝証明可能な破壊〟というのは、GCHQがこの一件を描写するのに新しくつくったことばだ。GCHQの職員たちは、編集長をはじめとする〈ガーディアン〉のスタッフに続いて地下のニュース編集室にはいり、彼らがハードドライブを粉々にする様子をとくと眺めたそうだ。特定のパーツについては「ずたずたに裂けた金属片であろうと、中国のスパイにとって利益となるようなものが残っていてはならないので、念のため、より細かく粉砕する」よう要求された、とアランはのちに語っている。「〈ガーディアン〉のスタッフがMacBook Proの残骸を拾い上げたときには、安全保障の専門家がこんなジョークを言ったよ、〝これでやっと隠密部隊も引き揚げられる〟

と」

まさか政府が諜報員を新聞社に派遣して、コンピューターを破壊させるとは。そんな光景は思い描くだけでもぞっとする。西側の人間としては、中国やイラン、ロシアなどの国でしか起こりえないと信じ込まされていたような出来事だ。しかし、同じぐらいショックだったのは、〈ガーディアン〉のような一流新聞社がその命令に自発的におとなしく従ったことだ。

政府が同紙をつぶすと脅したのなら、そのはったりをしっかり受け止め、脅迫行為があったことを公にすればいいではないか。スノーデンがこの顚末を聞いたとき、いみじくも指摘したように、「唯一の正しい答えは〝つぶせるものならつぶしてみろ！〟だった」のに。こういった事件を公表せず、おとなしく脅迫に従ってしまっていては、政府がその真の姿を世界から隠すことも可能になってしまう。あまつさえ、国家がジャーナリズムを暴力的に妨害し、公益に貢献する最重要ニュースの報道をやめさせることさえ可能になってしまう。

それよりなにより、情報提供者が自らの自由どころか生命までをも危険にさらしてリークした素材を破壊するなど、ジャーナリズムの目的の対極にある行為だ。

今回のような国家の横暴な振る舞いを公にするのはもちろんのこと、政府が新聞社のニュース編集室にまで立ち入り、情報を破壊するよう命じたということ自体、まちがいなくきわめて報道価値の高い事件だ。にもかかわらず、〈ガーディアン〉は口をつぐむという道を選んだ。イギリスにおける報道の自由がいかに危ういものか。この事件はそのことを如実に語っている。

せめてもの救いは、文書のコピーは〈ガーディアン〉のニューヨーク・オフィスにも保管されている、とジャニーンが請け合ってくれたことだった。が、そのあと彼女は驚くべきことを明かした。文書はもうひと揃い、なんと〈ニューヨーク・タイムズ〉にもあるというのだ。もしかしたら、イギリスの裁判所がアメリカの〈ガーディアン〉に対してもコピーの破壊を要求するかもしれない。そんな場合でもファイルにアクセスできるよう、アラン・ラスブリッジャーが〈ニューヨーク・タイムズ〉編集主幹ジル・エイブラムソンにファイルを渡したのだ。

これもいい知らせとは言えなかった。〈ガーディアン〉は人知れず自らの文書を破壊しただけでなく、スノーデンと私になんの相談も通知もなく、よその新聞社に文書を渡してしまったのだ。それもアメリカ政府と密接な関係にあり、政府に従順という理由からスノーデンが暴露先としてそもそも除外した新聞社に。

〈ガーディアン〉としては、法の保護もない状態で、数百人の従業員を抱え、百年を超える歴史を誇る老舗新聞社を守るには、イギリス政府の脅しに無頓着でいるわけにはいかなかったということなのだろう。確かに、コンピューターを破壊するのは、GCHQに文書を渡すよりはましなことだった。しかし、私は彼らが政府の要求に従ったことと、なによりそれを報道しないと決断したことに激しく心を掻き乱された。

それでも、ハードドライブの破壊のあとも、それまでと変わらず〈ガーディアン〉はスノーデンの暴露記事の公開については勇猛果敢でありつづけてくれた。ほかのどんな大手新聞社、一流新聞社もできないほどに。当局の脅迫的な戦略がかえってスタッフのジャーナリスト魂に火をつけ、同紙はNSAとGCHQのニュースを矢継ぎ早に発表した。それは賞賛に値する。

しかし、ローラとスノーデンは、〈ガーディアン〉が政府の脅しに屈したことと、事件について口をつぐんだことに憤慨していた。とりわけGCHQ関係の文書一式が〈ニューヨーク・タイムズ〉の手に渡ったことに腹を立てていた。スノーデンにしてみれば〈ガーディアン〉に約束を反故《ほご》にされた思いではらわたが煮えくり返っていたことだろう。彼らの行動は、〝イギリスの文書についてはイギリスのジャーナリストだけが報じるべき〟というスノーデンの希望にも反していた。しかもよりによって文書を渡した先が〈ニューヨーク・タイムズ〉とは。結局のところ、このときのローラの反応が劇的な結果を生むことになる。

われわれが協力して報道を始めた当初から、ローラと〈ガーディアン〉の関係は不安定なものだった。それが今、両者のあいだの緊張は眼に見えて高まっていた。リオでローラと一緒に一週間、作業をしたときのことだ。スノーデンから渡されたNSA文書の一部が破損していることがわかった。それは彼が香港で姿を隠したその日に私が受け取ったもので、ローラが受け取る機会のなかったファイルだった。リオでそれを修復することはできなかった。が、ローラはベルリンでならできるかもしれないと考え、ファイルを持ち帰った。

ベルリンに戻って一週間後、文書を返す準備ができたと彼女が知らせてきたので、〈ガーディアン〉のスタッフにベルリンまで飛んでもらい、彼女から文書を受け取り、リオの私のところまで持ってきてもらうことになった。が、GCHQとの一件のあと、〈ガーディアン〉のそのスタッフはいささか腰が引けていたのだろう、自分が文書を受け取るより、〈フェデックス〉で直接私宛てに送ったほうがいいとローラに申し出た。

これにはローラが怒りまくった。私がそれまで見たこともないほど興奮して彼女は言った。

「これがどういうことかわかる？〈ガーディアン〉の連中は〝われわれはその文書の受け渡しに

関与してない。グレンとローラが勝手にやったことだ〃って言い逃れができるようにしてるのよ」さらにこうつけ加えた。〈フェデックス〉で最高機密文書を送る、それもベルリンの彼女のところからリオの私のもとまで送るなどというのは、関係当事者にわざわざ派手なネオンサインで知らせてやるようなものであり、考えうるかぎり最悪の実践セキュリティ違反だ、と。

「今後いっさい彼らを信じないことにする」とまで彼女は言った。

私にはそのファイル一式が必要だった。執筆中の記事に関係のある重要文書が含まれており、今後書く記事に関しても重要なものだったのだ。

ジャニーンに確認すると、彼女は言った——ローラは誤解している。そのスタッフは上司のことばを取りちがえ、ロンドンにいる管理職連中が、私とローラのあいだで文書をやりとりすることを警戒していると勘ちがいしたのだ。だからなんの問題もない。〈ガーディアン〉の人間がその文書ファイルを受け取れるよう、その日のうちにベルリンに派遣する。彼女はそう請け合ってくれた。

しかし、もう手遅れだった。「この文書は〈ガーディアン〉には絶対に渡さない」ローラは頑なだった。「とにかくもう信用できないの」

ファイル一式のサイズとその繊細な内容のせいで、ローラは電子的な手段で送信することには気乗りがしないようだった。直接手渡しで送る必要がある。それも彼女が信頼できる人間を介して。それが彼女の考えだった。その話をデイヴィッドにすると、すぐに志願してくれ、ベルリンに行ってくれることになった。私にとっても、ローラにとっても、完璧な解決策だった。デイヴィッドは今回の件を逐一理解していたし、ローラも彼を知っていて、信頼していた。それに、デイヴィッドは次のプロジェクトについて打ち合わせをするために、彼女のところに行くことをそもそも予定していたのだ。この案にはジャニーンも全面的に賛成してくれ、デイヴィッドの旅費は〈ガーディアン〉が負担してくれることになった。

〈ガーディアン〉の出張担当者は〈ブリティッシュ・エアウェイズ〉の便を予約し、旅程の詳細をデイヴィッドにメールした。私たちは彼のこの旅行中に何か問題が生じるなど考えてもいなかった。スノーデンの文書について記事を書いていた〈ガーディアン〉のジャーナリストも、文書の受け渡しをしてくれていたスタッフも、ヒースロー空港を何度も行き来していたが、問題が起きたことはただの一度もなかった。ローラ自身、数週間前にロンドンに立ち寄ったばかりだった。まさかデイヴィッドが——この件にほとんど関わりのない彼が——危険にさらされるなど誰に予測できただろう?

デイヴィッドは二〇一三年八月十一日、日曜日にベルリンに向けて発った。ローラからファイル一式を受け取り、一週間後に帰国する予定だった。彼が戻ってくるはずの日の朝早く、私は一本の電話に起こされた。受話器の向こうの声の主はひどいイギリス訛りで、ヒースロー空港の警備員を名乗り、デイヴィッド・ミランダを知っているかと訊いてきた。「この電話をかけたのはあなたに知らせるためです」と警備員は続けた。「二〇〇〇年反テロ法付則七項に基づき、ミスター・ミランダの身柄を拘束しています」

〝テロ〟ということばをちゃんと理解できるまで、いくらか時間がかかった。なにより私はまず頭が混乱した。そのとき私がした最初の質問は、デイヴィッドがその時点でどれほどの時間拘束されているのかということだった。三時間だと聞かされ、それが通常の出入国審査でないことはすぐにわかった。警備員の話によると、イギリス当局は彼を合計九時間拘束する〝法的権限〟があり、九時間経ったら、その時点で裁判所が拘束時間を延長することも、あるいは逮捕令状を出すこともできるということだった。「今後どうなるか、それはわれわれにもまだわかりません」

アメリカもイギリスも、反テロの名目で活動する際には、倫理的にも法的にも政治的にもいかなる制限もなく監視をおこなうと明言している。デイヴィッドはまさにその反テロ法の名のもとに拘束されたのだった。彼はイギリスに入国しようとすらしておらず、トランジットのために空港を通過しようとしただけなのに。イギリス当局は、正式にはイギリスの領土ですらない場所にまで手を伸ばし、彼を取り押さえたのだ。どこまでも冷淡でどこまでもあやふやな理屈を持ち出して。

〈ガーディアン〉の弁護士とブラジルの外交官が、デイヴィッドの解放に向けて即座に行動を起こした。デイヴィッドが拘束にどう対処するかについては、私はあまり心配していなかった。リオデジャネイロでも最も貧しい貧民街のひとつで孤児として育ち、想像を絶するほど厳しい人生を送ってきた彼は、肉体的にも精神的にもきわめて逞しい男だ。実社会で学んだ知恵の持ち主だ。そんな彼には今何がどういう理由で起きているのか、よくわかっているはずだった。辛い時間を過ごしていることはまちがいないだろうが、少なくとも尋問者に対しても同じように辛い時間を過ごさせているはずだった。その点に関して私は少しも疑っていなかった。ただ、〈ガーディアン〉の弁護士が言うには、これほど長い時間拘束されるケースはきわめて珍しいということだった。

反テロ法について調べてみたところ、この法律で足止めを食らった人間は一万人中わずか三人にすぎず、尋問の大半――実に九七パーセント――が一時間以内に終わっていることがわかった。六時間以上も拘束されたケースは全体の〇・〇六パーセントにすぎない。九時間のリミットに達してしまうと、逮捕される可能性がかなり高まりそうに思えた。

反テロ法が宣言している同法の目的は、その名前からもわかるとおり、テロ行為との関連について人を尋問することだ。イギリス政府の主張によれば、その拘束権限は「当該人物がテロ行為の実行、準備、教唆《きょうさ》に関わっている（あるいは関わったことがある）かどうかを判断する」ために行使される。デイヴィッドをそんな法に基づいて拘束する正当な根拠などかけらもない。私の記事がテロ行為とみなされているのでないかぎり。つまるところ、そういうことなのだ。

刻一刻と時間が過ぎるにつれ、状況はますます悪くなっていくように思えた。私にわかるのは、ブラジルの外交官と〈ガーディアン〉の弁護士が空港でデイヴィッドの居場所を探してなんとか接触しようとしているものの、いずれの試みも成功していないということだけだった。が、九時間のリミットまで残り二分というところで、ジャニーンからEメールが届いた。そのメールには私が聞きたかったことばがひとことで書かれていた。「解放された」

デイヴィッドのこの衝撃的な拘束は、横暴な脅迫的行為としてただちに世界じゅうから非難を浴びた。〈ロイター〉の記者が確認したところによると、この拘束は実際にイギリス政府の意思によるものだったという。「あるアメリカの安全保障関係者が〈ロイター〉に語ったところによると、デイヴィッド・ミランダの拘束と尋問の一番の目的は〈ガーディアン〉を含め、スノーデンの文書を受け取った者に対し、イギリス政府はリークを阻止するためには容赦をしないというメッセージを伝えるためだった」

デイヴィッドがブラジルに帰国したとき、リオデジャネイロ空港に大挙して詰めかけたジャーナリストの一団に向かって、私はきっぱりと言った――イギリスのこの嫌がらせも私の報道を妨げはしないだろう。それどころか、かえって私の闘志に火をつけた、と。イギリス当局は権力をどこまでも濫用するという本性をあらわにした。そうしたことへの唯一適切な対応は、より大きな圧力をかけ、さらに厳しく透明性と説明責任を要求することだ。それが私の考えだ。それこそジャーナリズムの第一の機能ではないか。この事件を一般の人々はどのように受け取ると思うかと尋ねられ、私は答えた――イギリス政府は自らのおこないを後悔することになるだろう。なぜなら、今回の件で世界に向けて彼らは自らを弾圧的な権力濫用政府に見せてしまったのだから。

〈ロイター〉の記者はこの私のコメントを恐ろしいまでに曲解した。誤って翻訳されたそのポルトガル語の記事によると、私はこう言ったことになっている。イギリス政府がデイヴィッドにしたことに対する報復として、以前は自粛していたイギリスに関する文書の公開に踏みきる、と。この歪曲された解釈はインターネットを通してあっというまに世界に広まった。

翌日からの二日間、メディアは怒りもあらわに、私が〝報復的ジャーナリズム〟の遂行を誓ったと報じた。それは実にナンセンスな誤解だった。私が言いたかったのは、イギリスの横暴な振る舞いに、仕事を続ける決意をただ新たにしたということだ。しかし、これまで幾度となく学んできたことながら、自分の発言が文脈を無視していったん報道されてしまうと、いくら新たな主張をしたところで、メディアという機械仕掛けを止めることはできない。

それでも、誤解であれなんであれ、私のコメントに対する反応がすべてを語っていた。イギリスもアメリカも過去数年にわたって、まるで暴漢のような振る舞いをしてきた。自分たちに向けられた挑戦には、それがどんなものであれ、脅しやそれよりひどい手段で応じてきた。イギリス当局は〈ガーディアン〉にコンピューターの破壊を強要し、私のパートナーを反テロ法の名のもとに拘束しさえした。これまで内部告発者が逆に告発され、ジャーナリストは投獄をちらつかされるということが幾度となく繰り返されてきたというのに、そうした攻撃にくじけない強硬な姿勢を少しでも取ろうとしただけで、国家の支持者や擁護者から大きな反感を買ってしまうということだ。〝なんてことだ！　あいつは復讐するなんて言ってるぞ！〟。彼らはそう考えるのだ。彼らにとっておとなしく官僚の脅しに屈することは義務であり、反抗は不服従者の忌むべき行為なのだ。

それでも、ようやくカメラのまえから逃げ出し、ふたりで話ができるようになり、デイヴィッドは言った。九時間のあいだずっと尋問には屈しなかったものの、さすがに怖かった、と。

しかし、どう考えてもデイヴィッドは狙われていたのだ。彼によれば、彼の便の搭乗者は飛行機の外で待ち構えていた警備員にパスポートを見せるよう要求されたそうだ。警備員はデイヴィッドのパスポートを見つけるなり、反テロ法の名のもとに彼を拘束し、最初の一秒から最後の一秒にいたるまで脅迫しつづけた。「もし全面的に協力しなければ、刑務所送りにする」とデイヴィッドを脅しつづけた。彼の持っていた電子機器はすべて押収され、その中には個人的な写真や連絡先、友達とのチャットの記録が保存された携帯電話も含まれていた。さらに、逮捕をちらつかされて、パスワードの自白まで強要された。「ぼくの人生すべてを侵略されたような気分だよ。丸裸にされたような」

デイヴィッドは、アメリカとイギリスがテロとの戦いという名目を隠れ蓑にして、過去十年のあいだに何をしてきたのか、ずっと考えていた。「彼らは人々を連行し、罪状もなしに、弁護士もつけずに投獄し、グアンタナモの収容キャンプ送りにして、世間の眼が届かないところで処刑している。アメリカとイギリスの政府から〝おまえはテロリストだ〟と告げられるほど恐ろしいこともない」。これはほとんどのアメリカ人とイギリス人が夢にも思わないことだろう。「だって当局にはなんだってできるんだから」

デイヴィッドの拘束をめぐる議論は数週間続いた。ブラジルでも数日間トップニュースとして扱われ、ブラジル国民はみな一様に怒りをあらわにした。イギリスの政治家は反テロ法の改正を要求した。人々がイギリスの行為は権力の濫用だと、ありのままにとらえてくれていることはもちろん嬉しかった。しかし、この法律自体、何年もまえから物議をかもしてきた法律なのに、おもにイスラム教徒に対してしか行使されなかったため、ほとんどの人が気にもとめてこなかったのだ。私のように、名の知られた白人で西洋人のジャーナリストのパートナーが拘束されるのを待つことなく、そうした権力の濫用は注目されてしかるべきだったのに。

あまつさえ、これは意外でもなんでもなかったが、イギリス政府がデイヴィッドを拘束するまえにあらかじめワシントンと話し合っていたことも明らかになった。記者会見でコメントを求められたホワイトハウスの報道官は次のように語った。「事前に連絡があったのは確かだ。だから、今回のことのようになる可能性が高いことはあらかじめわかっていた」。ホワイトハウスはデイヴィッドの拘束に関して抗議をしないことを約し、イギリスに拘束をやめさせることも、やめるよう説得しなかったことも認めた。

この問題を放置することがどれだけ危険か。たいていのジャーナリストがそのことをきちんと理解していた。「ジャーナリズムはテロリズムではない」と〈MSNBC〉の司会者レイチェル・マドウは憤慨し、自身の番組でこの問題の核心を鋭く指摘した。とはいえ、誰もが同じように感じていたわけではない。〈CNN〉のジェフリー・トゥービンはゴールデンタイムの番組でイギリス政府を賞賛し、デイヴィッドのやったことは〝麻薬の運び屋〟と変わらないと言い、次のようにつけ加えた。デイヴィッドは逮捕も起訴もされなかったことに感謝すべきだ、と。

のちになってわかったことだが、彼のこの発言はあながち的はずれでもなかった。デイヴィッドが運んでいた文書に関して、正式な犯罪捜査を開始したとイギリス政府が表明したのだ（デイヴィッドのほうはこのときにはもう、〝テロリストとのつながりを調査する〟という反テロ法唯一の目的とはなんの関係もない拘束は違法だったとして、イギリス当局を弾劾する訴訟の準備を進めていた）。トゥービンのような著名なジャーナリストが、公益にとって大きな価値のある報道行為をドラッグの密売になぞらえたために、当局がそのぶんつけ上がったのかもしれないが、ほんとうにそうだったとしても驚くにはあたらない。

ヴェトナム戦争の特派員として名を馳せ、二〇〇七年に死去したデイヴィッド・ハルバースタムは、その死の少しまえにコロンビア大学ジャーナリズム・スクールの学生をまえに講演をした。その中で彼はこう言っている。自分のキャリアの最も輝かしい瞬間は、ヴェトナムにいるアメリカ軍の将軍が、戦争記事を書くのをやめさせるよう〈ニューヨーク・タイムズ〉の編集者に直談判すると彼を脅したときだった、と。「私は戦争について悲観的な記事ばかり書いていたから、ワシントンとサイゴンを怒らせてしまったんだね」。記者会見で軍の上層部は嘘をついている、と非難したこともあった彼は〝敵〟と見なされていた。

彼にとっては、政府を怒らせたことこそが自らの誇りであり、ジャーナリズムの真の目的であり、使命でもあった。ジャーナリストたる者は危険を冒すべきであり、権力の濫用に屈するのではなく、立ち向かうべきだということを彼はよく心得ていた。

今日《こんにち》、ジャーナリズムの世界に身を置く多くの者にとって、政府から〝責任ある〟報道というお墨つきをもらうこと――何を報道すべきで何を報道すべきでないかについて、彼らと足並みを揃えること――が名誉の証しとなっている。これは事実だ。そして、それが事実であるということが、アメリカのジャーナリズムがどれだけ体制の不正を監視する姿勢を失ってしまったか、そのことを如実に物語っている。

エピローグ

初めてスノーデンとオンラインで話したとき、ひとつだけ恐れていることがあると彼は言った。暴露が無関心と無感情に迎えられるのではないか。誰も気にとめないことのために人生を投げ捨て、投獄のリスクを背負ってしまうのではないか。それはどこまでも無用の心配だった。反響はすさまじかった。

実際、明らかになったリークの影響は、私たちの想像をはるかに超える規模、範囲、期間に及んだ。国家主導のユビキタス監視と合衆国政府の徹底的な秘密主義に世界じゅうが注目した。デジタル時代における個人のプライヴァシーのあり方について、世界規模での議論が初めて巻き起こった。インターネットのアメリカ支配に対する疑問の声が沸き上がった。合衆国高官の発言の信憑性に世界の人々から疑いの眼が向けられるようになり、国同士の関係も一変した。政府権力に対するジャーナリズムの正しい役割とは何か、その考え方も劇的に変わった。合衆国内では、政治思想やイデオロギーの垣根を超えた多様性のある連携が生まれ、監視活動における大きな改革を推し進める動きが強まった。

スノーデンの暴露から生まれたそうした変化を端的に象徴するエピソードがある。NSAによるメタデータ大量収集計画を明らかにする最初の記事が〈ガーディアン〉で発表されてから、わずか数週間後のことだ。連邦議会のふたりの議員が立ち上がり、NSAの計画への予算取り消しを求める法案を共同で提出したのだ。が、驚くべきは、そのふたりの共同提案者が、二十四期目のベテランでリベラル派の下院議員ジョン・コニャーズ（民主党・ミシガン州選出）と、ティーパーティ運動に熱心な保守派、二期目の下院議員ジャスティン・アーモシュ（共和党・ミシガン州選出）だったことだ。連邦議会の中で最も異色とも思えるこのコンビが、NSAの国内スパイ活動に反対して一致団結したのだ。そんな彼らの提案に賛同した数十人の議員――最右翼から最左翼まで、ありとあらゆるイデオロギーを持った議員たち――もすぐに共同提案者に名を連ねた。これは連邦議会ではきわめて珍しい出来事だ。

私はスノーデンとチャットをしながら、〈C－スパン〉（訳注　米国の連邦議会中継を主におこなう政治専門ケーブルチャンネル／インターネットテレビ）でネット中継されたこの法案採決の模様を見守った。彼もまたモスクワでネット中継を見ていたのだ。そのとき眼にしたことに私たちはふたりとも感嘆した。もしかしたらスノーデン自身、自らが成し遂げたことの〝規模〟を理解したのは、そのときが初めてだったのではないだろうか。その日、多くの下院議員がスパイ計画を強い口調で批判した。全アメリカ国民の通話データを収集することがテロリズム阻止に不可欠、というNSAの主張など愚かきわまると弾劾した。それは9・11同時多発テロ以降、〝公安国家〟アメリカに対して連邦議会が挑んだ最も積極的な戦いだった。

スノーデンによる暴露以前は、国家の安全保障上の重要計画を覆そうとする法案など、ほぼ満場一致で否決されるのが常だった。が、コニャーズとアーモシュの共同法案の採決結果はワシントンの官僚たちを震撼させた。法案は廃案になったものの、賛成二百五票に対して反対二百十七票の僅差《きんさ》だったのだ。さらに、賛成票は民主党から百十一票、共和党から九十四票と両党にまたがるものだった。党ごとに方針をそろえる慣例が破られ、NSAの暴走を止めようとする声が両党から沸き上がったことに、私もスノーデンも興奮せずにはいられなかった。ワシントンの官僚は、党同士の対立によって生まれる党派的で盲従的な議員の同族意識を巧みに利用する。そうした二党対立のバランスが崩れることもあるということは、それは取りも直さず、市民の実際の利益に基づく政策決定にも大いに希望が持てるということではないだろうか。

それから何ヵ月にもわたって、世界各国でNSAのリーク記事が次々に発表されたが、専門家たちは高をくくっていた。人々の興味もすぐに薄れるだろう――彼らはそう思っていた。が、実際には監視活動に対する議論はひたすら過熱した。それはアメリカ国内にとどまらず、世界を巻き込む議論となった。二〇一三年十二月のある一週間――〈ガーディアン〉に最初の記事が掲載されてから半年以上のち――に起きたドラマティックな出来事の数々は、スノーデンの暴露がいかに人々の共感を呼び、一方でNSAへの支持がいかに低下したかを示すものだ。

その週、ジョージ・ブッシュ政権時代から連邦裁判所判事を務めるリチャード・レオンがまず口火を切った。彼は、NSAのメタデータ収集は合衆国憲法修正第四条に違反する可能性が高いという判断をくだし、「まるでジョージ・オーウェルの小説のようだ」と批判した。加えて彼は、「NSAのメタデータ大量収集による分析が実際にテロ攻撃を阻止したという成功例を、政府は一件も提示できていない」とさらに鋭く追及した。そのわずか二日後、NSAスキャンダル発覚後にオバマ大統領が設置した諮問委員会が、三百八ページにわたる報告書を公表した。その報告書もまた、大規模なスパイ活動を不可欠とするNSAの主張を明確に否定するものだった。「われわれの調査によると、愛国者法第二一五条に基づく電話メタデータ収集によって得たテロ捜査情報は、攻撃阻止のために不可欠なものだったとは言えない……電話メタデータ収集計画なしでは結果が変わっていた、とＮＳＡが自信を持って言える案件はひとつもない」

同じ週、ＮＳＡへの批判の声は国際的にも高まりを見せた。国連総会において、インターネット上のプライヴァシーを基本的人権と定義する決議が全会一致で採択されたのだ。この決議はドイツとブラジルが提案したもので、「アメリカに方針転換を求め、ＮＳＡの監視活動を牽制する強いメッセージだ」とある専門家は語った。さらに同日、ブラジル政府がある決定事項を発表する。総額四十五億ドルにのぼる次期主力戦闘機の発注について、それまで最有力視されていたアメリカの〈ボーイング〉社ではなく、スウェーデンの〈サーブ〉社から購入することに決めたのだ。ＮＳＡによるブラジルの大統領、企業、市民に対する諜報活動への反発が、この意外な決定につながったと見られており、実際、〈ロイター〉が報じたところによれば、「ＮＳＡのスキャンダルの影響だ」とブラジルのある政府筋が語ったそうだ。

これらはどれも戦いに勝利したと言えるものではない。公安国家アメリカの力はとてつもなく強大だ。おそらくは選挙で選ばれた国の最高職である大統領の力をも超えて。影響力を持つあまたの愛国者がそんな国家を何がなんでも守ろうとしている。その事実を思えば、国がいくらかの勝利を収めたことも驚くにはあたらないだろう。レオン判事の判決から二週間後、今度は別の連邦裁判所判事が、９・11の記憶を引き合いに出してＮＳＡの計画を合憲と宣した。また、当初は怒りをあらわにしていたはずのヨーロッパ同盟国もすぐにおとなしくなり、これまでどおり合衆国と歩調を合わせるようになった。アメリカ国民の気持ちも移り変わりが激しく、最近の世論調査によると、国民の半数以上が――暴露されたNSAの計画自体には反対だが――暴露したスノーデン自身は起訴されるべきだと答えている。さらに政府高官も、スノーデンだけでなく私を含め、彼に協力したジャーナリストも起訴して収監すべきだと訴えはじめた。

とはいえ、スノーデンの暴露がNSA支持者を驚かせたことにまちがいはなく、組織改革に反対する彼らの主張はますますみすぼらしいものになった。たとえば、大規模な〝容疑なき監視活動〟の擁護者は、ある程度のスパイ活動は必要だとしばしば訴える。しかし、それは自明の理のようなことで、反対する者などどいやしまい。われわれは、監視活動自体をすべて撤廃すべきだなどと訴えているわけではない。大量監視のかわりとして、対象を限定した諜報活動――実際に不正行為に関わった確かな証拠がある人間だけに向けた監視――をおこなうべきだと訴えているのだ。それに、テロ計画阻止にはむしろそうした限定的な監視活動のほうが、現在の〝すべてを収集する〟方法より効果を発揮するはずだ。今の状態ではデータが膨大すぎて、諜報機関の分析官が効率的に情報を精査できているとは考えがたい。さらに、限定的な監視活動は、無差別大量監視とは異なり、合衆国憲法の価値観や西洋的正義の基本理念にも合致している。

一九七〇年代にチャーチ委員会が政府の監視濫用スキャンダルを暴いたあと、外国諜報活動監視裁判所が設立されたのは、まさにこの原則を守るためだった――個人の会話を盗聴するまえに、政府は不正行為の疑いに対する明確な証拠を提示、あるいは相手が外国人諜報員だと証明しなくてはならない。不幸なことに、外国諜報活動監視裁判所は今や〝自動スタンプ〟と化し、政府による監視活動への申請に賢明な司法判断をくだす組織とはほど遠いが。しかし、設立の本質的な考え自体はまっとうなものであり、未来への道標となるものだ。政府だけが独占的に参加する現在の不公平なシステムを排除し、外国諜報活動監視裁判所を真の司法組織へと変えることは、大いに前向きな改革のひとつとなるだろう。

もっとも、国内の法改正だけでは監視活動全体の問題を解決することはできない。国防を最優先事項と位置づける公安国家が、法の遵守を監視する組織を吸収するというのはよくあることだからだ（たとえば、これまで論じてきたとおり、連邦議会の情報特別委員会は今では完全に有名無実化している）。それでも、少なくとも法改正によって大切な原則を再確認することはできる。憲法でプライヴァシー保護が謳われる民主主義社会において、無差別大量監視活動の居場所などないという原則だ。

ほかにも、オンライン・プライヴァシーを確立し、国の監視を制限する手立てはいくらもある。たとえば、現在ドイツとブラジルが主導する国際的な動き——トラフィックが合衆国を通過しない新たなインターネット・インフラの構築——が軌道に乗れば、インターネットのアメリカ一国支配が次第に薄れることはまちがいない。ユーザーひとりひとりにも、オンライン・プライヴァシーを確立するための大きな役割が課されている。その役割を果たすには、まずNSAや関連組織に協力するテクノロジー企業のサーヴィスの利用を拒否することだ。この動きが本格化すれば、企業側に協力をやめさせる圧力をかけることができ、同時に、競合他社にはより一層プライヴァシー保護に取り組むきっかけを与えることになるはずだ。事実、〈グーグル〉や〈フェイスブック〉の機能の代替品として、すでに多くのヨーロッパ企業がすぐれたメールやチャットのサーヴィスを提供している。ユーザーデータをNSAに絶対に渡さない、ということを謳い文句に。

個人的な通信やインターネット利用への政府の介入を阻止するには、さらにすべてのユーザーが暗号化や匿名化ツールを導入するべきだ。ジャーナリスト、法律家、人権活動家など、情報保護が強く求められる領域で働く人は特に導入を急いでほしい。また、技術者や関連企業には今後も、より効果的で使いやすい暗号化・匿名化ツールの開発を続けてくれることを期待する。

やるべき仕事は多くの面においてたくさん残されている。私が香港でスノーデンと最初に会った日から、まだ一年も経っていない。それでも、多くの国や分野において、彼の暴露が根本的かつ決定的な数多くの変化をもたらした。それは疑いようのない事実だ。そのことはＮＳＡの改革にかぎらない。スノーデンの行動は政府の透明性確保への動きのほかにも多くの改革を大きく推し進めた。彼は他者の心を動かすひとつのモデルをつくり出した。将来の活動家が彼の足跡をたどり、スノーデンのモデルを完成させるというのは大いに考えられることだ。

オバマ政権は、これまでの全政権での累計数よりさらに多くの告発者を逮捕し、いかなる情報漏洩をも許さない恐怖の風潮をつくり上げようとしてきた。しかし、スノーデンはその空気を打ち破った。彼は合衆国の包囲網の外に出て、自由の身を確保した。それだけではない。隠れることを拒み、堂々と人前に出て正体を明らかにした。その結果、世間の眼に映った彼の姿は、手錠をかけられ、オレンジ色の囚人服を着た受刑者の姿にはならなかった。自分がどんな行動をし、なぜそうしたのかを説明し、自らはっきりと主義主張も述べる独立した人間の姿だった。そんな彼にはさすがに合衆国政府の常套手段も通用しなかった。単に告発者を悪者に仕立て上げるだけでは、告発から人々の関心を逸らすことはできなかった。ここに未来の内部告発者たちへの強力なメッセージがある――真実を語ることは必ずしも自らの人生を棒に振ることを意味しない。

スノーデンの勇気ある行動はわれわれ全員を大いに鼓舞してくれる。まず自明の理のようなことなから、彼は人間には誰にも世界を変えられるすばらしい能力が備わっていることを思い出させてくれた。外見だけで言えば、スノーデンはごく普通の人間だ——裕福な名家に育ったわけでもなく、高校の卒業証書も手にしておらず、巨大企業の片隅で目立たない社員として働いていた。そんな彼が良心に従ったたったひとつの行動を通して、まさに世界の歴史の流れを変えたのだ。

誰よりも強い信念を持った活動家でさえ、現実をまえに敗北主義に屈しそうになるのはよくあることだ。実際、隆盛を誇るさまざまな組織というのは挑戦するにはあまりに強大に見える。正統的とされるものを根こそぎにするには、その根があまりに深く感じられることもある。既得権を持っているために現状を維持しようとする一派というのは、いつの世にも数多《あまた》いるものだ。しかし、自分たちはどんな世界を生きたいのか、それを決めるのは人類全体であり、ひそやかに陰で動く一握りのエリートではない。論理的にものを考えて自ら意思決定する人間の能力を育てることこそ、内部告発、社会運動、政治ジャーナリズムの使命だ。そして、それこそ今起きていることだ。そのすべてがエドワード・スノーデンの暴露から始まった。

謝辞

　近年、西洋諸国の政府が自国民の眼から隠そうとしているきわめてゆゆしき行動は、勇気ある内部告発者たちの瞠目《どうもく》すべき暴露によって次々と阻止されてきた。アメリカやその同盟国の政府機関、軍事組織の内部で働く者たちは、深刻な不正行為を発見するたび、それを看過することはできないと決断してきた。彼らは沈黙を破って表に出て、当局の悪事を白日のもとにさらし、ときにはあえて法に背いてきた。そうした行為には常に大きな個人的代償がつきまとい、彼らはキャリアや人間関係、自由を危険にさらしてきた。民主主義のもとに生きる者、透明性と説明責任を重んじる者は、みな彼らに大きな恩義がある。

　エドワード・スノーデンを突き動かしたそんな先人たちの長い系譜は、「ペンタゴン文書」をリークしたダニエル・エルズバーグから始まる。私にとっても、彼は長年の英雄のひとりだった。そして今では友人であり、同志であり、どんな仕事においても手本とすべき存在でもある。迫害に耐え、重大な真実を世界に発信してきた勇気ある内部告発者としては、ほかにもチェルシー・マニング、ジェスリン・ラダック、トーマス・タム、ＮＳＡの元職員トーマス・ドレイクとウィリアム・ビニーらがいる。彼らもやはり、スノーデンが暴露の決断をするにあたり、重要な役割を果たした。

アメリカとその同盟国が秘密裏に築いた〝疑念なきユビキタス監視システム〟を明るみに出すことは、スノーデン自身の良心に基づいた自己犠牲的な行為だった。その決断がなければ、彼はどこにでもいる二十九歳の男にすぎなかったのだ。そんな彼が一生を刑務所で過ごすことになるかもしれないと知りながら、正義のために立ち、基本的人権を守るために行動してくれた。そのことにはただただ驚嘆するしかない。自らのおこないが正しかったと信じる彼の確信が、恐れ知らずで揺らぐことのない穏やかな心を生んだ。そして、そんな彼が私を導き、今回の報道において発表したすべての記事を私に書かせた。彼のこの姿勢は今後も私に深い影響を与えつづけるだろう。

誰より勇猛果敢で才気あふれるパートナーにして友人の、ローラ・ポイトラスに感謝する。彼女がいなければ、この報道がこれほどまでの衝撃をもたらすことはありえなかった。これまでに手がけてきた映画のせいで、彼女は合衆国政府から執拗な嫌がらせを受けてきた。にもかかわらず、この事件を積極的に追及しようとする姿勢を崩したことはただの一度もなかった。彼女は今回のわれわれの報道のすべてにとって欠かせない存在だったが、自分のプライヴァシーを大事にし、表舞台に出ることを嫌がったため、それがうまく伝わらないこともたびたびあった。が、彼女の専門知識、戦略的な才能、判断力、勇気はわれわれの仕事の核であり、魂だった。私たちは毎日のように議論し、力を合わせて大きな決断をくだしてきた。彼女以上のパートナーは求めるべくもなかったし、彼女の友情以上に私を鼓舞し、勇気づけてくれるものもなかった。

ローラと私が見込んでいたとおり、スノーデンの勇気は伝播し、〈ガーディアン〉のジャニーン・ギブソン、スチュアート・ミラー、アラン・ラスブリッジャー、それからユーウェン・マカスキルが率いる同紙のスタッフをはじめ、多くのジャーナリストが今回の件を果敢に追及してくれた。スノーデンは今も自由の身で、その結果、彼の行動がきっかけとなって生まれた議論に自ら参加できている。これは勇敢な〈ウィキリークス〉と、その関係者であるサラ・ハリソンの助力があったればこそだ。彼女はスノーデンが香港から脱出するのを助け、彼と一緒に数ヵ月間をモスクワで過ごした。それによって、自分の国であるイギリスに何事もなく帰国できる権利を放棄することになったにもかかわらず。

度重なる困難な状況にあって、数々の友人と同業者が私にとても賢明な助言をし、サポートをしてくれた。アメリカ自由人権協会のベン・ウィズナーとジャミール・ジャファー、生涯の親友ノーマン・フライシャー、世界で最も偉大で勇敢な調査ジャーナリストのひとり、ジェレミー・スカヒル、強靭で才能あふれるブラジルの〈ヘジ・グローボ〉局のレポーター、ソニア・ブリジ、〈報道の自由財団〉常任理事のトレヴァー・ティムに感謝する。家族はいつも私の身の上を案じてくれた（家族にしかできないことだ）。そして同時に、変わらず私を支えつづけてくれた（家族にしかできないことだ）。私の両親、私のきょうだいのマークとクリスティーンにも感謝する。

本書を執筆するのは簡単なことではなかった。今回のような状況のもとではなおさら。だからこそ〈メトロポリタン・ブックス〉の関係者には心からのお礼を言いたい。すぐれた管理能力を持つコナー・ガイに。編集作業においてその洞察力と類い稀な技術を発揮してくれたグリゴリー・トビスに。そしてとりわけ、知性にあふれ、妥協を赦さないリヴァ・ホッファーマンに。本書において、彼女以上にふさわしい編集者はいなかっただろう。前著に続き、本書はサラ・バーシュテルと組んで出版した。彼女の抜きん出た知性とクリエイティヴな精神に感謝する。今後の著作を彼女抜きで執筆することは考えられない。私の文芸エージェントであるダン・コナウェイは今作の出版にあたっても、確固とした賢明な声を伝えてくれた。テイラー・バーンズにも深く感謝する。彼女のリサーチ能力と知的なエネルギーは本書に不可欠だった。ジャーナリストとしての彼女の前途が輝かしいものであることは疑うべくもない。

そして、私の行動のすべての中心に変わらず存在しつづけている生涯のパートナーにして、九年間連れ添った夫であり、ソウルメイトのデイヴィッド・ミランダに感謝する。今回の報道中に彼に課された試練は、胸の悪くなるようなおぞましいものだった。しかし、それによって、彼がいかに傑出した人物であるかが世界に知られることにもなった。本書の執筆中、私が一歩を踏みだそうとするたび、彼は私に恐れ知らずの心を吹き込み、決意を新たにさせ、選択を導いてくれた。そして、物事を見通す洞察を提供してくれ、いつもそばにいて、ひるむことなく無条件の支援と愛を与えてくれた。そんな関係にはほかの何物にも代えがたい価値がある。恐怖を吹き飛ばし、限界を砕き、すべてを可能にする力を与えてくれる。

●出典について

本書の後注ならびに出典についてはwww.glenngreenwald.netを参照されたい。

〈訳者略歴〉

田口俊樹　1950年、奈良県生まれ。早稲田大学卒業。T・R・スミス『チャイルド44』、G・D・ロバーツ『シャンタラム』、A・ジェイコブソン『エリア51』、J・ライエンダイク『こうして世界は誤解する』（共訳）など訳書多数。

濱野大道　1978年、北海道生まれ。ロンドン大学SOAS大学院修了。訳書にP・レナード『震え』『信じてほしい』、M・バッキンガム『「興味」と「成功」の法則』（共訳）。

武藤陽生　1977年、東京都生まれ。早稲田大学卒業。訳書にS・パーマン『スーパー・コンプリケーション』（共訳）。他にPCゲーム『Gone Home』を共訳。

暴露《ばくろ》
――スノーデンが私《わたし》に託《たく》したファイル

グレン・グリーンウォルド

田口俊樹《たぐちとしき》・濱野大道《はまのひろみち》・武藤陽生《むとうようせい》訳

発　行　2014.5.13
2　刷　2014.5.25

発行者　佐藤隆信
発行所　株式会社新潮社　郵便番号162-8711　東京都新宿区矢来町71
電話：編集部（03）3266-5611
読者係（03）3266-5111
http://www.shinchosha.co.jp

印刷所　錦明印刷株式会社
製本所　加藤製本株式会社

ISBN978-4-10-506691-8 C0098　　価格はカバーに表示してあります。